土 力 学

贾彩虹 ▣ 主 编

清华大学出版社

北 京

内 容 简 介

　　本书共 8 章,主要内容包括绪论、土的物理性质及工程分类、地基中应力、土的渗透性及渗透稳定、土的压缩性与地基沉降、土的抗剪强度、土压力、土坡稳定性分析以及地基承载力。各章均附有简答题、选择题、计算题及相应答案。

　　本书采用国家颁布的最新规范和标准,内容简明扼要、重点突出、通俗易懂,强调土力学基本原理的应用。本书可作为高等院校土木、交通、水利、地质工程等相关专业土力学课程的教材或教学参考书,也可供土建类研究人员和工程技术人员参考。

图书在版编目(CIP)数据

土力学/贾彩虹主编. —北京:清华大学出版社,2021.1
ISBN 978-7-302-55961-0

Ⅰ.①土… Ⅱ.①贾… Ⅲ.①土力学 Ⅳ.①TU43

中国版本图书馆 CIP 数据核字(2020)第 120455 号

责任编辑:杜　晓
封面设计:曹　来
责任校对:刘　静
责任印制:宋　林

出版发行:清华大学出版社
　　　　网　　　址:http://www.tup.com.cn,http://www.wqbook.com
　　　　地　　　址:北京清华大学学研大厦 A 座　　　邮　　编:100084
　　　　社 总 机:010-62770175　　　　　　　　　　邮　　购:010-62786544
　　　　投稿与读者服务:010-62776969,c-service@tup.tsinghua.edu.cn
　　　　质量反馈:010-62772015,zhiliang@tup.tsinghua.edu.cn
　　　　课件下载:http://www.tup.com.cn,010-83470410
印 装 者:北京国马印刷厂
经　　销:全国新华书店
开　　本:185mm×260mm　　　　　印　　张:17　　　　字　　数:410 千字
版　　次:2021 年 1 月第 1 版　　　　　　　　　　　印　　次:2021 年 1 月第 1 次印刷
定　　价:49.00 元

产品编号:088219-01

前 言

    本书是根据全国高等学校土木工程专业指导委员会提出的本科专业建设、认证标准要求,将最新国家规范、行业标准的相关条文融入其中,为适应社会和时代发展的需要而编写的。

    本书系统地介绍了土力学的基本原理和分析计算方法,采用了国家及有关行业的最新规范和规程,以学生就业所需的专业知识和操作技能为着眼点,着重讲解创新型应用人才培养所需的内容,突出实用性和可操作性。

    土力学是一门理论性和实践性都很强的课程。本书充分强调理论联系实际,用较简洁、易懂的文字结合图片与实例讲解知识点,并遵循课程教学规律,通过关联知识的系统编排,由浅入深、循序渐进地引领学生尽快进入专业领域。通过每章节设定的知识目标,并辅以较多的习题,学生能够对本书的基本概念、原理、方法和综合应用有一个更深入的理解,从而使学生对本课程的学习成果得到巩固和加强。本书最后还列出了必要的参考文献,便于教师备课时参考,也可为希望深入学习的学生提供方便。

    本书由南京工程学院贾彩虹担任主编,孟云梅、曹云、徐奋强担任副主编。具体分工如下:绪论、第 5 章、第 6 章由曹云老师编写;第 1 章、第 2 章由孟云梅老师编写;第 3 章、第 4 章由贾彩虹老师编写;第 7 章、第 8 章由徐奋强老师编写。全书由贾彩虹老师统稿。

    限于编者的学识水平和能力,书中难免有疏漏和不妥之处,恳请广大读者批评、指正。

编 者

2020 年 8 月

目　录

绪　论

0.1　土力学的研究内容

土是地球上最丰富的资源。土的成因多、用途多。什么是土？土有哪些工程性质？如何研究并应用它们为工程建设服务？这些就是土力学要回答的问题。土力学是研究土体的应力、变形、强度、渗流及长期稳定性的一门学科。广义的土力学又包括土的生成、组成、物理性质、化学性质及分类在内的土质学。土力学也是一门实用的学科，它是工程力学的一个分支，主要研究土的工程性质，解决工程问题。

在自然界中，地壳表层分布有岩石圈（广义的岩石包括基岩及其覆盖土）、水圈和大气圈。岩石是一种或多种矿物的集合体，其工程性质在很大程度上取决于它的矿物成分，而土是岩石风化的产物。土是由岩石经历物理、化学、生物风化作用以及剥蚀、搬运、沉积作用等所生成的各类沉积物。因此，土的类型及其物理、力学性状是千差万别的，但在同一地质年代和相似沉积条件下，又有性状相似的特点。强风化岩石的性状接近土体，也属于土质学与土力学的研究范畴。

土中固体颗粒是岩石风化后的碎屑物质，简称土粒。土粒集合体构成土的骨架，土的骨架的孔隙中存在液态水和气体。因此，土是由土粒（固相）、土中水（液相）和土中气（气相）所组成的三相物质；当土中孔隙被水充满时，则是由土粒和土中水组成的二相体。土体具有与一般连续固体材料（如钢、木、混凝土及砌体等建筑材料）不同的孔隙特性，它不是刚性的多孔介质，而是大变形的孔隙性物质。孔隙中水的流动显示土的渗透性（透水性）；土孔隙体积的变化显示土的压缩性、胀缩性；孔隙中土粒的错位显示土内摩擦和黏聚的抗剪强度特性。土的密度、孔隙率、含水量是影响土的力学性质的重要因素。土粒大小悬殊甚大，大于60mm 粒径的为巨粒粒组，小于 0.075mm 粒径的为细粒粒组，0.075～60mm 粒径的为粗粒粒组。

工程用土总体分为一般土和特殊土。广泛分布的一般土又可分为无机土和有机土。原始沉积的无机土大致上可分为碎石类土、砂类土、粉土和黏土四大类。当土中巨粒、粗粒粒组的含量超过 50% 时属于碎石类土或砂类土；反之，属于粉土或黏土。碎石类土和砂类土总称为无黏性土，其一般特征是透水性大、无黏性和可液化性；黏土的透水性小，具有可塑性、湿限性、胀缩性和冻胀性等；而粉土兼有砂类土的可液化性和黏土的可塑性等。特殊土有遇水沉陷的湿陷性土（如常见的湿陷性黄土）、湿胀干缩的胀缩性土（又称膨胀土）、冻胀性土（又称冻土）、红黏土、软土、填土、混合土、盐馈土、污染土、风化岩与残积土等。

综上所述，土的种类繁多、工程性质十分复杂。不同地质年代、不同成因、不同地区，乃至不同位置土的性质存在差异,有些甚至差异很大。土还会因环境的变化而发生性质的变化,致使土体的应力变形和稳定因素发生变化。例如,地下水位出现较大幅度下降,会使土中的应力状态发生变化,从而使地基产生新的附加变形,发生大面积地面沉降和不均匀沉降,从而影响建筑物的正常使用甚至遭到破坏。再如,基坑开挖会使土体的应力变形和稳定因素产生影响;土中水的渗流会对基坑、边坡稳定产生影响等。

人类所经历的工程建设史是不停地与岩土体打交道的过程,涉及土力学学科的行业很多,包括水利水电、道路桥梁、矿山、能源、港口与航道、城乡建设与市政工程、国防建设等。人们可能会在各种地点建造工程,针对不同工程和不同地质条件又会选择不同的基础或结构形式。例如,建造大坝,建设公路铁路,建造厂房、码头、住宅,还会开挖深基坑,开挖隧道,建设地铁和地下工程,治理河岸与边坡,完成尾矿堆积库、垃圾填埋等,可能遇到各种地基类型和土性复杂的地质条件或地质环境。

从土力学的广泛应用范围看,工程上的土体(广义的是岩土体)扮演的角色可分为三类:一是作为房屋、厂房、码头、路桥等各种类型建筑物的地基,即地基承载角色;二是作为土石坝、尾矿坝、路堤等填筑材料或其他应用的工程材料,即材料角色;三是作为各类工程设施的环境和人们生产生活的环境。

各类工程的建设和地质灾害(滑坡、泥石流、堰塞湖等)的防治几乎都涉及土力学课题。正确运用土力学知识和基本原理是保障合理规划、正确设计、施工期安全、竣工后安全和正常使用的重要因素之一。尽管不同的工程和不同的土体各有特点,甚至各有"个性",呈多样性和复杂性,但是总结人类长期的工程实践,就会发现土体的性质和对工程的影响可以归纳出共性课题,即土力学中有关力学性质的三个基本课题:土体稳定、土体变形和土体渗流。围绕解决这三个基本课题,对应有三个基本理论:土体抗剪强度理论、土体压缩和固结理论、土体渗流理论。任何工程都要考虑这三个基本课题,只不过针对不同土体和工程,它们的侧重点或主要矛盾方面可能不同,但它们通常是相互关联、相互影响的,应当将它们视作整体系统。围绕这三个基本课题和对应基本理论,土力学教材内容实际上还包括土的生成和组成、土的物理性质、土体的应力计算、地基沉降及沉降与时间关系、土体稳定和极限平衡原理的初步应用等。

0.2　土力学的发展沿革

18世纪60年代的欧洲工业革命和19世纪中叶的第二次工业革命,推动了社会生产力的发展,出现了水库、铁路和码头等现代工程,提出了许多有待解决的岩土工程问题,如地基承载力、边坡稳定性、支挡结构的稳定性等问题;同时施工机械的出现,也为现代岩土工程的发展提供了技术条件;工程中出现的事故和难题促使人们进行土力学理论探索和岩土工程的技术创新,开始出现土力学的许多经典理论,这个过程延续了大约160年,为20世纪太沙基土力学体系的形成提供了条件。

有关土力学的第一个理论是1773年由法国科学家库仑建立且后来由摩尔发展的土的Mohr-Coulomb强度理论,它为土压力、地基承载力和土坡稳定性分析奠定了基础。1776年,库仑发表了建立在滑动土楔平衡条件分析基础上的土压力理论。1846年,柯林用曲线的滑裂面对土坡稳定性进行了系统研究,发表了斜坡稳定性的理论。1856 年,法国工程师达西通过室内渗透试验研究,建立了有空介质中水的渗透理论,即著名的达西定律。1857 年,英国学者朗肯提出了建立在土体的极限平衡条件分析基础上的土压力理论,它与库仑理论被后人并称为古典土压力理论,至今仍具有重要的理论价值和一定的实用价值。1869 年,俄国学者卡尔洛维奇发表了世界上第一本《地基与基础》教程。1885 年,法国学者布辛内斯克和 1892 年弗拉曼分别提出了均匀的、各向同性的半无限体表面在竖直集中力和线荷载作用下的位移与应力分布理论,迄今仍为计算地基中应力的主要方法。1889 年,俄国学者库迪尤莫夫首次应用模型试验研究地基破坏基础下沉时地基内土粒位移的情况。20 世纪初,土力学继续取得进展,1920 年,普朗德尔根据塑性平衡的原理,导出了著名的极限承载力公式。这些早期的著名理论奠定了土力学的基础。

20 世纪初,岩土力学的理论与工程应用取得了较好的发展。当时,瑞典、巴拿马、美国、德国等相继发生了重大滑坡塌方事故,由于当时的一些分析方法不能满足处理事故的要求,于是纷纷成立了专门委员会或委托专家进行调查研究。例如,瑞典为处理铁路沿线不断出现的塌方问题,在国家铁路委员会内设立岩土委员会;巴拿马运河为处理可能堵塞运河的一段河道边坡事故,成立了专门委员会;美国土木工程师协会设立了研究滑坡的特别委员会;德国的基尔运河为处理施工中的滑坡事故设立了调查委员会;德国的克莱开始对挡土墙和堤坝所受的土压力进行广泛的调查研究。此外,瑞典由于 Stigbetg 码头的破坏,成立了港口特别委员会,对该码头的滑动原因进行分析,导致了著名的瑞典圆弧滑动法的产生。1920年,瑞典国家铁路委员会的岩土委员会成立了一个岩土试验室,它或许是世界上第一个岩土试验室。

1913 年前后是土力学发生转折的时期,也正是太沙基对土力学进行探索研究并形成飞跃发展的阶段。1906—1912 年,年轻的太沙基在所从事的结构工程和水电站工程工作中,看到许多地基工程的意外事故,发现当时对于土的力学性质的认识未能解决实际工程问题,于是下决心对土的力学性质进行长期的试验研究,在 1921—1923 年形成了土力学的有效应力概念和土的固结理论。1925 年,太沙基出版了他的经典著作《土力学》,此书是用德文发表的,书名为 *Erdbaumechanik auf Bodenphysikalischer Grundlage*,此后,又在 *Engineering News Record* 期刊上以"土力学原理"为标题发表系列文章,简明扼要地介绍了他所研究和发现的成果。这些成果最终奠定了他作为土力学创始人的地位,并使他被公认为土力学和基础工程方面的权威。

20 世纪中叶,太沙基所著的《理论土力学》以及太沙基和派克合著的《工程实用土力学》是对土力学的全面总结,使岩土工程技术具有了坚实的理论基础。土力学从感性走向理性,并对岩土工程的发展产生了深远的影响。

这一时期,费伦纽斯提出了著名的瑞典圆弧法分析土坡的稳定性,而曾是太沙基最重要助手的卡萨格兰德对土力学也作出很大的贡献。卡萨格兰德在土的分类、土坡的渗流、抗剪强度、砂土液化等方面的研究成果影响至今,如黏性土分类的塑性图中的"A 线"即是以他的名字命名的。卡萨格兰德培养了包括简布等著名土力学人才,简布在土的压缩性、边坡稳定性等方面的研究为土力学的发展作出杰出的贡献。

此后,太沙基、斯开普顿、迈耶霍夫、威锡克和汉森等对地基承载力理论分别进行了修补和发展,提出了各种地基承载力公式;泰勒和简布发展了土坡稳定性理论;比奥建立了土骨架压缩和渗透耦合的三维固结理论等。这些成就为现代土力学的发展提供了重要理论依据。

现代土力学的概念最早出现在20世纪50年代初,当时主要考虑了土体的两个基本特性——压硬性和剪胀性。一方面,随着土力学理论的发展和工程实践的不断深入,人们已越来越不满足于将土体视为理想弹性介质或理想刚塑性介质这样简单化的描述;另一方面,现代电子计算技术的蓬勃发展也为采用复杂的计算模型提供了可能,从而为现代土力学的建立创造了客观条件。1963年,罗斯科发表了著名的剑桥模型,提出了第一个可以全面考虑土的压硬性和剪胀性的数学模型,创建了临界状态土力学,他的成就标志着现代土力学的诞生。

0.3　土力学课程的特点、学习方法和要求

土力学是土木工程、水利、交通等专业的一门重要的专业基础课,其主要内容包括土的物理性质及工程分类、土的渗透性及渗透稳定、土的压缩性与地基沉降、土的抗剪强度、土压力、土坡稳定性分析和地基承载力等。土力学课程的每部分内容既相互独立又相互关联,初学者学习时必须理清头绪,形成体系。土力学是相关专业课学习研究的基础,并广泛应用于解决工程问题,例如工程勘察、地基基础设计、基坑设计、支护设计、地基处理、现场测试与分析及地质灾害防治等。因此,土力学是一门理论性和实践性都比较强的课程,在整个教学计划中起着从基础课过渡到专业课的桥梁作用,是专业教学前的一个重要环节。

由于土这种材料的复杂性,所以许多土力学的计算理论和公式是在做出某些假定条件下建立的,如计算土中应力时,常假定地基土是各向同性的、均匀的弹性体;当研究土的渗透性和变形时,假设土是连续的多孔介质;研究土的强度时,又假定土体为理想的刚塑性体。学习中要注意针对不同理论或方法的简化假定条件,灵活应用,不可生搬硬套。依据基本理论解决工程问题时,也常常要做出某些比较符合实际的简化假定,但不要背离该理论原先的假定前提。

土力学初学者往往有新名词多、头绪多、内容分块割裂、连贯性差的感觉,其实不然。土力学课程各章虽然有相对独立性,但关联性和综合性很强,且体系完整。初学者在学习中要突出重点、兼顾全面,要做到融会贯通,学会由此及彼、由表及里,建议采取概念—理论—方法—应用—拓展的学习路径。结合理论学习要进行各种物理力学试验,通过试验培养技能并深化理论学习,掌握计算参数的确定方法与原理,加深基本概念的理解和各知识点的贯通。另外,通过一定量的例题和练习,初学者可了解相关的工程地质知识、建筑结构和施工知识及其与后续课程的关系。

本课程的具体内容和学习要求如下。

"第1章　土的物理性质及工程分类"主要介绍土的组成、三相比例指标换算和利用土工指标进行土的分类。要求掌握土的地质成因;能够应用三相图熟练掌握土的物理性质指标与指标换算;掌握土的工程分类原则和方法。

"第2章　地基中应力"主要介绍在荷载作用下,土体应力状态的变化及其实用计算方法。要求懂得应力计算的目的、用途,了解半无限空间地基的概念和基本假定;熟练掌握土

的自重应力计算方法和地下水对自重应力分布的影响;掌握地基中附加应力计算的基本解答思路;熟练掌握空间问题和平面问题的地基附加应力计算;了解地基中附加应力的分布特征。

"第 3 章 土的渗透性及渗透稳定"主要研究土的渗透特性和渗流分析方法。要求了解渗流课题研究的目的和意义,掌握土的层流渗透定律及渗透性指标;熟悉渗透性指标的测定方法及影响因素,渗流时渗水量的计算,渗透破坏与渗流控制问题;了解土中二维渗流及流网的概念和应用。

"第 4 章 土的压缩性与地基沉降"主要介绍压缩性指标的试验方法和地基沉降计算方法。要求掌握土的变形特性、固结特性;通过压缩试验、固结试验,了解土的应力历史;熟练掌握太沙基一维固结理论、有效应力原理及其应用;掌握地基变形以及变形与时间的关系;掌握地基沉降计算、固结计算的方法。

"第 5 章 土的抗剪强度"主要介绍土的极限平衡理论、土的抗剪强度指标的试验方法和工程应用。要求理解极限平衡概念,掌握土的抗剪强度公式与应用;掌握直剪、三轴等获得强度指标的试验方法。理解不同排水条件下砂土和黏土的剪切性状和强度特征,结合有效应力原理体会参数的合理取值与正确应用。

"第 6、7、8 章 土压力、土坡稳定性分析和地基承载力"主要讲解土的抗剪强度理论的工程应用。通过这三章的学习,结合有效应力原理理清强度参数如何取用,了解土与结构的相互作用原理,掌握土压力计算,熟悉土坡稳定性分析的各种方法和地基承载力的确定,学会正确运用简化假设解决实际问题,能够引申运用土力学理论原理,将知识体系化。

习 题

简答题

1. 简述土力学的研究内容。
2. 简述土力学的发展沿革。
3. 简述土力学课程的特点和学习要求。

第 1 章　土的物理性质及工程分类

1.1　土　的　形　成

在自然界,土的形成过程是十分复杂的,土是地壳表层的岩石在阳光、大气、水和生物等因素的影响下,经风化、剥蚀、搬运、沉积形成的产物。地壳表层的坚硬岩石,在长期的风化、剥蚀等外力作用下,破碎成大小不等的颗粒,这些颗粒在各种形式的外力作用下,被搬运到适当的环境里沉积下来,就形成了土。因此,通常说土是岩石风化的产物。

工程中遇到的大多数土都是在第四纪地质时期内形成的。第四纪地质年代又分为更新世和全新世。更新世从 2588000 年前到 11700 年前,全新世从 11700 年前开始一直持续至今。

风化作用包括物理风化、化学风化和生物风化三种作用,它们经常是同时进行,而且是相互加剧发展的。

物理风化是指岩石和土的粗颗粒经受各种气候因素的影响,如风、霜、雨、雪的侵蚀,温度、湿度等的变化,导致不均匀膨胀与收缩,使岩石产生裂隙,或者在运动过程中因碰撞和摩擦而破碎,于是岩体逐渐崩解为碎块和细小颗粒。这种风化作用只改变颗粒的大小与形状,不改变原来的矿物成分。它们的矿物成分仍与原来的母岩相同。

化学风化是指母岩的表面和碎散的颗粒受环境因素(如水、空气以及溶解在水中的氧气和碳酸气等)的作用而改变其矿物的化学成分,形成新的矿物,也称次生矿物。常见的化学风化作用如下。

(1) 水解作用。它是指原生矿物被分解,并与水进行化学成分的交换,形成新的次生矿物,如正长石经水解作用后,形成高岭石。

(2) 水化作用。它是指土中有些矿物与水接触后发生化学反应,水按一定的比例加入矿物的组成中,改变矿物原有的分子结构,形成新的矿物。例如,土中的 $CaSO_4$ 水化后成为 $CaSO_4 \cdot 2H_2O$。

(3) 氧化作用。它是指土中的矿物与氧结合形成新的矿物,如黄铁矿氧化后第一阶段成为 $FeSO_4$,进一步氧化第二阶段变成 $Fe_2(SO_4)_3$,在氧和水的作用下进一步变成 $Fe_2O_3 \cdot nH_2O$。

(4) 其他还有溶解作用、碳酸化作用等。

生物风化是指动物、植物和人类活动对岩体的破坏。例如,长在岩石裂隙中的树,因树根伸展而使岩石裂隙扩展开裂;劈山修路、挖掘隧道、开采矿石等活动形成的土,其矿物成分没有变化。

在自然界,岩石和土在其存在、搬运和沉积的各个过程中都在不断进行风化,由于形成条件、搬运方式和沉积环境的不同,自然界的土就有不同的成因类型。

根据土的形成条件,常见的成因类型如下。

(1)残积土。它是指岩石经风化后未被搬运而残留于原地的碎屑堆积物,它的基本特征是颗粒表面粗糙、多棱角、无分选、无层理。

(2)坡积土。它是指残积土受重力和暂时性流水(雨水、雪水)的作用,搬运到山坡或坡脚处沉积起来的土。它的基本特征是坡积颗粒随斜坡自上而下呈现由粗而细的分选性和局部层理。

(3)洪积土。它是指残积土和坡积土受洪水冲刷、搬运,在山沟出口处或山前平原沉积下来的土,它的基本特征是随距离山的远近有一定的分选性,颗粒有一定的磨圆度。

(4)冲积土。它是指由于河流的流水作用搬运到河谷坡降平缓的地带沉积下来的土,这类土经过长距离的搬运,使得颗粒具有较好的分选性和磨圆度,以及层理。

(5)湖积土。它是指在湖泊及沼泽等极为缓慢水流或静水条件下沉积下来的土,又称淤积土,这类土除了含大量细微颗粒外,常伴有生物化学作用所形成的有机物,成为具有特殊性质的淤泥或淤泥质土。

(6)海积土。它是指由河流流水搬运到海洋环境下沉积下来的土。

(7)风积土。它是指由风力搬运形成的土,其颗粒磨圆度好,分选性好。我国西北黄土就是典型的风积土。

(8)冰积土。它是指由冰川或冰水挟带、搬运形成的沉积物组成的土,其颗粒粗细变化大,土质不均匀。

(9)污染土。它是指由于致污物质的侵入,使土的成分、结构和性质发生了显著变异的土,包括工业污染土、尾矿污染土和垃圾填埋场渗滤液污染土等。

土的上述形成过程决定了它具有特殊的物理力学性质。与一般建筑材料相比,它具有以下三个基本特性。

(1)散体性。颗粒之间无黏结或有一定的黏结,存在大量孔隙,可以透水、透气。

(2)多相性。土由固相(土骨架)、液相(水)和气相(空气)三相体系所组成,如图 1-1 所示。相系之间质和量的变化直接影响它的工程性质。

图 1-1 土的组成示意图

（3）自然变异性。土是在自然界漫长的地质历史时期演化形成的多矿物组合体,性质复杂,不均匀,且随时间的推移还在不断变化。

由此可见,散体性、多相性和自然变异性决定了土的力学特性非常复杂,其变形特性、强度特性和渗透特性是土力学研究与面对的主要问题。

本章将介绍土中固体颗粒、土中水和土中气、水与土相互影响的原理以及土的结构和构造。

1.2 土 的 组 成

1.2.1 土的固相

1. 土粒粒组与级配

1）土粒大小与粒组

土粒大小称为粒度,通常以粒径表示。粗大土粒(以下简称粗粒土)的形状呈块状或粒状,随着搬运或风化程度不同而呈现不同的形状;细小土粒(以下简称细粒土)主要呈片状。对于粗粒土,当某土粒刚好通过某直径筛孔时,定义该粗粒土的粒径等于该筛孔孔径。对于细粒土,当土粒在水中沉降的速率与某直径的圆球在相同温度的水中沉降的速率相同时,则视该圆球的直径为土粒的粒径。

在自然界中存在的土都是由大小不同的土粒组成。土粒的粒径由粗到细逐渐变化时,土的性质相应地也发生了变化。通常把工程性质相近的,介于一定尺寸范围的土粒划分为一组,称为粒组,并给以常用的名称。广泛采用的粒组包括漂石粒、卵石粒、砾粒、砂砾、粉粒、黏粒和胶粒。划分粒组的分界尺寸称为界限粒径。各个粒组随着分界尺寸的不同而呈现出一定质的变化。

目前土的粒组划分办法并不完全一致,各个国家,甚至一个国家中的某个部门的规定都不尽相同。表 1-1 是一种常用的土粒粒组的划分方法。

表 1-1 常用的土粒粒组的划分方法[《土的工程分类标准》(GB/T 50145—2007)]

粒组统称	粒组名称		粒径范围/mm	一 般 特 征
巨粒组	漂石或块石颗粒		>200	透水性很大,无黏性,无毛细水
	卵石或碎石颗粒		60～200	
粗粒组	圆砾或角砾颗粒	粗	20～60	透水性大,无黏性,毛细水上升高度不超过粒径大小
		中	5～20	
		细	2～5	
	砂砾	粗	0.5～2	易透水,当混入云母等杂质时透水性减小,而压缩性增加;无黏性,遇水不膨胀,干燥时松散;毛细水上升高度不大,随粒径变小而增大
		中	0.25～0.5	
		细	0.075～0.25	

续表

粒组统称	粒组名称	粒径范围/mm	一般特征
细粒组	粉粒	0.005～0.075	透水性小,湿时稍有黏性,遇水膨胀小,干时稍有收缩;毛细水上升高度较大较快,极易出现冻胀现象
	黏粒	≤0.005	透水性很小,湿时有黏性、可塑性,遇水膨胀大,干时收缩显著;毛细水上升高度较大,但速度较慢

注:1. 漂石、卵石和圆砾颗粒均呈一定的磨圆形状(圆形或亚圆形);块石、碎石和角砾颗粒都带有棱角。
 2. 粉粒又称粉土粒,粉粒的粒径上限为 0.075mm 相当于 200 号标准筛的孔径。
 3. 黏粒又称黏土粒,黏粒的粒径上限也有采用 0.002mm 为准,例如《公路土工试验规程》(JTG E40—2019)。

土中某粒组的含量定义为在一定质量的干土中,该粒组的土粒质量占干土总质量的百分数。土中各个粒组的相对含量称为土的级配。土的级配好坏将直接影响土的工程性质。级配良好的土,压实时能达到较高的密实度,且孔隙率低,因而,压实后的土透水性小、强度高、压缩性低。反之,级配不良的土,压实后的密度小、强度低、透水性差。

2)颗粒级配分析试验

测定土中各粒组颗粒质量所占该土总质量的百分数,以确定土的粒径分布范围的试验称为土的颗粒级配分析试验(又称为粒度成分分析试验)。该试验的目的是了解土的颗粒级配,为土的工程分类、判别土的工程性质和建材选料等用途提供数据。常用的测定方法有筛分法和沉降分析法。前者适用于粒径大于 0.075mm 的巨粒组和粗粒组,后者适用于粒径小于 0.075mm 的细粒组。当土内兼含有大于和小于 0.075mm 的土粒时,两类分析方法可联合使用。

筛分法试验是将风干、分散的代表性土样,通过一套自上而下孔径、由大到小的标准筛(例如,20mm、2mm、0.5mm、0.1mm、0.075mm),称出留在各个筛子上的干土重,即可求得各个粒组的相对含量。通过计算可得到小于某一筛孔直径土粒的累计质量及累计百分含量。

【例题 1.1】 从干砂样中称取质量为 1000g 的试样,放入图 1-2 所示的标准筛,经充分振摇后,称得各级筛上的土粒质量,如表 1-2 中的第二行所示,试求土内各粒组的土粒含量。

表 1-2　筛分试验结果

筛孔径/mm	2.0	1.0	0.5	0.25	0.15	0.075	底盘
各级筛上的土粒质量/g	100	100	250	300	100	50	100
小于各级筛孔径的土粒含量/%	90	80	55	25	15	10	
粒组/mm	>2	1～2	0.5～1	0.25～0.5	0.15～0.25	0.075～0.15	<0.075
各粒组的土粒含量/%	10	10	25	30	10	5	10

【解】 留在筛孔径为 2mm 筛上的土粒质量为 100g,则筛孔径小于 2mm 筛上的土粒质量为 $1000-100=900(g)$,即相应土粒含量为 $900\div1000=90\%$。同样可算得小于其他筛孔径的土粒含量,见表 1-2 中的第五行。

图 1-2　标准筛

由筛孔径小于 2mm 和 1mm 筛的土粒含量分别为 90% 和 80%，可得到 2mm 和 1mm 粒组的土粒含量为 10%。同样可算得其他粒组的土粒含量，如表 1-2 所示。

沉降分析法的理论基础是土粒在水（或均匀悬液）中的沉降原理，如图 1-3 所示。当土样被分散于水中后，土粒下沉时的速度与土粒形状、粒径、（质量）密度以及水的黏滞度有关。当土粒简化为理想球体时，土粒的沉降速度可以用斯托克斯定律来确定，细小的圆球在静水中将均匀下沉，下沉速度与圆球直径的平方成正比：

$$v = \frac{\rho_s - \rho_w}{18\eta} g d^2 \tag{1-1}$$

式中　v——土粒在水中的沉降速度（cm/s）；

　　　g——重力加速度（981cm/s²）；

　　　ρ_s、d——分别为土粒密度（g/cm³）和直径（cm）；

　　　ρ_w、η——分别为水的密度（g/cm³）和黏滞度（10^{-3}Pa·s）。

图 1-3　土粒在悬液中的沉降

进一步考虑将速度 v 和土粒密度 ρ_s 分别表示为

$$v = \frac{距离}{时间} = \frac{L}{t} \quad 和 \quad \rho_s = d_s \rho_{w1} \approx d_s \rho_w [见 1.4 式(1-5)]$$

代入式(1-1)，可变换为

$$d = \sqrt{\frac{18\eta}{(d_s - 1)\rho_w g}} \sqrt{\frac{L}{t}} \tag{1-2}$$

水的 η 值由温度确定,斯托克斯定律假定如下:①颗粒是球形的;②颗粒周围的水流是线流;③颗粒大小要比分子大得多。理论公式求得的粒径并不是实际的土粒尺寸,而是与实际土粒在液体中具有相同沉降速度的理想球体的直径,称为水力当量直径。此时,土粒沉降距离 L 处的悬液密度,可采用密度计法(即比重计法)或移液管法测得,并可由此计算出小于该粒径 d 的累计百分含量。采用不同的测试时间 t,即可测得细颗粒各粒组的相对含量。

3) 土的颗粒级配累计曲线

根据颗粒大小分析试验结果,常采用颗粒级配累计曲线表示土的颗粒级配。该法是比较全面和通用的一种图解法,其特点是可简单获得定量指标,特别适用于几种土级配好与差的相对比较。土的颗粒级配累计曲线的横坐标为土粒粒径,由于土粒粒径分布的范围很大,因此采用对数坐标表示;纵坐标为小于(或大于)某粒径的土粒累计质量百分比,如图 1-4 所示,由曲线的形态可以大致判断土粒均匀程度或级配是否良好。如果曲线平缓,表示粒径大小相差悬殊,土粒不均匀,级配良好;反之,则表示粒径大小相差不多,土粒较均匀,级配不良。

图 1-4 粒径累计曲线

为了定量说明问题,工程中常用不均匀系数 C_u 和曲率系数 C_c 反映土颗粒级配的不均匀程度。两者定义的表达式为

$$C_u = \frac{d_{60}}{d_{10}} \tag{1-3}$$

$$C_u = \frac{d_{30}^2}{d_{10} \cdot d_{60}} \tag{1-4}$$

式中 d_{60}、d_{30}、d_{10} ——相当于小于某粒径的土粒累计质量百分含量为 60%、30% 及 10% 对应的粒径,分别称为限制粒径、中值粒径和有效粒径。

对一种土显然有 $d_{60} > d_{30} > d_{10}$ 的关系存在。不均匀系数 C_u 反映大小不同粒组的分布

情况,即土粒大小或粒度的均匀程度。C_u 越大,表示粒度的分布范围越大,土粒越不均匀,其级配越良好。曲率系数 C_c 描写的是累计曲线分布的整体形态,反映了限制粒径 d_{60} 与有效粒径 d_{10} 之间各粒组含量的分布情况。

一般情况下,工程上把 $C_u<5$ 的土看作是均粒土,属于级配不良,如图 1-5(b)所示;$C_u>10$ 的土,属于级配良好,如图 1-5(a)所示。对于级配连续的土,采用单一指标 C_u 即可达到比较满意的判别结果。但缺乏中间粒径(d_{60} 与 d_{10} 之间的某些粒组)的土,即级配不连续,累计曲线呈现台阶状,如图 1-5(c)所示。此时,仅采用单一指标 C_u,则难以有效判定土的级配好与差。

图 1-5 粒径累计曲线对比图

曲率系数 C_c 作为第二指标,与 C_u 共同判定土的级配,则更加合理。一般认为:如果砾类土或砂类土同时满足 $C_u \geqslant 5$ 和 $C_c = 1 \sim 3$ 两个条件时,则为良好级配砾或良好级配砂;如不能同时满足,则可以判定为级配不良。很显然,在 C_u 相同的条件下,C_c 过大或过小,均表明土中缺少中间粒组,各粒组间孔隙的连锁充填效应降低,级配变差。

土的颗粒级配累计曲线可以在一定程度上反映土的某些性质。对于级配良好的土,较粗颗粒间的孔隙被较细的颗粒所填充,这一连锁填充效应使得土的密实度较好。此时,地基土的强度和渗透稳定性较好,透水性和压缩性则较小。而作为填方工程的建筑材料,则比较容易获得较大的密实度,是堤坝或其他土建工程良好的填方用土。此外,对于粗粒土,不均匀系数 C_u 和曲率系数 C_c 也是评价渗透稳定性的重要指标。

2. 土粒的矿物成分

1)土粒矿物组成

土中固体颗粒的矿物成分绝大部分是矿物质,或多或少含有有机质,如图 1-6 所示。

图 1-6 固体颗粒的矿物成分

固体颗粒的矿物质按其成分分为两大类:一类是原生矿物,是岩浆在冷凝过程中形成的矿物,常见的包括石英、长石、云母等,原生矿物颗粒是由母岩经物理风化(机械破碎的过程)形成的,矿物成分与母岩基本相同,且颗粒较大,其物理化学性质较稳定;另一类是次生矿物,它是由原生矿物经化学风化后所形成的产物,成分与母岩成分完全不同。土中的次生矿物主要是黏土矿物,黏土矿物的种类、含量对黏土的工程性质影响很大,对一些特殊土(如膨胀土)往往起决定作用。此外,还有一些无定形氧化物胶体(Al_2O_3、Fe_2O_3 等)和可溶盐($CaCO_3$、$CaSO_4$、$NaCl$ 等),后者对土的工程性质影响往往是在浸水后削弱土粒之间的黏结及增大孔隙。微生物参与风化过程,在土中产生有机质成分,土中有机质增加,可使土的性质明显变差。土中有机质一般是混合物,与组成土粒的其他成分稳固地结合在一起,按其分解程度可分为未分解的动植物残体、半分解的泥炭和完全分解的腐殖质,一般以腐殖质为主。腐殖质主要成分是腐殖酸,它具有多孔的海绵状结构,具有比黏土矿物更强的亲水性和吸附性。

　　2)土粒矿物成分与粒组的关系

　　土中固体颗粒的矿物成分与粒度存在着一定的内在联系,如图 1-7 所示。粗粒土往往是岩石经物理风化作用形成的原岩碎屑,是物理化学性质比较稳定的原生矿物颗粒;细粒土主要是化学风化作用形成的次生矿物颗粒和生成过程中有机物质的介入,次生矿物的成分、性质及其与水的作用均很复杂,是细粒土具有塑性特征的主要因素之一,对土的工程性质影响很大。有机质同样对土的工程性质有很大的影响。

土粒组名称 / d/mm　最常见的矿物	漂石、卵石、圆砾块石、碎石、角砾	砂粒组	粉粒组	黏粒组		
				粗	中	细
	>2	0.05~2	0.005~0.05	0.001~0.005	0.0001~0.001	<0.0001
原生矿物　母岩碎屑(多矿物结构)						
单矿物颗粒　石英						
长石						
云母						
次生矿物　次生二氧化硅(SiO_2)						
黏土矿物　高岭石						
伊利石(水云母)						
蒙脱石						
倍半氧化物(Al_2O_3, Fe_2O_3)						
难溶盐($CaCO_3$, $MgCO_3$)						
腐殖质						

图 1-7　土中固体颗粒的矿物成分与粒组关系示意图

3. 黏土颗粒与水的相互作用

1)黏土矿物的结晶结构与亲水性

　　黏土颗粒(黏粒)的矿物成分主要有黏土矿物和其他化学胶结物或有机质,其中黏土矿物的结晶结构特征对黏土的工程性质影响较大。黏土矿物实际上是一种铝-硅酸盐晶体,是由两种晶片交互成层叠置构成的(见图 1-8)。一种是硅氧四面体构成的硅氧晶片(简称硅片),即由一个居中的硅原子和四个在角点的氧原子组成,一个硅片则有六个硅氧四面体组成,其中硅片底面的氧离子被相邻四面体所共有,如图 1-8(a)所示;另一种是铝氢氧八面体构成的铝氢氧晶片(简称铝片),它的基本单位由一个居中的铝原子和六个在角点的氢氧离子组成,四个铝氢氧八面体组成一个铝片,如图 1-8(b)所示。硅片和铝片构成两种基本类型晶胞(或称晶格),即由一层硅片和一层铝片构成的二层型晶胞(即 1:1 型晶胞)与由两层硅片中间夹一层铝片构成的三层型晶胞(即 2∶1 型晶胞)。这两类晶胞的不同叠置形式形成了不同的黏土矿物,其中主要有高岭石、蒙脱石和伊利石三类(见图 1-9)。

硅氧四面体　　　　　　　　铝氢氧八面体

○氧　●硅　　　　　　　　○氢氧　●铝

硅氧晶片　　　　　　　　　铝氢氧晶片

(a) 硅氧晶片　　　　　　　(b) 铝氢氧晶片

图 1-8　黏土矿物晶片示意图

(a) 高岭石　　　　　(b) 蒙脱石　　　(c) 伊利石

图 1-9　黏土矿物构造单元示意图

高岭石的名称来源于我国江西浮梁高岭山(景德镇附近),因为那里最早发现高岭石矿物。其结构单元是二层型晶胞,由一层硅氧四面体层和一层铝氢氧八面体层通过公共的氧离子连接成 1 个晶胞,其结构如图 1-9(a)所示,每层晶胞厚度为 7.2Å(1Å＝10^{-10} m)。晶胞内的电荷是平衡的,晶胞之间是氧离子和氢氧根连接,氢氧根中的氢与相邻晶胞中的氧形成氢键,起连接作用,故其亲水性弱,水分子不易进入晶胞间而发生膨胀,性质较稳定。典型的高岭石晶体由 70～100 层晶胞组成,属于三斜及单斜晶系,密度为 2.58～2.61g/cm³。以高岭石为主的土水稳性好、可塑性低、压缩性低。高岭石矿物产于酸性环境中,是花岗石风化后的产物,通常来源于长石的水解,分子式为 $Al_4[Si_4O_{10}](OH)_8$。

蒙脱石的晶胞属于三层结构,由两层硅氧四面体层夹一层铝氢氧八面体层构成,其结构如图 1-9(b)所示,蒙脱石的分子式为 $Al_2[Si_4O_{10}](OH)_2 \cdot nH_2O$,以氧化物表示的分子式为 $4SiO_2 \cdot Al_2O \cdot nH_2O_3$。蒙脱石矿物呈灰白色、青色、桃红色,相对密度一般为 2.2～2.7。作为单个黏土片的蒙脱石晶体一般仅由几层到几十层晶胞叠加而成,两层晶胞之间是以氧离子和氧离子以范德华键力联结,故其键力弱,亲水性强,水分子容易进入晶胞之间,使晶胞之间间距增大。因此,蒙脱石的晶格是活动的,吸水后体积会发生膨胀,甚至可增大数倍。脱水后则可收缩。膨胀土之所以易胀缩,就是因为组成它的黏土矿物中含有一定数量的蒙脱石矿物。一般蒙脱石含量在 5% 以上的土体就会呈现明显的胀缩性,具有高塑性、高压缩性、低强度、低渗透性的性质,液限可达 $150\% \sim 170\%$,塑性指数可达 $100 \sim 650$。

蒙脱石常由火山灰、玄武岩在碱性、排水不良的环境里风化而成。蒙脱石的八面体层中同象置换非常活跃,从而形成一系列类质同象矿物,如拜来石、皂石等。在湿润、温暖的气候条件下,蒙脱石中的一部分 SiO_2 可能被溶滤析出而转变为伊利石、高岭石或其他黏土矿物。

伊利石是云母类水化物黏土矿物的统称,也是三层结构,结构如图 1-9(c)所示,晶胞厚为 $10\mathring{A}$。与蒙脱石的不同之处是伊利石的类质同象置换现象主要发生在硅氧四面体中,约有 20% 的硅被铝、铁置换,由此产生的不平衡电荷由进入晶胞之间的钾、钠离子(主要是 K^+)来平衡。钾离子与四面体层界面上的氧离子形成的钾键比较强,它起到晶胞与晶胞之间的联结作用。因此,水分子不易进入,遇水膨胀、脱水收缩的能力低于蒙脱石。伊利石矿物晶体常由十几层到几十层晶胞组成,其力学性质介于高岭石与蒙脱石之间。

伊利石的主要成分分子式为 $KAl_2[AlSi_3O_{10}](OH)_2 \cdot nH_2O$,典型的伊利石含 6.3% 的 K_2O,相对密度为 $2.6 \sim 3.0$,伊利石的可塑性较低。伊利石的亲水性介于高岭石与蒙脱石之间,是较不稳定矿物,其形成条件是要有一定的钾离子。我国黄河、长江流域的沉积土以及沿海软黏土中,其黏土矿物大部分是以伊利石为主,故其塑性指数较低。

高岭石、蒙脱石、伊利石是在自然界中最常见、最重要的黏土矿物,因为晶格结构的差异和同象置换使它们的力学性质也有很大差别。三类黏土矿物基本性质比较如表 1-3 所示,其典型电子显微镜照片如图 1-10 所示。

表 1-3 三类黏土矿物基本性质比较

特性 \ 矿物	高岭石	蒙脱石	伊利石
晶胞组成	1:1 型晶胞	2:1 型晶胞	2:1 型晶胞
晶胞厚度/$\mathring{A}$	7.2	$9.6 \sim 15$	10
颗粒长或宽/$\mathring{A}$	$1000 \sim 20000$	$1000 \sim 5000$	$1000 \sim 5000$
颗粒厚度/$\mathring{A}$	$100 \sim 1000$	$10 \sim 50$	$50 \sim 500$
比表面积/$m^2 \cdot g^{-1}$	15	800	80
总体特性	晶胞之间连接强,遇水稳定,颗粒呈片状	晶胞之间连接弱且存在较多电荷,易吸水引起体积膨胀。颗粒呈不规则片状或纤维状	介于两者之间

(a) 高岭石　　　　(b) 蒙脱石　　　　(c) 伊利石

图 1-10 三类黏土矿物典型电子显微镜照片

2）黏土颗粒和水的相互作用

（1）黏土颗粒的带电性

黏土颗粒的带电现象早在1809年被莫斯科大学列依斯发现。他把黏土块放在一个玻璃器皿内，将两个无底的玻璃筒插入黏土块中。向筒中注入相同深度的清水，并将阴阳电极分别放入两个筒内的清水中，然后将直流电源与电极连接。通电后即可发现，放阳极的筒中水位下降，水逐渐变浑；放阴极的筒中水位逐渐上升，如图1-11（a）所示。这说明黏土颗粒本身带有一定量的负电荷，在电场作用下向阳极移动，这种现象称为电泳；而极性水分子与水中的阳离子（K^+、Na^+等）形成水化离子，在电场作用下这类水化离子向阴极移动，这种现象称为电渗。电泳、电渗是同时发生的，统称为电动现象。

黏土颗粒一般为扁平状（或纤维状），与水作用后扁平状颗粒的表面带负电荷，但颗粒的（断裂）边缘局部却带有正电荷，如图1-11（b）所示。

⊕ 阳离子
▭ 极性水分子
— 负电荷

(a) 电泳、电渗现象　　　(b) 黏土颗粒的表面带电性

图1-11　黏土颗粒表面带电现象

研究表明，扁平状黏土颗粒的表面，由于下列原因常带有不平衡的负电荷。

① 离解作用：黏土颗粒与水作用后离解成更微小的颗粒，离解后阳离子扩散于水中，阴离子留在颗粒表面。

② 吸附作用：溶于水中的微小黏土颗粒把水介质中一些与本身结晶格架中相同或相似的离子选择性地吸附到自己表面。

③ 同晶置换：矿物晶格中高价的阳离子被低价的离子置换，常为硅片中的Si^{4+}被Al^{3+}置换，铝片中的Al^{3+}被Mg^{2+}置换，因而产生过剩的未饱和负电荷，这种现象在蒙脱石中尤为显著，故其表面负电性最强。

④ 边缘断链：理想晶体内部的电荷是平衡的，但在颗粒的边缘处产生断裂后，晶体连续性受到破坏，造成电荷不平衡，因此比表面积越大，表面能越大。

由于黏土矿物的带电性，黏土颗粒四周形成一个电场，将使颗粒四周的水发生定向排列，直接影响土中水的性质，从而使黏土具有许多无黏性土所没有的性质。

（2）双电层的概念

表面带有一定负电荷的黏土颗粒，由于静电引力作用，在水溶液中将吸引水中的阳离子到土粒表面来。这些阳离子实际上是水化阳离子，体积较大，阻碍着阳离子向土粒表面靠近。水溶液中离子的分布是不均匀的，越靠近表面，静电作用力越大、吸引力越强，阳离子浓度越大，

形成固定层;固定层外围随着离土粒表面距离的增加,静电引力则降低,阳离子浓度逐渐下降,从而形成扩散层,直至孔隙中水溶液的浓度正常为止。固定层和扩散层中所含的阳离子与土粒表面的负电荷的电位相反,称为反离子层。同样,阴离子的浓度,由于静电斥力的作用,越靠近表面,浓度越低;随着距离的增加,阴离子浓度也逐渐增加,直至达到正常浓度为止。土粒表面的负电荷与受土粒表面影响的阳离子层(反离子层)合起来称为双电层,如图 1-12 所示。

图 1-12 结合水分子定向排列图

双电层的形成是由于黏土颗粒表面带有负电荷,土粒表面电位的高低是双电层厚度的决定因素,除此以外,还有以下影响因素。

① 孔隙水中离子浓度。离子浓度越高,双电层越薄。双电层厚度与离子浓度平方根成反比。

② 孔隙水中阳离子价数。阳离子越高,双电层越薄。双电层厚度与孔隙水中阳离子价成反比。

③ 孔隙水的温度和溶液的介电常数。一方面,随着温度的升高,双电层将增大;另一方面,随着温度的升高,水溶液的介电常数 D 将降低,D 的降低意味着双电层的厚度将减小。两者相互抵消后,可以认为温度对双电层的影响不大。

④ 孔隙水 pH。水中的 pH 不同,影响着黏土颗粒的离解吸附作用,从而进一步影响双电层的厚度。

(3)黏土颗粒间的相互作用

土体中的每个黏土颗粒都处于内力和外力共同作用下的平衡状态中。外力作用包括荷载和重力场的作用;内力作用包括黏土颗粒内部的作用和黏土颗粒之间的相互作用,它影响着土的物理化学性质。黏土颗粒之间的相互作用包括化学键、分子键、静电力等。

土中的黏土颗粒呈片状或针状,有非常大的比表面积,在一定条件下黏土颗粒间作用力与其重力相比将占优势,从而影响细粒土的沉积过程和沉积土的性状。当黏土颗粒在溶液中沉淀时,粒间引力主要是范德华力和结合水层中异性电荷引起的静电引力。范德华力发生在极性颗粒之间,此时当两个极性颗粒相互接近时,同极相斥,异极相吸,从而促使它们发生转动。转动的结果使它们异极相对,两个颗粒相互吸引,如图 1-13 所示。范德华力在极性

图 1-13 两个极性颗粒相互作用示意

颗粒之间产生引力,但它是一种短程力,约随粒间间距的六次方递减,与溶液的性质无关。

在两个黏土颗粒相互靠近,使黏土颗粒表面结合水层相搭接时,结合水层中的阳离子不足以平衡土粒上的净负电荷,就会发生粒间斥力。其大小取决于溶液的性质(如溶液中阳离子的浓度和离子价),并随粒间间距的指数函数递减。粒间电作用力随粒间间距和溶液中阳离子浓度的变化的关系曲线如图 1-14 所示。由图可见,粒间电作用力是随粒间距离而变化的,它们之间既有吸引力又有排斥力,当总的吸引力大于排斥力时表现为净吸力,反之为净斥力。

图 1-14　粒间电作用力随粒间间距和阳离子浓度变化的关系曲线

在高含盐量的水中沉积的黏土,由于离子浓度的增加,反离子层减薄,则渗透斥力降低。因此,在粒间较大的净吸力作用下,黏土颗粒容易絮凝成集合体下沉。混浊的河水流入海中,是因为海水的高盐度很容易絮凝沉积为淤泥。

1.2.2　土的液相

土中水按存在形态有固态水、液态水和气态水。固态水即冰,当温度降到 0℃ 以下时,孔隙中的水会结成冰。一般土中水指液态水,可将其视为中性、无色、无味、无臭的液体,其质量密度在 4℃ 为 $1g/cm^3$,重力密度为 $9.81kN/m^3$。存在于土粒晶格内部的极少一部分结晶水,与土体内部其他类型的水交换作用极小(通常认为没有交换),这部分结晶水只有在比较高的温度下(80~680℃,随土粒的矿物成分不同而异)才能从矿物中析出化为气态水,故可把它视作矿物本身的一部分。存在于土中的液体水可分为结合水和自由水两大类(见表 1-4)。实际上,土中水是成分复杂的电解质水溶液,它与土粒有着复杂的相互作用,土中水在不同作用力之下处于不同的状态。土中细粒越多,即土的分散度越大,土中水对土性的影响越大。

表 1-4　土中水的分类

水的类型		主要作用力
结合水		物理化学力
自由水	毛细水	表面张力及重力
	重力水	重力

1. 结合水

结合水是指受土颗粒表面电荷产生的静电引力吸附于土粒表面的水。通常黏土颗粒的表面都带有净负电荷，其周围产生电场。因水分子是极性分子，且水溶液中的钠、钙、铝等阳离子与水分子组成水化离子团，被土粒表面电场吸引，在土颗粒表面外侧吸附了一层水膜成为结合水，如图1-15所示。与自然界中的液态水相比，结合水有较大的黏滞性、较小的能动性和较高的密度。距土颗粒表面越近，静电引力越强；距土颗粒表面越远，静电引力越弱。结合水层按照吸引力的大小可分为强结合水和弱结合水。

强结合水是紧靠土粒表面的结合水膜，也称吸着水。其受到土颗粒的吸附力可高达几千个大气压，牢固地结合在土颗粒表面，性质接近固体。强结合水到$-78℃$才冻结，在温度达$110℃$以上时才可被蒸发，能够承受剪力作用，但不传递液体压力，在常温下这些水是矿物的组成部分，只在矿物成分改变后才影响土的性质。

弱结合水是紧靠强结合水的外围而形成的结合水膜，也称薄膜水。它仍然不能传递静水压力，也不能在孔隙中自由流动，但它可以因电场引力作用从水膜厚的地方向水膜薄的地方缓慢转移，也会在压力作用下析出变成自由水，这时结合水膜变薄。弱结合水的存在，使土具有可塑性、黏性和流变特性，影响土的压缩性和强度，并使土的透水性变小。

图 1-15 结合水示意图

2. 自由水

自由水是存在于土粒表面电场影响范围以外的水。它的性质和正常水一样，能传递静水压力，冰点为$0℃$，有溶解能力。自由水按其移动所受作用力的不同，可以分为重力水和毛细水。

重力水存在于地下水位以下的透水土层中，仅受重力作用控制，在重力或水位差下能在土中流动。它与普通水一样，具有溶解能力，能传递静水压力和动水压力，对土粒有浮力作用。重力水的渗流特征是地下工程排水和防水工程的主要控制因素之一，对土中的应力状态和开挖基槽、基坑以及修筑地下构筑物有重要的影响。

毛细水是存在地下水位以上，受到水和空气交界面处表面张力作用的自由水。毛细水按其与地下水面是否联系，可分为毛细悬挂水（与地下水无直接联系）和毛细上升水（与地下水相连）。在毛细水带内，只有靠近地下水位的一部分土才被认为是饱和的，这一部分就称为毛细水饱和带（见图1-16）。毛细水的上升高度与土中孔隙的大小和形状、土粒矿物组成以及水的性质有关。在砂土中，毛细水上升高度取决于土粒粒度，一般不超过$2m$；在粉土中，由于其粒度较小，毛细水上升高度较大，往往超过$2m$；黏性土的粒度虽然较粉土更小，但是由于黏土颗粒与水作用，产生了具有黏滞性的结合水，阻碍了毛细通道，因此黏土中的毛细水的上升高度反而较低。

毛细水除存在于毛细水上升带内，也存在于非饱和土的较大孔隙中。在水、气界面上，由于弯液面表面张力的存在，以及水与土粒表面的浸润作用，孔隙水的压力也将小于孔隙内的大气压力。于是,沿着毛细弯液面的切线方向,将产生迫使相邻土粒挤紧的压力,这种压力称为毛细压力,如图 1-17 所示。毛细压力的存在使水内的压力小于大气压力,即孔隙水压力为负值,负压力使相邻土粒相互挤紧,使湿砂具有一定的可塑性,将此现象称为"似黏聚力"。毛细压力呈倒三角分布,在水、气界面处最大,自由水位处于零。因此,在完全浸没或完全干燥的条件下,弯液面消失,毛细压力变为零,湿砂也就不具有"似黏聚力"。

图 1-16　土层的毛细水带

图 1-17　毛细压力示意图

在工程中,毛细水的上升高度和速度对于建筑物地下部分的防潮措施和地基土的浸湿、冻胀等有重要影响。此外,在干旱地区,地下水中的可溶盐随毛细水上升后不断蒸发,盐分便积聚于靠近地表处而形成盐渍土。

1.2.3　土的气相

土中的气体存在于土孔隙中未被水所占据的部位,也有些气体溶解于孔隙水中。在粗颗粒沉积物中,常见到与大气相连通的气体。在外力作用下,连通气体极易排出,它对土的性质影响不大。在细粒土中,则常存在与大气隔绝的封闭气泡。在外力作用下,土中封闭气体易溶解于水,外力卸除后,溶解的气体又重新释放出来,使得土的弹性增加,透水性减少。

土中气成分与大气成分相比较,土中气含有更多的 CO_2,较少的 O_2,较多的 N_2。土中气与大气的交换越困难,两者的差别越大。与大气连通不畅的地下工程施工中,尤其应注意 O_2 的补给,以保证施工人员的安全。

对于淤泥和泥炭等有机质土,由于微生物的分解作用,在土中蓄积了某种可燃性气体(如 H_2S、CH_4 等),使土层在自重作用下长期得不到压密,而形成高压缩性土层。

1.3　土的结构和构造

很多试验资料表明,同一种土,原状土样和重塑土样的力学性质有很大差刻。这就说明,土的组成成分不是决定土性质的全部因素,土的结构和构造对土的性质也有很大影响。

土的结构包含微观结构和宏观结构两层概念。土的微观结构,简称为土的结构,也称为土的组构,是指土粒的原位集合体特征,是由土粒单元的大小、矿物成分、形状、相互排列及其联结关系,土中水性质及孔隙特征等因素形成的综合特征。土的宏观结构,简称为土的构造,是指同一土层中的物质成分和颗粒大小等都相近的各部分之间的相互关系的特征,表征了土层的层理、裂隙及大孔隙等宏观特征。

1.3.1　土的结构

1. 单粒结构

单粒结构是由粗大土粒在水或空气中下沉而形成的。土颗粒相互之间有稳定的空间位置,是碎石土和砂土的结构特征。在单粒结构中,土粒的粒度和形状、土粒在空间的相对位置决定了它的密实度。因此,这类土的孔隙比的值域变化较宽。同时,因颗粒较大,土粒间的分子吸引力相对很小,颗粒间几乎没有联结。只是在浸润条件下(潮湿而不饱和),粒间会有微弱的毛细压力联结。

单粒结构可以是疏松的,也可以是紧密的(见图 1-18)。呈紧密状态的单粒结构的土,由于其土粒排列紧密,在动、静荷载作用下都不会产生较大的沉降,所以强度较大,压缩性较小,一般是良好的天然地基土。呈疏松状态的单粒结构的土,其骨架是不稳定的,当受到震动或其他外力作用时,土粒易发生移动,土中孔隙剧烈减少,引起土的很大变形。因此,这种土层如未经处理,一般不宜作为建筑物的地基或路基。

2. 蜂窝结构

蜂窝结构主要是由粉粒或细砂组成的土的结构形式。据研究,粒径为 $0.005 \sim 0.075 \mathrm{mm}$ (粉粒粒组)的土粒在水中沉积时,基本是以单个土粒下沉,当碰上已沉积的土粒时,由于它们之间的相互引力大于其重力,因此土粒就停留在最初的接触点上不再下沉,逐渐形成土粒链。土粒链组成弓架结构,形成具有很大孔隙的蜂窝状结构(见图 1-19)。

(a) 疏松的	(b) 紧密的	

图 1-18　土的单粒结构　　　　　　　图 1-19　土的蜂窝结构

具有蜂窝结构的土有很大孔隙,但由于弓架作用和一定程度的粒间联结,使得其可以承担一般水平的静力载荷。但是,当其承受高应力水平荷载或动力荷载时,其结构将被破坏,并可导致严重的地基变形。

3. 絮状结构

絮状结构又称絮凝结构。细小黏粒(其粒径<0.005mm)或胶粒(其粒径为0.000001~0.0001mm),大都呈针状或片状,重力作用很小,能够在水中长期悬浮,不因自重而下沉。当悬液介质发生变化时(如黏粒被带到电解质浓度较大的海水中),土粒表面的弱结合水厚度

减薄,黏粒互相接近,凝聚成絮状物下沉,从而形成孔隙较大的絮状结构,如图 1-20 所示。

絮状结构是黏土的主要结构形式。研究表明,形成黏土的片状或针状土粒的表面带负电荷,而在其边(即断口处)局部带正电荷。因此在土粒聚合时,多半以面对边(海水中沉积)或面对面(淡水中沉积)的方式接触,如图 1-21 所示,前者称片架结构,如图 1-21(a)所示,后者称片堆结构,如图 1-21(b)所示。

图 1-20　土的絮状结构

(a) 片架结构　　(b) 片堆结构

图 1-21　黏粒的接触形式

絮状结构的土实际上是不稳定的,例如在很小的施工扰动下,土粒之间的联结脱落,造成结构破坏,强度降低。但土粒之间的联结强度(结构强度)往往由于长期的压密和胶结作用而得到加强。所以,集粒间的联结特征是影响这一类土工程性质的主要因素之一。

天然条件下,任何一种土类的结构并不是单一的,往往呈现以某种结构为主,混杂各种结构的复合形式。还应指出,当土的结构受到破坏或扰动时,在改变了土粒排列的同时,也不同程度地破坏了土粒间的联结,从而影响土的工程性能,对于蜂窝和絮状结构的土,往往会大大降低其结构强度。

1.3.2　土的构造

土的构造实际上是土层空间的赋存状态。表征土层的层理、裂隙及大孔隙等宏观特征。土的构造的最主要特征就是成层性,即层理构造,如图 1-22 所示。它是在土的形成过程中由于不同阶段沉积的物质成分、颗粒大小或颜色不同,而沿竖向呈现的成层特征,常见的有水平层理构造和交错层理构造。土的构造的另一特征是土的裂隙性,这是在土的自然演化过程中,经受地质构造作用或自然淋滤、蒸发作用形成的,如黄土的柱状裂隙,膨胀土的收缩裂隙等。裂隙的存在大大降低了土体的强度和稳定性,增大了土的透水性,因此对工程不利,往往是工程结构或土体边坡失稳的原因。此外,也应注意到土中有无包裹物(如腐殖物、贝壳、结核体等)以及天然或人为的孔洞存在。土的构造特征都造成土的不均匀性。

(a) 水平层理　　(b) 交错层理

图 1-22　层理构造

1.4 土的物理性质指标

土是连续、坚固的岩石在风化作用下形成的大小悬殊的颗粒,经过不同的搬运方式,在各种自然环境中生成的沉积物;并且是由颗粒(固相)、水(液相)和气(气相)所组成的三相体系。土的三相组成物质的性质、相对含量以及土的结构构造等因素,必然在土的轻重、松密、干湿、软硬等一系列物理性质和状态上有不同的反映。土的物理性质又在一定程度上决定了它的力学性质,所以物理性质是土的最基本的工程特性。

土的三相组成各部分的质量和体积之间的比例关系,随着各种条件的变化而改变。例如,建筑物或土工建筑物的荷载作用下,地基土中的孔隙体积将缩小;地下水位的升高或降低,都将改变土中水的含量;经过压实的土,其孔隙体积将缩小。这些变化都可以通过三相比例指标的大小反映出来。

表示土的三相比例关系的指标,称为土的三相比例指标,包括土粒相对密度、土的含水量、密度、孔隙比、孔隙率和饱和度等。

为了便于说明和计算,用图 1-23 所示的土的三相比例指标换算图来表示各部分之间的数量关系,图中符号的意义如下。

图 1-23 土的三相比例指标换算图

m_s——土粒质量;

m_w——土中水质量;

m——土的总质量,$m=m_s+m_w$;

V_s、V_w、V_a——土粒、土中水、土中气体积;

V_v——土中孔隙体积,$V_v=V_w+V_a$;

V——土的总体积,$V=V_s+V_w+V_a$。

1.4.1 指标的定义

1. 三个基本的三相比例指标

三个基本的三相比例指标是指土粒相对密度 d_s、土的含水量 w 和密度 ρ,一般由实验室直接测定其数据。

1）土粒相对密度 d_s

土粒质量与同体积的 4℃ 时纯水的质量之比，称为土粒相对密度 d_s，无量纲，即

$$d_s = \frac{m_s}{V_s \rho_{w1}} = \frac{\rho_s}{\rho_{w1}} \tag{1-5}$$

式中 m_s——土粒质量(g)；

V_s——土粒体积(cm^3)；

ρ_s——土粒密度，即土粒单位体积的质量(g/cm^3)；

ρ_{w1}——纯水在 4℃ 时的密度，等于 $1g/cm^3$ 或 $1t/m^3$。

一般情况下，土粒相对密度在数值上就等于土粒密度，但两者的含义不同，前者是两种物质的质量密度之比，无量纲；而后者是一种物质（土粒）的质量密度，有单位。土粒相对密度决定于土的矿物成分，一般无机矿物颗粒的相对密度为 2.6～2.8；有机质矿物颗粒的为 2.4～2.5；泥炭的为 1.5～1.8。土粒（一般无机矿物颗粒）的相对密度变化幅度很小。土粒相对密度可在实验室内用比重瓶法测定，通常也可按经验数值选用。一般土粒相对密度参考值如表 1-5 所示。

表 1-5   一般土粒相对密度参考值

土的名称	砂类土	粉土	黏 性 土	
			粉质黏土	黏土
土粒相对密度	2.65～2.69	2.70～2.71	2.72～2.73	2.74～2.76

2）土的含水量 w

土中水的质量与土粒质量之比称为土的含水量（率），它以百分数计，即

$$w = \frac{m_w}{m_s} \times 100\% \tag{1-6}$$

含水量 w 是表示土含水程度（或湿度）的一个重要的物理指标。天然土层的含水量变化范围很大，它与土的种类、埋藏条件及其所处的自然地理环境等有关。一般干的粗砂，其含水量接近于零，而饱和砂土的含水量可达到 40%；坚硬黏土的含水量小于 30%，而饱和软黏土（如淤泥）的含水量可达 60%，甚至更大。一般来说，同一类土（尤其是细粒土），当其含水量增大时，其强度就降低。土的含水量一般用"烘干法"测定。先称小块原状土样的湿土质量，然后置于烘箱内维持 105℃ 烘至恒重，再称干土质量，湿、干土质量之差与干土质量的比值，就是土的含水量。

3）土的密度 ρ

土单位体积的质量称为土的（湿）密度 ρ，单位为 g/cm^3，即

$$\rho = \frac{m}{V} \tag{1-7}$$

天然状态下的土的密度变化范围比较大，一般黏土 $\rho = 1.8～2.0g/cm^3$；砂土 $\rho = 1.6～2.0g/cm^3$；腐殖土 $\rho = 1.5～1.7g/cm^3$。土的密度一般用"环刀法"测定，用一个圆环刀（刀刃向下）放在削平的原状土样面上，徐徐削去环刀外围的土，边削边压，使保持天然状态的土样压满环刀内，称得环刀内土样质量，求得它与环刀容积之比值，即为土的密度。

2. 特殊条件下土的密度

1) 土的干密度 ρ_d

土单位体积中固体颗粒部分的质量,称为土的干密度 ρ_d,单位为 g/cm^3,即

$$\rho_d = \frac{m_s}{V} \qquad (1\text{-}8)$$

在工程上常把土的干密度 ρ_d 作为评定土体紧密程度的标准,尤以控制填土工程的施工质量为常见。

2) 饱和密度 ρ_{sat}

土孔隙中充满水时的单位体积质量,称为土的饱和密度 ρ_{sat},单位为 g/cm^3,即

$$\rho_{sat} = \frac{m_s + V_v \rho_w}{V} \qquad (1\text{-}9)$$

式中 ρ_w——水的密度,ρ_{w1} 近似等于 $1g/cm^3$。

3) 土的浮密度 ρ'

在地下水位以下,土单位体积中土粒的质量与同体积水的质量之差称为土的浮密度 ρ',单位为 g/cm^3,即

$$\rho' = \frac{m_s - V_s \rho_w}{V} \qquad (1\text{-}10)$$

土的三相比例指标中的质量密度指标共有 4 个,即土的(湿)密度 ρ、干密度 ρ_d、饱和密度 ρ_{sat} 和浮密度 ρ'。与之对应,土单位体积的重力(即土的密度与重力加速度的乘积)称为土的重力密度,简称重度 γ,单位为 kN/m^3。有关重度的指标也有 4 个,即土的(湿)重度 γ、干重度 γ_d、饱和重度 γ_{sat} 和浮重度 γ'。其定义均以重力替换质量,可分别按下列对应公式计算:

$$\gamma = \rho g, \quad \gamma_d = \rho_d g, \quad \gamma_{sat} = \rho_{sat} g, \quad \gamma' = \rho' g$$

式中 g——重力加速度(m/s^2),$g = 9.80665 m/s^2 \approx 9.81 m/s^2$,实用时可近似取 $10.0 m/s^2$。

在国际单位体系中,质量密度的单位是 kg/m^3;重力密度的单位是 N/m^3。但在国内的工程实践中,两者分别取 g/m^3 和 kN/m^3。

各密度或重度指标,在数值上有如下关系:

$$\rho_{sat} \geqslant \rho \geqslant \rho_d \geqslant \rho' \quad \text{或} \quad \gamma_{sat} \geqslant \gamma \geqslant \gamma_d \geqslant \gamma'$$

3. 描述土的孔隙体积相对含量的指标

1) 土的孔隙比 e

土的孔隙比是土中孔隙体积与土粒体积之比,即

$$e = \frac{V_v}{V_s} \qquad (1\text{-}11)$$

孔隙比 e 用小数表示。它是一个重要的物理性指标,可以用来评价天然土层的密实程度。一般 $e < 0.6$ 的土是密实的低压缩性土,$e > 1.0$ 的土是疏松的高压缩性土。

2) 土的孔隙率 n

土的孔隙率是土中孔隙所占体积与土总体积之比,它以百分数计,即

$$n = \frac{V_v}{V} \times 100\% \qquad (1\text{-}12)$$

3）土的饱和度 S_r

土中水体积与土中孔隙体积之比称为土的饱和度，它以百分数计，即

$$S_r = \frac{V_w}{V_v} \times 100\% \tag{1-13}$$

土的饱和度 S_r 与含水量 w 均为描述土中含水程度的三相比例指标。通常根据饱和度 $S_r(\%)$，砂土的湿度可分为三种状态：砂土稍湿时，$S_r \leqslant 50\%$；砂土很湿时，$50\% < S_r \leqslant 80\%$；砂土饱和时，$S_r > 80\%$。

1.4.2 指标的换算

通过土工试验直接测定土粒相对密度 d_s、含水量 w 和密度 ρ 这三个基本指标后，可计算出其余三相比例指标。

根据土的三相比例指标换算图（见图 1-23）进行各指标间相互关系的推导，设 $\rho_{w1} = \rho_w$，并令 $V_s = 1$，则 $V_v = e$，$V = 1 + e$，$m_s = V_s d_s \rho_w = d_s \rho_w$，$m_w = w m_s = w d_s \rho_w$，$m = d_s(1 + w)\rho_w$。

推导如下：

$$\rho = \frac{m}{V} = \frac{d_s(1 + w)\rho_w}{1 + e}$$

由上式得

$$\rho_d = \frac{m_s}{V} = \frac{d_s \rho_w}{1 + e} = \frac{\rho}{1 + w}$$

$$e = \frac{d_s \rho_w}{\rho_d} - 1 = \frac{d_s(1 + w)\rho_w}{\rho} - 1$$

$$\rho_{sat} = \frac{m_s + V_v \rho_w}{V} = \frac{(d_s + e)\rho_w}{1 + e}$$

$$\rho' = \frac{m_s - V_s \rho_w}{V} = \frac{m_s + V_v \rho_w - V\rho_w}{V} = \rho_{sat} - \rho_w = \frac{(d_s - 1)\rho_w}{1 + e}$$

$$n = \frac{V_v}{V} = \frac{e}{1 + e}$$

$$S_r = \frac{V_w}{V_v} = \frac{m_w}{V_v \rho_w} = \frac{w d_s}{e}$$

常用的土的三相比例指标换算公式如表 1-6 所示。

表 1-6 常用的土的三相比例指标换算公式

名　　称	符号	三相比例表达式	常用换算公式	常见的数值范围
土粒相对密度	d_s	$d_s = \dfrac{m_s}{V_s \rho_{w1}}$	$d_s = \dfrac{S_r e}{w}$	黏土：2.72～2.75 粉土：2.70～2.71 砂土：2.65～2.69
含水量	w	$w = \dfrac{m_w}{m_s} \times 100\%$	$w = \dfrac{S_r e}{d_s} \times 100\%$ $w = \dfrac{\rho}{\rho_d} - 1$	20%～60%

续表

名　称	符号	三相比例表达式	常用换算公式	常见的数值范围
密度	ρ	$\rho = \dfrac{m}{V}$	$\rho = \rho_d(1+w)$ $\rho = \dfrac{d_s(1+w)}{1+e}\rho_w$	$1.6 \sim 2.0\text{g/cm}^3$
干密度	ρ_d	$\rho_d = \dfrac{m_s}{V}$	$\rho_d = \dfrac{\rho}{1+w}$ $\rho_d = \dfrac{d_s}{1+e}\rho_w$	$1.3 \sim 1.8\text{g/cm}^3$
饱和密度	ρ_{sat}	$\rho_{sat} = \dfrac{m_s + V_v\rho_w}{V}$	$\rho_{sat} = \dfrac{d_s+e}{1+e}\rho_w$	$1.8 \sim 2.3\text{g/cm}^3$
浮密度	ρ'	$\rho' = \dfrac{m_s - V_s\rho_w}{V}$	$\rho' = \rho_{sat} - \rho_w$ $\rho' = \dfrac{d_s-1}{1+e}\rho_w$	$0.8 \sim 1.3\text{g/cm}^3$
重度	γ	$\gamma = \rho g$	$\gamma = \gamma_d(1+w)$ $\gamma = \dfrac{d_s(1+w)}{1+e}\gamma_w$	$16 \sim 20\text{kN/m}^3$
干重度	γ_d	$\gamma_d = \rho_d g$	$\gamma_d = \dfrac{\gamma}{1+w}$ $\gamma_d = \dfrac{d_s}{1+e}\gamma_w$	$13 \sim 18\text{kN/m}^3$
饱和重度	γ_{sat}	$\gamma_{sat} = \dfrac{m_s + V_v\rho_w}{V}g$	$\gamma_{sat} = \dfrac{d_s+e}{1+e}\gamma_w$	$18 \sim 23\text{kN/m}^3$
浮重度	γ'	$\gamma' = \rho' g$	$\gamma' = \gamma_{sat} - \gamma_w$ $\gamma' = \dfrac{d_s-1}{1+e}\gamma_w$	$8 \sim 13\text{kN/m}^3$
孔隙比	e	$e = \dfrac{V_v}{V_s}$	$e = \dfrac{wd_s}{S_r}$ $e = \dfrac{d_s(1+w)\rho_w}{\rho} - 1$	黏土和粉土：$0.40 \sim 1.20$ 砂土：$0.30 \sim 0.90$
孔隙率	n	$n = \dfrac{V_v}{V} \times 100\%$	$n = \dfrac{e}{1+e}$ $n = 1 - \dfrac{\rho_d}{d_s\rho_w}$	黏土和粉土：$30\% \sim 60\%$ 砂土：$25\% \sim 45\%$
饱和度	S_r	$S_r = \dfrac{V_w}{V_v} \times 100\%$	$S_r = \dfrac{wd_s}{e}$ $S_r = \dfrac{w\rho_d}{n\rho_w}$	稍湿：$0 \leqslant S_r \leqslant 50\%$ 很湿：$50\% \leqslant S_r \leqslant 80\%$ 饱和：$80\% \leqslant S_r \leqslant 100\%$

注：水的重度 $\gamma_w = \rho_w g = 1\text{t/m}^3 \times 9.81\text{m/s}^2 = 9.81 \times 10^3 (\text{kg}\cdot\text{m/s}^2)/\text{m}^3 = 9.81 \times 10^3 \text{N/m}^3 \approx 10\text{kN/m}^3$。

【例题 1.2】　某试样在天然状态下的体积为 60.0cm^3，称得其质量为 108.00g，将其烘干后称得质量为 96.43g，根据试验得到的土粒相对密度 d_s 为 2.70，试求试样的密度、含水量、孔隙比、孔隙率和饱和度。

【解】

(1) 已知 $V=60.0\text{cm}^3$，$m=108.00\text{g}$，则密度

$$\rho=\frac{m}{V}=\frac{108}{60}=1.80(\text{g/cm}^3)$$

(2) 已知 $m_s=96.43\text{g}$，则

$$m_w=m-m_s=108-96.43=11.57(\text{g})$$

按表 1-6 中含水量 w 的三相比例表达式，得含水量：

$$w=\frac{m_w}{m_s}\times100\%=\frac{11.57}{96.43}\times100\%=12.0\%$$

(3) 已知 $d_s=2.70$，则

$$V_s=\frac{m_s}{\rho_s}=\frac{96.43}{2.7}=3.57(\text{cm}^3)$$

$$V_v=V-V_s=60-35.7=24.3(\text{cm}^3)$$

按表 1-6 中孔隙比 e 的三相比例表达式，得孔隙比

$$e=\frac{V_v}{V_s}=\frac{24.3}{35.7}=0.681$$

(4) 按表 1-6 中孔隙率 n 的三相比例表达式，得孔隙率

$$n=\frac{V_v}{V}\times100\%=\frac{24.3}{60}\times100\%=40.5\%$$

(5) 根据 ρ_w 的定义，则

$$V_w=\frac{m_w}{\rho_w}=\frac{11.57}{1}=11.57(\text{cm}^3)$$

按表 1-6 中饱和度 S_r 的三相比例表达式，得饱和度

$$S_r=\frac{V_w}{V_v}\times100\%=\frac{11.57}{24.3}\times100\%=47.6\%$$

【例题 1.3】 某完全饱和黏土的含水量 $w=40\%$，土粒相对密度 $d_s=2.7$，试按定义求土的孔隙比 e 和干密度 ρ_d。

【解】 设土粒体积 $V_s=1.0\text{cm}^3$，则由图 1-23 所示三相比例指标换算图可得

(1) 已知 $d_s=2.70$，则土粒的质量：

$$m_s=d_s\rho_w=2.7(\text{g})$$

(2) 已知含水量 $w=40\%$，则水的质量：

$$m_w=wm_s=0.4\times2.7=1.08(\text{g})$$

(3) 完全饱和黏土，其土的孔隙体积与水的体积相等：

$$V_v=V_w=\frac{m_w}{\rho_w}=1.08(\text{cm}^3)$$

(4) 由定义得

$$e=\frac{V_v}{V_s}=\frac{1.08}{1.0}=1.08$$

$$\rho_d=\frac{m_s}{V}=\frac{2.7}{1+1.08}=1.30(\text{g/cm}^3)$$

1.4.3　黏土的物理特征

1. 黏土的可塑性及界限含水量

同一种黏土因其含水量的不同而分别处于固态、半固态、可塑状态及流动状态,其界限含水量分别为缩限、塑限和液限。所谓可塑状态,是指当黏土在某含水量范围内,可用外力塑成任何形状而不发生裂纹,并当外力移去后仍能保持既得的形状,土的这种性能叫作可塑性。黏土由一种状态转到另一种状态的界限含水量,总称为阿太堡界限。它对黏土的分类及工程性质的评价有重要意义。

土由可塑状态转变为流动状态的界限含水量称为液限,也称塑性上限或流限,用符号 w_L 表示;相反,土由可塑状态转变为半固态的界限含水量称为塑限,用符号 w_p 表示;土由半固态不断蒸发水分,则体积继续逐渐缩小,直到体积不再收缩时,对应土的界限含水量称为缩限,用符号 w_s 表示。界限含水量都以百分数表示(省去%符号)。

我国采用锥式液限仪(见图 1-24,图中单位为 mm)来测定黏土的液限 w_L。将调成均匀的浓糊状试样装满盛土杯内(盛土杯置于底座上),刮平杯口表面,将 76g 重的圆锥体轻放在试样表面,使其在自重作用下沉入试样,若圆锥体经过 5s 时间恰好沉入 17mm 深度,这时杯内土样的含水量就是液限 w_L 值。为了避免放锥时的人为晃动,可采用电磁放锥的方法,以提高测试精度,实践证明其效果较好。

美国、日本等国家使用碟式液限仪(见图 1-25)来测定黏土的液限。它是将调成浓糊状的试样装在碟内,刮平表面,做成约 8mm 深的土饼,用开槽器在土中成槽,槽底宽度为 2mm,然后将碟抬高 10mm,使碟自由下落,连续下落 25 次后,如土槽合拢长度为 13mm,这时试样的含水量就是液限 w_L 值。

图 1-24　锥式液限仪

图 1-25　碟式液限仪

黏土的塑限 w_p 采用搓条法测定。即用双手将天然湿度的土样搓成小圆球(球径小于 10mm),放在毛玻璃上再用手掌慢慢搓滚成小土条,若小土条搓滚成直径为 3mm 时恰好开始断裂,这时断裂土条的含水量就是塑限 w_p 值。搓条法受人为因素的影响较大,因而成果不稳定。利用锥式液限仪联合测定液限、塑限的方法,实践证明可以取代搓条法。

联合测定法求液限、塑限是采用锥式液限仪以电磁放锥法对黏土试样以不同的含水量进行若干次试验(一般为 3 组),并按测定结果在双对数坐标纸上作出 76g 圆锥体的入土深度与土样含水量的关系曲线(见图1-26)。根据大量试验资料,它接近于一根直线。如果同时采用圆锥仪法及搓条法分别作液限、塑限试验进行比较,则对应于圆锥体入土深度为17mm和2mm时土样的含水量分别为该土的液限和塑限。

20世纪50年代,我国一直以76g圆锥体下沉深度10mm作为液限标准,这与碟式液限仪测得的液限值不一致。国内外研究成果分析表明,取76g圆锥体下沉深度17mm时的含水量与碟式液限仪测出的液限值相当。《土的工程分类标准》(GB/T 50145—2007)细粒土分类的塑性图中取消了采用76g圆锥体下沉深度10mm对应的含水量为液限,仅保留了76g圆锥体下沉深度17mm对应的含水量为液限。《公路土工试验规程》(JTG E40—2019)规定,采用76g圆锥体下沉深度17mm

图1-26 圆锥体入土深度与含水量的关系

或100g圆锥体下沉深度20mm测定的液限值与碟式液限仪的相当。

2. 黏土的物理状态指标

黏土的可塑性指标除了上述塑限、液限及缩限外,还有塑性指数、液性指数等状态指标。

1) 塑性指数

土的塑性指数是指液限和塑限的差值(省去%符号),即土处在可塑状态的含水量变化范围,用符号I_p表示,即

$$I_p = w_L - w_p \tag{1-14}$$

显然塑性指数越大,土处于可塑状态的含水量范围也越大。换句话说,塑性指数的大小与土中结合水的含量有关。从土的颗粒粗细来说,土粒越细,则其表面积越大,结合水含量越高,因而I_p也随之增大。从矿物成分来说,黏土矿物(尤以蒙脱石类)含量越多,水化作用剧烈,结合水含量越高,因而I_p也越大。从土中水的离子成分和浓度来说,当水中高价阳离子的浓度增加时,土粒表面吸附的反离子层中的阳离子减少,层厚变薄,结合水含量相应减少,I_p也变小;反之,随着反离子层中的低价阳离子的增加,I_p变大。在一定程度上,塑性指数综合反映了黏土及其三相组成的基本特性。因此,工程上常按塑性指数对黏土进行分类。

2) 液性指数

土的液性指数是指黏土的天然含水量和塑限的差值与塑性指数之比,用符号I_L表示,即

$$I_L = \frac{w - w_p}{w_L - w_p} = \frac{w - w_p}{I_p} \tag{1-15}$$

从式(1-15)中可见,当土的天然含水量w小于w_p时,I_L小于0,天然土处于坚硬状态;当w大于w_L时,I_L大于1,天然土处于流动状态;当w介于w_p与w_L之间时,即I_L在0～1之间,则天然土处于可塑状态。因此,可以利用液性指数I_L作为黏土状态的划分指标。I_L值越大,土质越软;反之,土质越硬。

必须指出的是,黏土界限含水量指标w_p与w_L都是采用重塑土测定的,它们仅反映黏土颗粒与水的相互作用,并不能完全反映具有结构性的黏土体与水的关系,以及作用后表现

出的物理状态。因此,在保持天然结构的原状上,其含水量达到液限以后,并不处于流动状态,而处于流塑状态。

黏土根据液性指数值划分软硬状态,其划分标准如表 1-7 所示。

表 1-7　黏土根据液性指数值的划分标准(GB 50021—2001)(2009 版)

状态	坚硬	硬塑	可塑	软塑	流塑
液性指数	$I_L \leqslant 0$	$0 < I_L \leqslant 0.25$	$0.25 < I_L \leqslant 0.75$	$0.75 < I_L \leqslant 1.0$	$I_L > 1.0$

3. 黏土的活动度、灵敏度和触变性

1) 黏土的活动度

黏土的活动度反映了黏土中所含矿物的活动性。在实验室里,有两种土样的塑性指数可能很接近,但性质却有很大差异。例如,高岭土(以高岭石类矿物为主的土)和皂土(以蒙脱石类矿物为主的土)是两种完全不同的土,只根据塑性指数可能无法区别。为了把黏土中所含矿物的活动性显示出来,可用塑性指数与黏粒(粒径<0.002mm 的黏土颗粒)含量百分数之比值,即称为活动度,来衡量所含矿物的活动性,其计算式为

$$A = \frac{I_p}{m} \tag{1-16}$$

式中　A——黏土的活动度;

　　　I_p——黏土的塑性指数;

　　　m——粒径<0.002mm 的黏土颗粒含量百分比。

根据上式即可计算皂土的活动度为 1.11,而高岭土的活动度为 0.29,所以用活动度 A 这个指标就可以把两者区别开来。黏土按活动度的大小分为如下三类。

(1) $A < 0.75$ 时,该黏土为不活动黏土。

(2) $0.75 \leqslant A < 1.25$ 时,该黏土为正常黏土。

(3) $A \geqslant 1.25$ 时,该黏土为活动黏土。

2) 黏土的灵敏度

天然状态下的黏土通常都具有一定的结构性,它是天然土的结构受到扰动影响而改变的特性。当受到外来因素的扰动时,土粒间的胶结物质以及土粒、离子、水分子所组成的平衡体系受到破坏,土的强度降低、压缩性增大。土的结构性对强度的这种影响,一般用灵敏度来衡量。土的灵敏度是以原状土的强度与该土经过重塑(土的结构性彻底破坏)后的强度之比来表示,重塑试样具有与原状试样相同的尺寸、密度和含水量。土的强度测定通常采用无侧限抗压强度试验。饱和黏土的灵敏度 s_t 可按下式计算。

$$s_t = \frac{q_u}{q_u'} \tag{1-17}$$

式中　q_u——原状试样的无侧限抗压强度(kPa);

　　　q_u'——重塑试样的无侧限抗压强度(kPa)。

根据灵敏度可将饱和黏土分为低灵敏度($1 < s_t \leqslant 2$)、中灵敏度($2 < s_t \leqslant 4$)和高灵敏度($s_t > 4$)三类。土的灵敏度越高,其结构性越强,受扰动后土的强度降低就越多。所以在基础施工中应注意保护基坑或基槽,尽量减少对坑底土的结构扰动。

3）黏土的触变性

饱和黏土的结构受到扰动，导致强度降低，但当扰动停止后，土的强度又随时间而逐渐部分恢复。黏土的这种抗剪强度随时间恢复的胶体化学性质称为土的触变性。例如，在黏土中打桩时，往往利用振扰的方法，破坏桩侧土和桩尖土的结构，以降低打桩的阻力，但在打桩完成后，土的强度可随时间部分恢复，使桩的承载力逐渐增加，这就是利用了土的触变性机理。

饱和软黏土易于触变的实质是这类土的微观结构为不稳定的片架结构，含有大量结合水。黏土的强度主要来源于土粒间的联结特征.即粒间电分子力产生的"原始黏聚力"和粒间胶结物产生的"固化黏聚力"。当土体被扰动时，这两类黏聚力被破坏或部分破坏，土体强度降低。但扰动破坏的外力停止后，被破坏的原始黏聚力可随时间部分恢复，因而强度有所恢复。然而，固化黏聚力的破坏是无法在短时间被恢复的。因此，易于触变的土体被扰动而降低的强度仅能部分恢复。

1.4.4 无黏性土的密实度

无黏性土一般是指碎石土和砂土，粉土属于砂土和黏性土的过渡类型，但是其物质组成、结构及物理力学性质主要接近砂土，特别是砂质粉土。无黏性土的密实度是判定其工程性质的重要指标，它综合反映了无黏性土颗粒的矿物组成、颗粒级配、颗粒形状和排列等对其工程性质的影响，无黏性土的密实状态对其工程性质具有重要的影响。密实的无黏性土具有较高的强度，且结构稳定，压缩性小；而松散的无黏性土则强度较低，稳定性差，压缩性大。因此在进行岩土工程勘察与评价时，必须对无黏性土的密实度作出判断。

1. 砂土的密实度

1）孔隙比确定法

土的基本物理性质指标中，孔隙比 e 反映了土中孔隙的大小。e 大，表示土中孔隙大，土疏松；反之，土密实。因此，可以用孔隙比的大小来衡量土的密实度，如表 1-8 所示。

表 1-8　砂土的密实度

密实度 类别	密实	中密	稍密	松散
砾砂、粗砂、中砂	$e<0.6$	$0.60\leq e\leq0.75$	$0.75<e\leq0.85$	$e>0.85$
细砂、粉砂	$e<0.7$	$0.70\leq e\leq0.85$	$0.85<e\leq0.95$	$e>0.95$

该孔隙比确定方法评价如下。

（1）优点。用一个指标 e 即可判别砂土的密实度，应用方便、简洁。

（2）缺点。由于颗粒的形状和级配对孔隙比有极大的影响，而只用一个指标 e 无法反映土的颗粒级配的因素。例如，颗粒级配不同的砂土即使具有相同的孔隙比，但由于颗粒大小和颗粒排列不同，所处的密实状态也会不同。

为了同时考虑孔隙比和颗粒级配的影响，引入砂土相对密实度的概念。

2）相对密实度法

为了考虑颗粒级配对密实度判别的影响，引入相对密实度的概念，即用天然孔隙比 e 与该土的最松散状态孔隙比 $e_{\max}$ 和最密实状态孔隙比 $e_{\min}$ 进行对比,比较 e 靠近 $e_{\max}$ 或靠近 $e_{\min}$ 来判别它的密实度。

相对密实度表示为

$$D_r = \frac{e_{\max} - e}{e_{\max} - e_{\min}} \tag{1-18}$$

式中 D_r——土的相对密实度;

$e_{\max}$——砂土在最松散状态时的孔隙比,即土的最大孔隙比;

$e_{\min}$——砂土在最密实状态时的孔隙比,即土的最小孔隙比;

e——砂土在天然状态时的孔隙比。

当 $D_r=0$,表示砂土处在最松散状态;当 $D_r=1$,表示砂土处在最密实状态。砂土密实度根据相对密实度 D_r 的划分标准,如表 1-9 所示。

表 1-9 砂土密实度根据相对密实度 D_r 的划分标准

密实度	密实	中密	松散
D_r	$D_r > 2/3$	$2/3 \geqslant D_r > 1/3$	$D_r \leqslant 1/3$

根据三相比例指标间的换算,e、$e_{\max}$ 和 $e_{\min}$ 分别对应有 ρ_d、$\rho_{d\min}$ 和 $\rho_{d\max}$,由此得

$$D_r = \frac{\rho_{d\max}(\rho_d - \rho_{d\min})}{\rho_d(\rho_{d\max} - \rho_{d\min})} \tag{1-19}$$

该相对密实度的方法评价如下。

(1)优点。把土的颗粒级配因素考虑在内,理论上较为完善。

(2)缺点。e、$e_{\max}$ 和 $e_{\min}$ 都难以准确测定。目前,D_r 主要应用于填方质量的控制,对于天然土尚且难以应用。

3)根据现场标准贯入试验判定

标准贯入试验是一种原位测试方法。试验方法是:将质量为 63.5kg 的锤头,提升到 76cm 的高度,让锤头自由下落,打击标准贯入器,使标准贯入器入土深度为 30cm 所需的锤击数,记为 $N_{63.5}$,这是一种简便的测试方法。$N_{63.5}$ 的大小综合反映了土的贯入阻力的大小,即密实度的大小。我国《建筑地基基础设计规范》(GB 50007—2011)规定砂土的密实度按表 1-10 标准贯入锤击数进行划分。

表 1-10 砂土的密实度按照标准贯入锤击数的划分标准

标准贯入锤击数 N	$N > 30$	$30 \geqslant N > 15$	$15 \geqslant N > 10$	$N \leqslant 10$
砂土的密实度	密实	中密	稍密	松散

注:当用静力触探探头阻力判定砂土的密实度时,可根据当地经验确定。

2. 碎石土的密实度

1)重型圆锥动力触探锤击数

现行国家标准《建筑地基基础设计规范》(GB 50007—2011)中,碎石土的密实度可根据重型圆锥动力触探锤击数 $N_{63.5}$ 划分,按表 1-11 确定。

表 1-11　碎石土的密实度根据重型圆锥动力触探锤击数 $N_{63.5}$ 的划分标准

重型圆锥动力触探锤击数 $N_{63.5}$	碎石土的密实度
$N_{63.5} \leqslant 5$	松散
$5 < N_{63.5} \leqslant 10$	稍密
$10 < N_{63.5} \leqslant 20$	中密
$N_{63.5} > 20$	密实

注：本表适用于平均粒径小于或等于 50mm，且最大粒径不超过 100mm 的卵石、碎石、圆砾、角砾；对于平均粒径大于 50mm，或最大粒径大于 100mm 的碎石土，可按表 1-8 确定。

2）碎石土密实度野外鉴别方法

对于大颗粒含量较多的碎石土，其密实度很难做室内试验或原位触探试验，可按表 1-12 的野外鉴别方法来划分。

表 1-12　碎石土密实度野外鉴别方法

碎石土密实度	骨架颗粒含量和排列	可挖性	可钻性
密实	骨架颗粒含量大于总含量的 70%，呈交错排列，连续接触	锹挖掘困难，用撬棍方能松动，井壁一般较稳定	钻进极困难，冲击钻探时，钻杆、吊锤跳动剧烈，孔壁较稳定
中密	骨架颗粒含量等于总含量的 60%～70%，呈交错排列，大部分接触	锹可挖掘，井壁有掉块现象，从井壁取出大颗粒后，能保持颗粒凹面形状	钻进较困难，冲击钻探时，钻杆、吊锤跳动不剧烈，孔壁有坍塌现象
稍密	骨架颗粒含量等于总含量的 55%～60%，排列混乱，大部分不接触	锹可以挖掘，井壁易坍塌，从井壁取出大颗粒后，砂土立即塌落	钻进较容易，冲击钻探时，钻杆稍有跳动，孔壁易塌落
松散	骨架颗粒含量小于总含量的 55%，排列十分混乱，绝大部分不接触	锹易挖掘，井壁极易坍塌	钻进很容易，冲击钻探时，钻杆无跳动，孔壁极易坍塌

注：1. 骨架颗粒系指表 1-19 相对应粒径的颗粒。
　　2. 碎石土的密实度应按表列各项要求综合确定。

1.5　土的压实机理及工程控制

在工程建设中，经常遇到填土压实的问题，例如修筑道路、水库、堤坝、飞机场、运动场、挡土墙，埋设管道，建筑物地基的回填等。为了提高填土的强度，增加土的密实度，降低其透水性和压缩性，通常用分层压实的办法来处理地基。

1.5.1　土的压实原理

土的压实性是指土在反复冲击荷载作用下能被压密的特性。土压实的实质是将水包裹的土料挤压填充到土粒间的空隙里，排走空气占有的空间，使土料的孔隙率减少，密实度提高。土料压实过程就是在外力作用下土料的三相物质重新组合的过程。显然，同一种土，干密度越大，孔隙比越小，土越密实。

研究土的压实性是通过在实验室或现场进行压实试验，以获得土的最大干密度与对应的最优含水量的关系。

压实试验方法是：将某一土样分成 6～7 份，每份和以不同的水量，得到不同含水量的土样。将每份土样装入压实仪内，如图 1-27 所示，用完全相同的方法加以压实。压实后，测出压实土的含水量和干密度。以含水量为横坐标，干密度为纵坐标，绘制一条含水量与干密度(w-ρ_d)曲线，即压实曲线，如图 1-28 所示。

图 1-27　电动压实仪

图 1-28　含水量与干密度关系曲线

从理论上说，在某一含水量下将土压到最密，就是将土中所有的气体都从孔隙中赶走，使土达到饱和。将不同含水量所对应的土体达到饱和状态时的干密度关系，也绘制在压实曲线(见图 1-28)中，得到理论上所达到的最大压实曲线，即饱和度 $S_r = 100\%$ 的压实曲线，称为饱和曲线。显然，压实曲线具有如下特点。

(1) 峰值。土的干密度与含水量的关系(压实曲线)出现干密度峰值 ρ_{dmax}，对应该峰值的含水量为最优含水量。

(2) 饱和曲线是一条随含水量增大而干密度下降的曲线。实际的压实曲线在饱和曲线的左侧，两条曲线不会相交。

(3) 压实曲线位于理论饱和曲线的左侧。因为理论饱和曲线假定土中空气全部被排除，空隙完全被水占据，而实际上不可能做到。

(4) 压实曲线在峰值以右逐渐接近于饱和曲线，且大致与饱和曲线平行；在峰值以左，压实曲线和饱和曲线差别很大，随着含水量的减小，干密度迅速减小。

1.5.2　影响压实效果的因素

影响压实效果的因素很多，但最重要的是土的性质、含水量和压实功。

1. 土的性质

土是固相、液相和气相的三相体。当采用压实机械对土进行碾压时，土颗粒彼此挤紧，孔隙减小,顺序重新排列,形成新的密实体,粗粒土之间摩擦和咬合增强,细粒土之间的分子引力增大,从而土的强度和稳定性都得以提高。在同一压实功作用下,含粗粒越多的土,其最大干密度越大,而最佳含水量越小,即随着粗粒土的增多,压实曲线的峰点越向左上方移动。

土的颗粒级配对压实效果也有影响。颗粒级配越均匀,压实曲线的峰值范围就越宽广而平缓;对于黏土,压实效果与其中的黏土矿物成分含量有关;添加木质素和铁基材料可改善土的压实效果。

砂土也可用类似黏土的方法进行试验。干砂在压力与振动作用下,容易密实;稍湿的砂土,因有毛细压力作用使砂土互相靠紧,阻止颗粒移动,压实效果不好;饱和砂土,毛细压力消失,压实效果良好。

2. 含水量

含水量的大小对压实效果的影响显著说明当含水量较小时,水处于强结合水状态,土粒之间的摩擦力、黏结力都很大,土粒的相对移动有困难,因而不易被压实。当含水量增加时,水膜变厚,土块变软,摩擦力和黏结力减弱,土粒之间彼此容易移动。故随着含水量的增大,土的压实干密度增大,至最优含水量时,干密度达到最大值。当含水量超过最优含水量后,水所占据的体积增大,限制了颗粒的进一步接近,含水量越大,水占据的体积越大,颗粒能够占据的体积越小,因而干密度逐渐变小。由此可见,含水量不同改变了土中颗粒间的作用力,同时改变了土的结构与状态,从而在一定的压实功下,改变了压实效果。试验统计证明:最优含水量 w_{op} 与土的塑限 w_p 有关,大致为 $w_{op} = w_p + 2\%$。土中黏土矿物含量越大,则最优含水量越大。

3. 压实功

夯击的压实功与夯锤的重量、落高、夯击次数以及被夯击土的厚度等有关;碾压的压实功则与碾压机具的重量、接触面积、碾压遍数以及土层的厚度等有关。

压实试验中的压实功用下式表示:

$$E = \frac{WdNn}{V} \tag{1-20}$$

式中　W——击锤质量(kg),在标准压实试验中击锤质量为 2.5kg;

　　　d——落距(m),压实试验中定为 0.30m;

　　　N——每层土的压实次数,标准试验为 27 次;

　　　n——铺土层数,试验中分 3 层;

　　　V——$1 \times 10^{-3} \, \text{m}^3$。

对于同一种土,用不同的压实功,得到的压实曲线如图 1-29 所示。图中曲线表明,在不同的压实功下,曲线的形状不变,但最大干密度的位置却随着压实功的增大而增大,并向左上方移动。这就是说,当压实功增大时,最优含水量减小,相应的最大干密度增大。所以,在工程实践中土的含水量较小时,应选用压实功较大的机具,才能把土压实至最大干密度;在碾压过程中,如未能将土压实至最密实的程度,则

图 1-29　压实功对压实曲线的影响

需增大压实功(选用功率较大的机具或增加碾压遍数);若土的含水量较大,则应选用压实功较小的机具,否则会出现"橡皮土"现象。因此,若要把土压实到工程要求的干密度,必须合理控制土的含水量,选用适合的压实功。

1.5.3　压实标准的确定与控制

当含水量控制在最优含水量的左侧时(即小于最优含水量),压实土的结构常具有凝聚结构的特征。这种土比较均匀,强度较高,较脆硬,不易压密,浸水时容易产生附加沉降。当含水量控制在最优含水量的右侧时(即大于最优含水量),土具有分散结构的特征。这种土的可塑性较大,适应变形的能力强,但强度较低,且具有不等向性。所以,含水量比最优含水量偏高或偏低,填土的性质各有优缺点,在设计土料时要根据对填土提出的要求和当地土料的天然含水量,选定合适的含水量。

工程上常采用压实度 D_c 作为衡量填土达到的压密标准:

$$D_c = \frac{\rho_d}{\rho_{dmax}} \times 100\% \tag{1-21}$$

式中　ρ_d——填土实际干密度;

　　　ρ_{dmax}——标准压实功的最大干密度。

压实度 D_c 的范围一般为 $0\sim1$, D_c 值越大,压实质量越高,反之则越差,但 $D_c>1$ 时,实际压实功超过标准压实功。工程等级越高,要求压实度越大,反之可以略小,大型或重点工程要求压实度都在 95% 以上,小型堤防工程通常要求 80% 以上。在填方碾压过程中,如果压实度 D_c 要求很高,当碾压机具多遍碾压后,压实度 D_c 的增长十分缓慢或达不到要求的压实度,这时切不可盲目增加碾压遍数,使得碾压成本增大、施工时间延长,而且很可能造成土体的剪切破坏,降低干密度,应该认真检查土的含水量是否符合设计要求,否则就是由于使用的碾压机具的单遍压实功过小而达不到设计要求,只能更换压实功更大的碾压机具才能达到目的。

我国《土坝设计》规范中规定,I、II 级土石坝,填土的压实度应达到 95%～98% 以上,III、V 级土石坝,填土的压实度应大于 92%～95%。填土地基的压实标准也可参照这一规定。式(1-21)中的标准压实功规定为 $607.5kN \cdot m/m^3$,相当于压实试验中每层土夯实 27 次。

1. 细粒土压实标准的确定

细粒土和粗粒土具有不同的压密性质,其压实的方法也不同。压实细粒土宜用夯实机具或大型的碾压机具,同时必须控制土的含水量。含水量太高或者太低都得不到好的压密效果。实践经验表明,细粒土可以采用压实试验得到的最优含水量 w_{op} 进行控制。

2. 粗粒土压实标准的确定

压实粗粒土时,宜采用振动机具,同时充分洒水。砂和砂砾等粗粒土的压实性也与含水量有关,不过不存在一个最优含水量。一般在完全干燥或者充分洒水饱和的情况下容易压实到较大的干密度。潮湿状态,由于毛细压力增加了粒间阻力,压实干密度显著降低。粗砂在含水量 4%～5%、中砂在含水量为 7% 左右时,压实干密度最小,如图 1-30 所示。所以,在压实砂砾时要充分洒水使土料饱和。

粗粒土的压实标准,一般用相对密实度 D_r 来控制。以前要求相对密实度达到 0.70 以上,近年来根据地震震害资料的分析,认为高烈度区的相对密实度还应提高。室内试验的结

图 1-30 粗粒土压实曲线

果也表明,对于饱和的粗粒土,在静力或动力的作用下,相对密实度大于 0.70～0.75 时,土的强度明显增加,变形显著减小,可以认为相对密实度 0.70～0.75 是力学性质的一个转折点。同时,由于大功率的碾压机具的发展,使提高碾压密实度成为可能。所以,我国现行的水工建筑物抗震规范规定,位于浸润线以上的粗粒土要求相对密实度达到 0.70 以上,而浸润线以下的饱和土,相对密实度则应达到 0.75～0.85。这些标准对于具有抗震要求的其他类型的填土,也可参照采用。

【例题 1.4】 某料场土料为中液限黏质土,天然含水量 $w = 21\%$,土粒相对密度 $d_s = 2.70$。标准压实功试验得到最大干密度 $\rho_{dmax} = 1.85 \mathrm{g/cm^3}$。设计中取压实度 $D_c = 95\%$,并要求压实后土的饱和度 $S_r \leqslant 0.9$。问土料的天然含水量是否适用于填筑? 碾压时土料应控制多大的含水量?

【解】 求压实后土的孔隙比,按式(1-21)求填土的干密度:

$$\rho_d = \rho_{dmax} D_c = 1.85 \times 0.95 = 1.76 (\mathrm{g/cm^3})$$

设 $V_s = 1.0$,根据干密度 ρ_d 由三相草图求孔隙比 e:

$$\rho_d = \frac{m_s}{V} = \frac{d_s V_s}{V_s + V_v} = \frac{d_s V_s}{V_s + e V_s} = \frac{d_s}{1+e} = 1.76 (\mathrm{g/cm^3})$$

则 $e = 0.534, V_v = e V_s = 0.534 (\mathrm{cm^3}), m_s = d_s V_s \rho_{w1} = 2.70 (\mathrm{g})$。

求碾压含水量:根据题意按饱和度 $S_r = 0.9$ 控制含水量。由式 $S_r = \dfrac{V_w}{V_v}$ 计算水的体积:

$$V_w = S_r V_v = 0.90 \times 0.534 = 0.48 (\mathrm{cm^3})$$

因此,水的质量 $m_w = \rho_w V_w = 0.48 (\mathrm{g})$。由 $w = \dfrac{m_w}{m_s}$ 得

$$w = \frac{m_w}{m_s} = \frac{0.48}{2.70} \times 100\% = 17.8\% < 21\%$$

即碾压时土料的含水量应控制在 18% 左右。料场含水量高 3% 以上,不适于直接填筑,应进行翻晒处理。

【例题 1.5】 某一施工现场需要填土,基坑的体积为 2000m³,土方来源是从附近土丘开挖,经勘察,土粒相对密度 $d_s = 2.70$,含水量为 15%,孔隙比为 0.60,要求填土的含水量为

17%,干重度为17.6kN/m³,试问：

（1）取土场土的重度、干重度和饱和度是多少？

（2）填土的孔隙比是多少？应从取土场开采多少方土？

（3）碾压时应洒多少水？

【解】

（1）$\gamma_d = \dfrac{\gamma_w d_s}{1+e_1} = \dfrac{10 \times 2.70}{1+0.6} = 16.875(\text{kN/m}^3)$

$$\gamma = \gamma_d(1+w_1) = 16.875 \times (1+0.15) = 19.406(\text{kN/m}^3)$$

$$S_r = \frac{w_1 d_s}{e_1} = \frac{0.15 \times 2.70}{0.60} \times 100\% = 67.5\%$$

（2）填土的孔隙比：

$$e_2 = \frac{d_s \gamma_w}{\gamma_d} - 1 = \frac{2.70 \times 10}{17.6} - 1 = 0.534$$

由 $\dfrac{1+e_1}{V_1} = \dfrac{1+e_2}{V_2}$ 得

$$V_1 = \frac{1+e_1}{1+e_2} V_2 = \frac{1+0.60}{1+0.534} \times 2000 = 2086.05(\text{m}^3)$$

（3）由 $m_w + m_s = V_1 \gamma / g$ 和 $\dfrac{m_w}{m_s} = 0.15$ 得

$$m_w = 528.03\text{kg}, \quad m_s = 3520.16\text{kg}$$

设加水 x,则

$$\frac{m_w + x}{m_s} = 0.17$$

即

$$\frac{528.03 + x}{3520.16} = 0.17$$

所以 $x = 70.4(\text{kg})$。

1.6　土的工程分类

自然界的土类众多,工程性质各异。为了能大致判别土的工程特性和评价土作为地基或建筑材料的适应性,有必要对土进行科学的分类。分类体系的建立是将工程性质相近的土归为一类,以便对土作出合理的评价和选择恰当的方法对土的特性进行研究。因此,必须选用对土的工程性质最有影响、最能反映土的基本属性又便于测定的指标作为土的分类依据。

不同的部门根据各自的行业特点建立了各自的分类标准。一般对粗粒土主要按颗粒组成进行分类,黏土则按塑性图分类。

目前国内应用于对土进行分类的标准、规程（规范）主要有以下三种。

（1）中华人民共和国水利部《土的工程分类标准》（GB/T 50145—2007）。

（2）中华人民共和国住房和城乡建设部《建筑地基基础设计规范》（GB 50007—2011）。

（3）交通部公路科学研究院《公路土工试验规程》(JTG E40—2019)。

本节主要介绍《土的工程分类标准》(GB/T 50145—2007)和《建筑地基基础设计规范》(GB 50007—2011)中对土的工程分类,目的是让学习者了解土的分类原则和一般方法。

1.6.1 《土的工程分类标准》

《土的工程分类标准》与一些欧美国家的土分类体系在原则上没有大的差别,只是在某些细节上做了一些变动。土的总分类体系如图 1-31 所示。

图 1-31 土的总分类体系

对一般土进行分类时,应先判别该土属于有机土还是无机土。若土的全部或大部分是有机质时,该土就属于有机土,含少量有机质时为有机质土;否则,就属于无机土。土中有机质应根据未完全分解的动植物残骸和无定形物质判定。有机土呈黑色、青黑色或暗色,有臭味,有弹性和海绵感,可采用目测、手摸或臭感判别。当不能判别时,可由试验测定。若属于无机土,土的粒组根据土粒粒径范围划分为巨粒、粗粒和细粒三大粒组,进一步划分为漂石或块石颗粒、卵石或碎石颗粒、砾粒、砂粒、粉粒和黏粒六大粒组,一般土的工程分类体系如图 1-32 所示。

1. 巨粒土和粗粒土的分类标准

巨粒土和含巨粒的土及粗粒土,按粒组含量、级配指标(不均匀系数 C_u 和曲率系数 C_c)和所含细粒的塑性高低,划分为 16 种土类,如表 1-13～表 1-15 所示。

表 1-13 巨粒土和含巨粒的土的分类(GB/T 50145—2007)

土类	粒组含量		土代号	土名称
巨粒土	巨粒($d>$60mm) 含量 75%～100%	漂石含量>卵石含量	B	漂石(块石)
		漂石含量≤卵石含量	Cb	卵石(碎石)
混合巨粒土	50%<巨粒含量≤75%	漂石含量>卵石含量	BSl	混合土漂石(石块)
		漂石含量≤卵石含量	CbSl	混合土卵石(块石)
巨粒混合土	15%<巨粒含量≤50%	漂石含量>卵石含量	SlB	漂石(块石)混合土
		漂石含量≤卵石含量	SlCb	卵石(碎石)混合土

注:巨粒混合土可根据所含粗粒或细粒的含量进行细分。

巨粒类土
巨粒组含量
>15%

- 巨粒含量>75%
  - 漂石B　漂石含量>卵石含量
  - 卵石Cb　漂石含量≤卵石含量
- 50%<巨粒含量≤75%
  - 混合土漂石BS1　漂石含量>卵石含量
  - 混合土卵石CbS1　漂石含量≤卵石含量
- 15%<巨粒含量≤50%
  - 漂石混合土S1B　漂石含量>卵石含量
  - 卵石混合土S1Cb　漂石含量≤卵石含量

粗粒类土
粗粒组含量
>15%

- 砾　砾粒组含量>砂粒组含量
  - 砾G　细粒含量<5%
  - 含细粒土砾GF　5%≤细粒含量<15%
  - 细粒土质砾GC、GM　15%≤细粒含量<50%
- 砾　砾粒组含量≤砂粒组含量
  - 砂S　细粒含量<5%
  - 含细粒土砂SF　5%≤细粒含量<15%
  - 细粒土质砂SC、SM　15%≤细粒含量<50%

细粒类土
细粒组含量
≥50%

- 细粒土　粗粒组含量≤25%
  - 黏土　$I_p \geqslant 0.73(w_L-20)$和$I_p \geqslant 7$
    - 高液限黏土CH　$w_L \geqslant 50\%$
    - 低液限黏土CL　$w_L < 50\%$
  - 粉土　$I_p < 0.73(w_L-20)$或$I_p < 4$
    - 高液限粉土MH　$w_L \geqslant 50\%$
    - 低液限粉土ML　$w_L < 50\%$
  - 黏土或粉土　A线以上和$4 \leqslant I_p < 7$
    - 黏土或粉土　GL-ML、ML-GL
  - 有机质土　有机质含量$5\% \leqslant O_m < 10\%$
    - 有机质土　CHO、CLO、MHO、ML
  - 有机土　有机质含量$O_m \geqslant 10\%$
- 含粗粒细粒土　$25\% <$粗粒组含量$\leqslant 50\%$
  - 含砾细粒土　砾粒组含量>砂粒组含量
    - 含砾细粒土　CHG、CLG、MHG、MLG
  - 含砂细粒土　砾粒组含量≤砂粒组含量
    - 含砂细粒土　CHS、CLS、MHS、MLS

图 1-32　一般土的工程分类体系(GB/T 50145—2007)

表 1-14　砾类土的分类（2mm＜d≤60mm 砾粒组含量＞50%）（GB/T 50145—2007）

土类	粒组含量		土代号	土名称
砾	细粒含量＜5%	级配：$C_u \geq 5, C_c = 1 \sim 3$	GW	级配良好砾
		级配：不同时满足上述要求	GP	级配不良砾
含细粒土砾	细粒含量 5%～15%		GF	含细粒土砾
细粒土质砾	15%≤细粒含量＜50%	细粒组中粉粒含量≤50%	GC	黏土质砾
		细粒组中粉粒含量＞50%	GM	粉土质砾

表 1-15　砂类土的分类（砾粒组含量≤50%）（GB/T 50145—2007）

土类	粒组含量		土代号	土名称
砂	细粒含量＜5%	级配：$C_u \geq 5, C_c = 1 \sim 3$	SW	级配良好砂
		级配：不同时满足上述要求	SP	级配不良砂
含细粒土砂	5%≤细粒含量＜15%		SF	含细粒土砂
细粒土质砂	15%≤细粒含量＜50%	细粒组中粉粒含量≤50%	SC	黏上质砂
		细粒组中粉粒含量＞50%	SM	粉土质砂

2. 细粒土的分类标准

细粒土是指粗粒组（0.075mm＜d≤60mm）含量不大于 25% 的土，参照塑性图可进一步细分。综合我国的情况，当采用 76g、锥角 30°的液限仪，以锥尖入土 17mm 对应的含水量为液限（即相当于碟式液限仪测定值）时，可用图 1-33 塑性图（或表 1-16）进行分类。

图 1-33　塑性图（GB/T 50145—2007）

若细粒土内粗粒含量为 25%～50%，则该土属于含粗粒的细粒土。这类土的分类仍按上述塑性图进行划分，并根据所含粗粒类型进行如下分类。

表 1-16 细粒土的分类（GB/T 50145—2007）

土的塑性指标在塑性图中的位置		土代号	土名称
塑性指数 I_p	液限 w_L/%		
$I_p \geqslant 0.73(w_L - 20)$ 和 $I_p \geqslant 7$	$\geqslant 50$	CH	高液限黏土
	<50	CL	低液限黏土
$I_p < 0.73(w_L - 20)$ 和 $I_p < 4$	$\geqslant 50$	MH	高液限粉土
	<50	ML	低液限粉土

注：黏土-粉土过渡区（CL-ML）的图可按相邻土层的类别细分。

（1）当粗粒中砾粒占优势，称为含砾细粒土，在细粒土代号后缀以代号 G，例如含砾低液限黏土，代号 CLG。

（2）当粗粒中砂粒占优势，称为含砂细粒土，在细粒土代号后缀以代号 S，例如含砂高液限黏土，代号 CHS。

若细粒土内含部分有机质，则土名前加"有机质"，对有机质细粒土的代号后缀以代号 O。例如低液限有机质粉土，代号 MLO。

1.6.2 《建筑地基基础设计规范》中地基土的分类

《建筑地基基础设计规范》关于地基土分类原则，是按土的粒径大小、粒组的土粒含量或土的塑性指数将地基土分为岩石、碎石土、砂土、粉土、黏土和人工填土等。

1. 岩石的分类

岩石是颗粒间牢固联结呈整体或具有节理裂隙的岩体。

（1）岩石按照坚硬程度可分为坚硬岩、较硬岩、较软岩、软岩和极软岩五种，如表 1-17 所示。

表 1-17 岩石按坚硬程度的划分

坚硬程度类别	坚硬岩	软硬岩	较软岩	软岩	极软岩
饱和单轴抗压强度标准值 f_{rk}/MPa	$f_{rk}>60$	$60 \geqslant f_{rk}>30$	$30 \geqslant f_{rk}>15$	$15 \geqslant f_{rk}>5$	$f_{rk} \leqslant 5$

（2）按风化程度可分为未风化、微风化、中风化、强风化和全风化五种，其中微风化或未风化的坚硬岩石为优良地基；强风化或全风化的软岩石为不良地基。

（3）按完整程度可分为完整、较完整、较破碎、破碎和极破碎五种，如表 1-18 所示。

表 1-18 岩石按完整程度的划分

完整程度等级	完整	较完整	较破碎	破碎	极破碎
完整程度指标	>0.75	$0.55 \sim 0.75$	$0.35 \sim 0.55$	$0.15 \sim 0.35$	<0.15

2. 碎石土的分类

粒径大于 2mm 的颗粒含量超过 50% 的土称为碎石土。根据颗粒形状和颗粒级配，碎石土可为漂石、块石、卵石、碎石、圆砾和角砾,如表 1-19 所示。

表 1-19　碎石土分类(GB 50007—2011)

土的名称	颗 粒 形 状	颗 粒 级 配
漂石	圆形及亚圆形为主	粒径大于 200mm 的颗粒含量超过 50%
块石	棱角形为主	
卵石	圆形及亚圆形为主	粒径大于 20mm 的颗粒含量超过 50%
碎石	棱角形为主	
圆砾	圆形及亚圆形为主	粒径大于 2mm 的颗粒含量超过 50%
角砾	棱角形为主	

注:分类时应根据粒组含量栏从上到下以最先符合者确定。

3. 砂土的分类

粒径大于 2mm 的颗粒含量不超过 50%,且粒径大于 0.075mm 的颗粒含量超过 50% 的土称为砂土。根据颗粒级配,砂土可分为砾砂、粗砂、中砂、细砂和粉砂,如表 1-20 所示。

表 1-20　砂土分类(GB 50007—2011)

土的名称	颗 粒 级 配
砾砂	粒径大于 2mm 的颗粒含量占 25%～50%
粗砂	粒径大于 0.5mm 的颗粒含量超过 50%
中砂	粒径大于 0.25mm 的颗粒含量超过 50%
细砂	粒径大于 0.075mm 的颗粒含量超过 85%
粉砂	粒径大于 0.075mm 的颗粒含量超过 50%

注:分类时应根据粒组含量栏从上到下以最先符合者确定。

4. 粉土的分类

粉土介于砂土与黏土之间,塑性指数 $I_p \leqslant 10$ 且粒径大于 0.075mm 的颗粒含量不超过 50% 的土。一般根据地区(如上海、天津、深圳等)规范,由颗粒含量的多少,将粉土划分为砂质粉土和黏质粉土,如表 1-21 所示。

表 1-21　粉土分类

土的名称	颗 粒 级 配
砂质粉土	粒径小于 0.005mm 的颗粒含量不超过 10%
黏质粉土	粒径小于 0.005mm 的颗粒含量超过 10%

5. 黏性土的分类

塑性指数 I_p 大于 10 的土称为黏性土。根据塑性指数,将黏性土分为粉质黏土和黏土,如表 1-22 所示。

表 1-22　黏性土分类（GB 50007—2011）

土的名称	塑性指数	土的名称	塑性指数
粉质黏土	$10<I_p\leqslant17$	黏土	$I_p>17$

注：塑性指数由相应于 76g 圆锥体沉入土样中深度为 10mm 时测定的液限计算而得。

6. 人工填土

由人类各种活动堆填形成的各类堆积物称为人工填土。依据物质组成及成因，人工填土可细分为素填土、压实填土、杂填土和冲填土四种，如表 1-23 所示。

表 1-23　人工填土按物质组成及成因分类

土的名称	物 质 组 成
素填土	碎石土、砂土、粉土、黏土等
压实填土	经过压实或夯实的素填土
杂填土	建筑垃圾、工业废料、生产垃圾等
冲填土	水力冲填泥沙形成的填土

由于人工填土一般其物质成分比较杂乱，均匀性较差，通常其工程性质不良、强度低、压缩性大。压实填土的工程性质相对较好，杂填土的工程性质最差。

7. 特殊土的分类

分布在一定地理区域、有工程意义上的特殊成分、状态和结构特征的土称为特殊土。我国特殊土的类别有软土、红黏土和次生红黏土、膨胀土、黄土、冻土等。

1）软土

软土是指沿海的滨海相、三角洲相、河谷相，内陆平原或山区的河流相、湖泊相、沼泽相等主要由细粒土组成的天然含水量高（接近或大于液限）、孔隙比大（一般大于1）、压缩性高和强度低的软塑到流塑状态的土层，包括淤泥、淤泥质黏土和淤泥质粉土等。

淤泥和淤泥质土是在静水或缓慢的流水环境中沉积，并经生物化学作用形成。天然含水量大于液限，天然孔隙比大于或等于 1.5 的黏土称为淤泥；天然含水量大于液限，而天然孔隙比小于 1.5，但大于或等于 1.0 的黏土或粉土称为淤泥质土。

2）红黏土和次生红黏土

红黏土为碳酸盐岩系的岩石经红土化作用形成的高塑性黏土。其液限一般大于50%。红黏土经再搬运后仍保留其基本特征，其液限大于45%的土为次生红黏土。

3）膨胀土

膨胀土是指土中黏粒成分主要由亲水性矿物组成，同时具有显著的吸水膨胀和失水收缩特性，其自由膨胀率大于或等于40%的黏土。

膨胀土在通常情况下强度较高、压缩性较低，很容易被误认为是良好的地基。膨胀土遇水膨胀隆起，失水收缩下沉，因此会引起地基的不均匀沉降，对建筑物危害极大。

4）黄土

黄土是一种在第四纪时期形成的黄色粉状土。在干旱和半干旱气候条件下受风力搬运堆积而成。未经次生扰动、不具有层理的称为原生黄土,而由风力以外的其他成因堆积而成、常具有层理和砂或砾石夹层的则称为次生黄土或黄土状土。

在天然状态下,黄土的强度一般较高、压缩性较低。但有的黄土在一定压力作用下或受水浸湿后,其结构会迅速破坏而发生显著附加沉降,导致建筑物破坏,具有此特征的黄土称为湿陷性黄土。湿陷性黄土分为非自重湿陷性和自重湿陷性两种。非自重湿陷性黄土在土自重应力下受水浸湿后不发生湿陷;自重湿陷性黄土在土自重应力下受水浸湿后发生湿陷。

5) 冻土

当土的温度降至 0℃ 以下时,土中部分孔隙水冻结而形成冻土。冻土可分为季节性冻土和多年冻土两类。季节性冻土在冬季冻结而夏季融化,每年冻融交替一次。多年冻土则常年处于冻结状态,至少冻结连续 3 年以上。

习 题

1. 简答题

(1) 什么是粒组?什么是粒度成分?土的粒度成分的测定方法有哪两种?它们各适用于哪种土类?

(2) 什么是颗粒级配曲线?它有什么用途?

(3) 黏土矿物有哪几种?对土的矿物性质有何影响?

(4) 土中水有几种存在形态?各有什么特性?

(5) 土的结构有哪几种类型?各对应哪类土?

(6) 土的物理性质指标有哪些?其中哪几个指标可以直接测定?

(7) 试比较下列各对土的三相比例指标在各方面的异同点:① ρ 与 ρ_s;② w 与 S_r;③ e 与 n;④ ρ_d 与 ρ';⑤ ρ 与 ρ_{sat}。

(8) 无黏性土最主要的物理状态指标是什么?

(9) 塑性指数的定义和物理意义是什么? I_p 大小与土颗粒粗细有什么关系?

2. 单项选择题

(1) 土颗粒的大小及其级配,通常是用颗粒级配曲线来表示的。颗粒级配曲线越平缓,表示( )。

    A. 土粒大小较均匀,级配良好

    B. 土粒大小不均匀,级配不良

    C. 土粒大小不均匀,级配良好

(2) 对土粒产生浮力的是( )。

    A. 毛细水   B. 重力水   C. 结合水

(3) 当黏土矿物成分已知时,颗粒水膜厚度与水化阳离子的原子价大小的关系是( )。

    A. 高价阳离子比低价阳离子构成水膜厚

    B. 低价阳离子比高价阳离子构成水膜厚

    C. 与阳离子的价数无关,只与离子的浓度有关

(4) 毛细水的上升主要是水受到(　　)。

    A. 黏土颗粒电场引力作用

    B. 孔隙水压力差的作用

    C. 水与空气交界面处的表面张力作用

(5) 以下三种黏土矿物中,(　　)的结构单元最稳定。

    A. 蒙脱石　　　　　　　B. 伊利石　　　　　　　C. 高岭石

(6) 以下三种黏土矿物的亲水性大小的排列正确的是(　　)。

    A. 高岭石＞伊利石＞蒙脱石

    B. 伊利石＞蒙脱石＞高岭石

    C. 蒙脱石＞伊利石＞高岭石

(7) 土的三相比例指标包括土粒相对密度、含水量、密度、孔隙比、孔隙率和饱和度,其中(　　)为实测指标。

    A. 含水量、孔隙比、饱和度

    B. 密度、含水量、孔隙比

    C. 土粒相对密度、含水量、密度

(8) 砂土的分类依据主要是(　　)。

    A. 颗粒粒径及其级配

    B. 孔隙比及其液性指数

    C. 土的液限及塑限

(9) 下列三个土样是黏土的是(　　)。

    A. 含水量 $w=35\%$,塑限 $w_p=22\%$,液性指数 $I_L=0.9$

    B. 含水量 $w=35\%$,塑限 $w_p=22\%$,液性指数 $I_L=0.85$

    C. 含水量 $w=35\%$,塑限 $w_p=22\%$,液性指数 $I_L=0.75$

(10) 有三个土样,它们的重度相同、含水量相同。则下述三种情况正确的是(　　)。

    A. 三个土样的孔隙比也必相同

    B. 三个土样的饱和度也必相同

    C. 三个土样的干重度也必相同

(11) 联合测定法测定土液限的标准是把具有 30°角、质量为 76g 的平衡锥自由沉入土体,(　　)深度时的含水量为液限。

    A. 10mm　　　　　　　B. 12mm　　　　　　　C. 17mm

(12) 为了防止冻胀的危害,常采用置换毛细带土的方法来解决,应选择(　　)换填最好。

    A. 粗砂　　　　　　　　B. 黏土　　　　　　　　C. 粉土

3. 计算题

(1) 有一饱和的原状土样切满于容积为 21.7cm³ 的环刀内,称得总质量为 72.49g,经 105℃烘干至恒质量为 61.28g,已知环刀质量为 32.54g,土粒相对密度为 2.74,试求该土样的湿密度、含水量、干密度及孔隙比(要求绘出土的三相比例示意图,按三相比例指标的定义求解)。

(2) 某原状土样的密度为 1.85g/cm³,含水量为 34%,土粒相对密度为 2.71,试求该土样的饱和密度、有效密度和有效重度(先推导公式然后求解)。

(3) 某砂土土样的密度为 $1.77\mathrm{g/cm^3}$,含水量为 9.8%,土粒相对密度为 2.67,烘干后测定最小孔隙比为 0.461,最大孔隙比为 0.943,试求孔隙比 e 和相对密实度 D_r,并评定该砂土的密实度。

(4) 某一完全饱和黏土试样的含水量为 30%,土粒相对密度为 2.73,液限为 33%,塑限为 17%,试求孔隙比、干密度和饱和密度,并按塑性指数和液性指数分别定出该黏土的分类名称和软硬状态。

本章习题答案

第2章 地基中应力

2.1 概　　述

　　土力学解决的基本问题是地基的变形及土体的稳定性。要计算地基的沉降量,分析土体的稳定性(包括承载力、挡土墙上的土压力及边坡稳定性),首先必须知道在原始场地的自重应力及在各种外荷载作用后土中的附加应力。

　　土中应力按其起因可分为自重应力和附加应力两种。土中某点的自重应力与附加应力之和为土体受外荷载作用后的总和应力。土中自重应力是指土体受到自身重力作用而存在的应力,又可分为两种情况:一种是成土年代长久,土体在自重作用下已经完成压缩变形,这种自重应力不再产生土体或地基的变形;另一种是成土年代不久,例如新近沉积土(第四纪全新世近期沉积的土)、近期人工填土(包括路堤、土坝、地基换土垫层等),土体在自身重力作用下尚未完成压缩变形,因而仍将产生土或地基的变形。此外,地下水的升降会引起土中自重应力大小的变化,而产生土体压缩、膨胀或湿陷等变形。土中附加应力是指土体受外荷载(包括建筑物荷载、交通荷载、堤坝荷载等)以及地下水渗流、地震等作用下附加产生的应力增量,是产生地基变形的主要原因,也是导致地基土的强度破坏和失稳的重要原因。土中自重应力和附加应力的产生原因不同,因而两者的计算方法不同,分布规律及对工程的影响也不同。土中竖向自重应力和竖向附加应力也可称为土中自重压力和附加压力,在计算由建筑物产生的地基土中附加应力时,基底压力的大小与分布是不可缺少的条件。

　　土体中附加应力的分布具有鲜明的尺寸效应,例如,在相同的基础底部压力作用下,大尺寸基础的附加应力的影响深度比小尺寸基础的附加应力的影响深度要深,由此而产生的对地基变形和承载力的影响是非常大的。这可在地基的沉降计算及稳定性分析的章节中体会到。图 2-1 给出了不同大小尺寸基础下地基中附加应力影响范围的比较,从图 2-1 可以看出,基础的面积越大,附加应力分布的影响范围也就越大。

　　土中应力按土骨架和土中孔隙的分担作用,可分为有效应力和孔隙应力(也称孔隙压力)两种。土中某点的有效应力与孔隙压力之和,称为总应力。土中有效应力是指土粒所传递的粒间应力,它是控制土的体积(变形)和强度两者变化的土中应力。土中孔隙应力是指土中水和土中气所传递的应力,土中水传递的孔隙水应力,即孔隙水压力;土中气传递的孔隙气应力,即孔隙气压力。在计算土体或地基的变形以及土的抗剪强度时,都必须应用土中某点的有效应力原理。

图 2-1　不同大小尺寸基础下地基中附加应力影响范围的比较

　　用于地基基础常规设计计算,主要是采用弹性理论公式。计算公式的基本假定是:地基为半无限大的、均质的、各向同性的弹性体。应该指出,实际土体的性质与以上假定存在一定差异,因此,按公式计算自重应力和附加应力存在一定的近似性。工程实践表明,用于常规设计计算时,弹性理论公式计算结果一般能够满足工程所要求的精度。

　　本章先介绍地基中的自重应力、基底压力,最后介绍地基中的附加应力。

2.2　地基中的自重应力

2.2.1　均质地基中的自重应力

　　在计算地基中的自重应力时,假设天然地面是半空间(半无限体)表面一个无限大的水平面,因而在任意竖直面和水平面上均无剪应力存在。如果天然地面下土质均匀,土的天然重度为 $\gamma(kN/m^3)$,则在天然地面下任意深度 $z(m)$ 处 $a—a$ 水平面上任意的竖向自重应力 $\sigma_{cz}(kPa)$,可取作用于该水平面任一单位面积上的土柱体自重 $\gamma z \times 1$,计算如图 2-2 所示。

$$\sigma_{cz} = \gamma z \tag{2-1}$$

即 σ_{cz} 沿水平面均匀分布,且随深度 z 按直线规律分布。

　　地基土中,除有作用于水平面的竖向自重应力 σ_{cz} 外,还有作用于竖直面的侧向(水平面)自重应力 σ_{cx} 和 σ_{cy}。土中任意点的侧向自重应力与竖向自重应力成正比关系,而剪力均

(a) 沿深度的分布　　　　(b) 任意水平面上的分布

图 2-2　均质地基中竖向自重应力

为零,即

$$\sigma_{cx} = \sigma_{cy} = K_0 \sigma_{cz} \tag{2-2a}$$

$$\tau_{xy} = \tau_{yx} = \tau_{yz} = \tau_{zy} = \tau_{zx} = \tau_{xz} = 0 \tag{2-2b}$$

式中　K_0——土的侧压力系数,可由试验测定。

　　若计算点在地下水位以下,由于水对土体有浮力作用,水下部分土柱体自重必须扣去浮力,应采用土的浮重度 γ' 替代(湿)重度 γ 计算。

　　必须指出,只有通过土粒接触点传递的粒间应力,才能使土粒彼此挤紧,产生土体的体积变形,而且粒间应力又是影响土体强度的一个重要因素,所以粒间应力又称为有效应力。对于成土年代长久,土体在自重应力作用下已经完成压缩变形,所以土中竖向和侧向的自重应力一般均指有效应力。为了简化方便,将常用的竖向有效自重应力 σ_{cz} 简称为自重应力或自重压力,并改用符号 σ_c 表示。

2.2.2　成层地基中的自重应力

　　地基往往是成层的,因而各层土具有不同的重度。如地下水位位于同一土层中,计算自重应力时,地下水位面也应作为分层的界面。如图 2-3 所示,天然地面下任意深度 z 范围内各层土的厚度自上而下分别为 $h_1,h_2,\cdots,h_i,\cdots,h_n$,计算出高度为 z 的土柱体中各层土重的总和后,可得到成层地基中的自重应力的计算公式:

$$\sigma_c = \sum_{i=1}^{n} \gamma_i h_i \tag{2-3}$$

式中　σ_c——天然地面下任意深度 z 处的竖向有效自重应力(kPa);

　　　n——深度 z 范围内的土层总数;

　　　h_i——第 i 层土的厚度(m);

　　　γ_i——第 i 层土的天然重度,对地下水位以下的土层取浮重度 γ'_i(kN/m³)。

　　在地下水位以下,如埋藏有不透水层(例如岩层或只含结合水的坚硬黏土层),由于不透水层中不存在水的浮力,所以不透水层顶面的自重应力值及层面以下的自重应力应按上覆土层的水土总重计算,如图 2-3 中下端所示。

图 2-3 成层地基中竖向自重应力沿深度的分布

2.2.3 地下水位升降时的地基中自重应力

地下水位升降使地基土中自重应力也相应发生变化。图 2-4(a)所示为地下水位下降的情况,如在软土地区,因大量抽取地下水,以致地下水位长期大幅度下降,使地基中有效自重应力增加,从而导致地面大面积沉降的严重后果。图 2-4(b)所示为地下水位长期上升的情况,如在人工抬高蓄水水位地区(如筑坝蓄水)或工业废水大量渗入地下的地区。水位上升会引起地基承载力的减小和湿陷性土的塌陷现象,必须引起注意。

图 2-4 地下水位升降对地基中自重应力的影响

注:0-1-2 线—原来自重应力的分布;0-1′-2′线—地下水位变动后自重应力的分布。

【例题 2.1】 某建筑场地的地层分布均匀,第一层杂填土厚 1.5m,$\gamma = 17 \text{kN/m}^3$;第二层粉质黏土厚 4m,$\gamma = 19 \text{kN/m}^3$,$d_s = 2.73$,$w = 31\%$,地下水位在地面下 2m 深处;第三层淤

泥质黏土厚 8m，$\gamma = 18.2kN/m^3$，$d_s = 2.74$，$w = 41\%$；第四层粉土厚 3m，$\gamma = 19.5kN/m^3$，$d_s = 2.72$，$w = 31\%$；第五层砂岩未钻穿。试计算各层交界处的竖向自重应力 σ_c，并绘出 σ_c 沿深度分布图（水的重度 γ_w 取 $10kN/m^3$）。

【解】

（1）求 γ。

$$\gamma' = \frac{w_s - V_s \gamma_w}{w} = \frac{\gamma(w_s - V_s \gamma_w)}{w} = \frac{\gamma(d_s \gamma_w - \gamma_w)}{w_s + w_w} = \frac{\gamma \gamma_w (d_s - 1)}{d_s \gamma_w + w d_s \gamma_w} = \frac{\gamma(d_s - 1)}{d_s(1 + w)}$$

由上式得 $\gamma'_2 = 9.19kN/m^3$，$\gamma'_3 = 8.20kN/m^3$，$\gamma'_4 = 9.71kN/m^3$。

（2）求自重应力分布。

$$\sigma_{c1} = \gamma_1 h_1 = 1.5 \times 17 = 25.5(kPa)$$
$$\sigma_{c水} = \gamma_1 h_1 + \gamma_2 h' = 25.5 + 19 \times 0.5 = 35.0(kPa)$$
$$\sigma_{c2} = \sigma_{c水} + \gamma'_2(4 - h') = 35.0 + 9.19 \times 3.5 = 67.17(kPa)$$
$$\sigma_{c3} = \sigma_{c2} + \gamma'_3 h_3 = 67.17 + 8.20 \times 8 = 132.77(kPa)$$
$$\sigma_{c4} = \sigma_{c3} + \gamma'_4 h_4 = 132.77 + 9.71 \times 3 = 161.90(kPa)$$
$$\sigma_{4不透水层} = \sigma_{c4} + \gamma_w(3.5 + 8.0 + 3.0) = 306.9(kPa)$$

自重应力分布图如图 2-5 所示。

图 2-5　例题 2.1 图

2.3　地基中的基底压力

2.3.1　基底压力的分布规律

建筑物的荷载通过自身基础传给地基，在基底与地基之间便产生了荷载效应（即接触应力）。荷载效应既是基础作用于地基的基底压力，同时又是地基反作用于基础的基底反力。在计算地基中的附加应力和变形以及设计基础结构时，都必须研究基底压力的分布规律。

基底压力的大小和分布状况,与荷载的大小和分布、基础的刚度、基础的埋深以及地基土的性质等多种因素有关。为了实测基底压力的分布规律,在基底不同部位处预埋压力传感器——土压力计(盒)。压力传感器是一种感受压力并将其转换为与压力成一定关系的频率信号输出的装置,它是量测元件,其相应的二次仪表是频率测定仪。土压力计一般有应变片式和钢弦式两类,钢弦式土压力计测试具有灵敏度高、精确度高和长期稳定性好的特点。图 2-6 所示为钢弦式土压力计,金属薄膜内面的两个支架张拉着一根钢弦,当薄膜承受压力而发生挠曲时,钢弦发生变形,使其自振频率相应变化。根据预先标定的钢弦频率与金属薄膜外表面所受压力之间的关系,便可求得压力值。

图 2-6 钢弦式土压力计(卧式结构)

1—金属薄膜;2—外壳;3—钢弦;4—支架;5—底座;6—铁芯;
7—线圈;8—接线栓;9—屏蔽线;10—环氧树脂封口

图 2-7 是将一个圆形刚性基础模型分别置于砂土和硬黏土上所测得的基底压力分布图形。图 2-7(a)中基础放在砂土表面上,四周无超载,基底压力呈抛物线形分布。这是由于基础边缘的砂粒很容易朝侧向挤出,而将其应该承担的压力转嫁给基底的中间部位而形成的。图 2-7(b)中基础也放在砂土表面上,但在四周作用着较大的超载(相当于基础有埋深的情况),因而基础边缘的砂粒较难挤出,所以基底中心部件和边缘部位的压力大小的差别就比前者要小得多。如果把刚性基础模型放在硬黏土上,测得的基底压力分布图与放在砂土上时相反,面是呈现中间小、边缘大的马鞍形。由于硬黏土有较大的内聚力,很难发生土粒的侧向挤出情况,因此在基础四周无超载[见图 2-7(c)]和有超载[见图 2-7(d)]两种情况下的基底压力分布的差别不如砂土那样显著。

(a) 在砂土上（无超载）　(b) 在砂土上（有超载）　(c) 在硬黏土上（无超载）　(d) 在硬黏土上（有超载）

图 2-7 圆形刚性基础模型基底压力分布

对于桥梁墩台基础以及工业与民用建筑中的柱下单独基础、墙下条形基础等扩展基础,均可视为刚性基础。这些基础因为受地基容许承载力的限制,加上基础还有一定的埋深,其基底压力呈马鞍形分布,而且基底中心部位压力转至边缘部位不显著,故可近似视为压力均匀分布;另外,根据弹性理论中圣维南原理,在基底下一定深度处所引起的地基附加应力与基底荷载的分布形态无关,而只与其合力的大小及其作用点位置有关。因此,对于具有一定刚度以及尺寸较小的扩展基础,其基底压力当作近似直线分布,可按材料力学公式进行简化计算。

2.3.2 基底压力的简化计算

1. 中心荷载下的基底压力

中心荷载下的基础,其所受荷载的合力通过基底形心。基底压力假定为均匀分布(见图 2-8),此时基底平均压力 p(kPa)[此荷载效应组合值按现行国家标准《建筑地基基础设计规范》(GB 50007—2011)、行业标准《公路桥涵设计通用规范》(JTG D60—2015)规定],按下式计算:

$$p = \frac{F+G}{A} \tag{2-4}$$

式中 F——作用在基础上的竖向力(kN);

G——基础及其上回填土的总重力(kN),其中 γ_G 为基础及回填土的平均重度,一般取 $20kN/m^3$,但在地下水位以下部分应扣除浮力为 $10kN/m^3$,d 为基础埋深(m),必须从设计地面[见图 2-8(a)]或室内外平均设计地面[见图 2-8(b)]算起;

A——基底面积(m^2),对矩形基础 $A=lb$,l 和 b 分别为矩形基底的长边宽度(m)和短边宽度(m)。

(a) 内墙或内柱基础　　　　(b) 外墙或外柱基础

图 2-8 中心荷载下的基底压力分布

对于荷载均匀分布的条形基础,则沿长度方向截取一单位长度的截条进行基底平均压力 p 的计算,此时式(2-4)中的 A 改为 b(m),而 F 及 G 则为基础截条内的相应值(kN/m)。

2. 偏心荷载下的基底压力

矩形基础在单向偏心荷载下的基底压力分布如图 2-9 所示。设计时,通常基底长边方向与偏心方向取得一致,基底两边缘的最大压力 p_{max}、最小压力 p_{min}(此荷载效应组合值同上)按材料力学短柱偏心受压公式计算:

$$\left.\begin{array}{c}p_{max}\\p_{min}\end{array}\right\} = \frac{F+G}{lb} \pm \frac{M}{W} \tag{2-5}$$

式中　F、G、l、b 符号意义同式(2-4)；

　　　M——作用于矩形基底的力矩(kN·m)；

　　　W——基底的抵抗矩，$W = \dfrac{bl^2}{6}$(m³)。

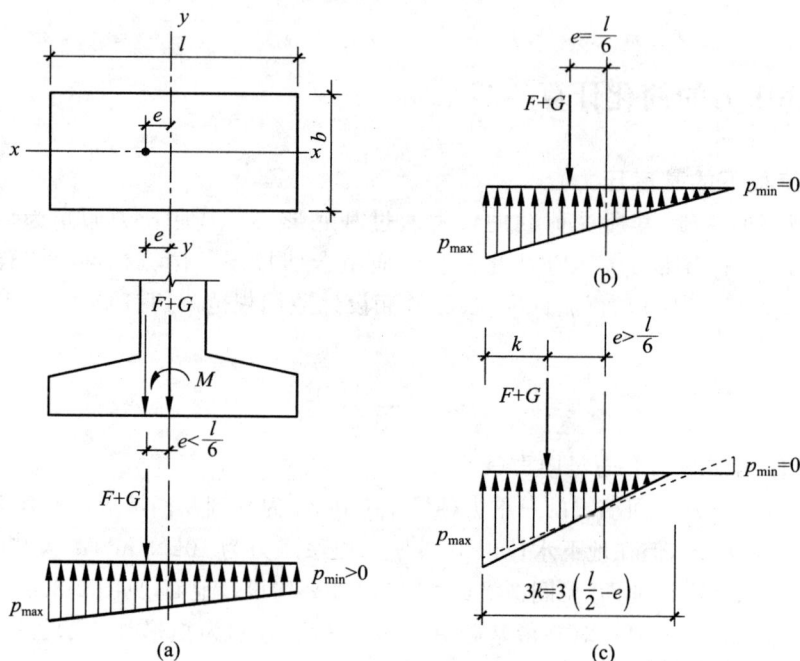

图 2-9　矩形基础在单向偏心荷载下的基底压力分布

将偏心荷载的偏心距 $e = \dfrac{M}{F+G}$ 代入式(2-5)得

$$\left.\begin{array}{r} p_{max} \\ p_{min} \end{array}\right\} = \frac{F+G}{lb}\left(1 \pm \frac{6e}{l}\right) \tag{2-6}$$

由上式可见，当 $e < \dfrac{l}{6}$ 时，基底压力分布图呈梯形，如图 2-9(a)所示；当 $e = \dfrac{l}{6}$ 时，则呈三角形，如图 2-9(b)所示；当 $e > \dfrac{l}{6}$ 时，按式(2-6)计算结果，距偏心荷载较远的基底边缘压力为负值，即 $p_{min} < 0$，如图 2-9(c)中虚线所示。由于基底与地基之间不能承受拉力，此时基底与地基局部脱开，而使基底压力重新分布。因此，根据偏心荷载应与基底压力相平衡的条件，荷载合力 $F+G$ 应通过三角形压力分布图的形心，如图 2-9(c)中实线所示分布图形，由此可得基底边缘最大压力 p_{max} 为

$$p_{max} = \frac{2(F+G)}{3bk} \tag{2-7}$$

式中　k——单向偏心作用点至具有最大压力的基底边缘的距离(m)。

对于荷载沿长度方向均布的条形基础，F 和 G 对应均取单位长度内的相应值，基础宽度取为 b，则基底压力为

$$\left.\begin{array}{r}p_{\max}\\p_{\min}\end{array}\right\}=\frac{F+G}{b}\left(1\pm\frac{6e}{l}\right) \qquad (2\text{-}8)$$

矩形基础在双向偏心荷载作用下的基底压力分布如图 2-10 所示,如基底最小压力 $p_{\min}\geqslant0$,则矩形基底边缘四个角处的压力 $p_{\max}$、$p_{\min}$、p_1、p_2,单位均为 kPa,可按下列公式计算:

$$\left.\begin{array}{r}p_{\max}\\p_{\min}\end{array}\right\}=\frac{F+G}{lb}\pm\frac{M_x}{W_x}\pm\frac{M_y}{W_y} \qquad (2\text{-}9a)$$

$$\left.\begin{array}{r}p_1\\p_2\end{array}\right\}=\frac{F+G}{lb}\pm\frac{M_x}{W_x}\pm\frac{M_y}{W_y} \qquad (2\text{-}9b)$$

式中 M_x、M_y——荷载合力分别对矩形基础 x、y 轴的力矩(kN·m);

W_x、W_y——基底分别对 x、y 轴的抵抗矩(m^3)。

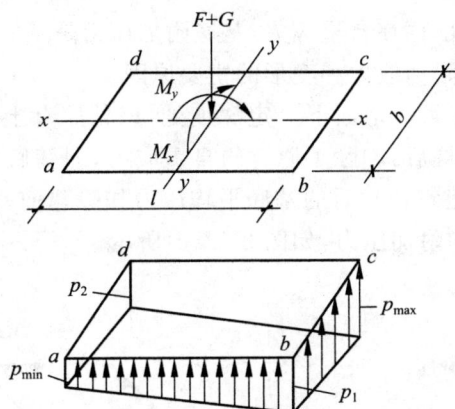

图 2-10 矩形基础在双向偏心荷载下的基底压力分布

3. 倾斜偏心荷载作用下的基底压力

当基底受到倾斜的偏心荷载作用时,先将倾斜偏心的合力 R 分解为竖向分量 F_v 和水平分量 F_h,其中 $F_v=R\cos\beta$,$F_h=R\sin\beta$,β 为倾斜荷载与竖向线之间的倾角,如图 2-11 所示。

(a) 矩形基础　　(b) 条形基础

图 2-11 倾斜偏心荷载作用下的基底压力分布

对于竖向分量 F_v 作用下的基底压力计算,矩形基底用公式(2-6),条形基底用公式(2-8)。对于水平分量 F_h 引起的水平向基底压力可按下式计算:

矩形基底 $$p_h = \frac{F_h}{lb} \qquad\qquad (2\text{-}10)$$

条形基底 $$p_h = \frac{F_h}{b} \qquad\qquad (2\text{-}11)$$

需要指出的是,基底压力的计算结果,除了用它计算地基中的附加应力之外,还要用于计算基础本身的内力、配筋以及校核基础强度。本节是用直线分布的假定计算基底压力的。对于较大尺寸的基础,若要提高基础内力的计算精度,宜按弹性地基的基础梁(板)计算,可参考有关专著。

2.3.3 基底附加压力

建筑物建造前,土中早已存在自重应力,基底附加压力是基底压力与基底处建造前土中自重应力之差,是引起地基附加应力和变形的主要原因。

一般浅基础总是埋置在天然地面下一定深度处,该处原有土中竖向有效自重应力 σ_{ch},如图 2-12(a)所示。开挖基坑后,卸除了原有的自重应力,即基底处建前曾有过自重应力的作用,如图 2-12(b)所示。建筑物建后的基底平均压力扣除建前基底处土中自重应力后,才是新增加于地基的基底平均附加压力,如图 2-12(c)所示。

图 2-12 基底附加压力

基底平均附加应力 p_0 应按下式计算:

$$p_0 = p - \sigma_{ch} = p - \gamma_m d \qquad\qquad (2\text{-}12)$$

式中 p——基底平均压力(kPa);

     σ_{ch}——基底处土的自重应力(kPa);

     γ_m——基底标高以上天然土层的加权平均重度,$\gamma_m = \dfrac{\gamma_1 h_1 + \gamma_2 h_2 + \cdots}{h_1 + h_2 + \cdots}$,其中地下水位下的重度取浮重度(kN/m³);

     d——从天然底面算起的基础埋深(m),$d = h_1 + h_2 + \cdots$。

按式(2-12)计算基底附加压力时,并未考虑坑底土体的回弹变形。实际上,必须指出,当基坑的平面尺寸和深度较大且土又较软时,坑底回弹是明显的,是不可忽略的。因此,在计算地基变形时,为了适当考虑这种坑底回弹和再压缩而增加的沉降,通常的做法是对基底附加压力进行调整,即取 $p_0 = p - \alpha\sigma_{ch}$,其中 α 为 0~1 的系数,对小基坑取 $\alpha = 1$,对宽度超过 10m 的大基坑,一般取 $\alpha = 0$。

2.4 地基中的附加应力

计算地基中的附加应力时,一般假定地基土是各向同性的、均质的线性变形体,而且在深度和水平方向上都是无限延伸的,即把地基看成是均质的线性变形半空间,这样就可以直接采用弹性力学中关于弹性半空间的理论解答。当弹性半空间表面上作用一个竖向集中力时,地基中任意点处所引起的应力和位移可用布辛奈斯克公式求解;在弹性半空间表面作用一个水平集中力时,地基中任意点的应力和位移可用西娄提公式求解;当弹性半空间内某一深度处作用一个竖向集中力时,地基中任意点的应力和位移可用明德林公式求解。本书只介绍竖向集中力作用于弹性半空间表面时的地基附加应力。

地基附加应力主要由建筑物基础(或堤坝)底面的附加压力来计算,还有桥台前后填土引起的基底附加压力。此外,考虑相邻基础影响以及成土年代不久土体的自重应力,在地基变形的计算中,应归入地基附加应力范畴。计算地基附加应力时,通常将基底压力看成是地基表面作用的柔性荷载,即不考虑基础刚度的影响。按照弹性力学、地基附加应力计算分为空间问题和平面问题两类。本节先介绍属于空间问题的竖向集中力、矩形荷载和圆形荷载作用下的解答,然后介绍属于平面应变问题的线荷载和条形荷载作用下的解答,最后,简要介绍非均质和各向异性地基附加应力的弹性力学解答。

2.4.1 空间问题条件下的附加应力

1. 竖直集中荷载作用下的附加应力

1) 布辛奈斯克解

在弹性半空间表面上作用一个竖向集中力时,半空间内任意点处所引起的应力和位移的弹性力学解答是由法国布辛奈斯克提出的。如图 2-13 所示,在半空间(相当于地基)中任意点 $M(x,y,z)$ 处的 6 个应力分量和 3 个位移分量的解答如下。

$$\sigma_x = \frac{3p}{2\pi}\left\{\frac{x^2 z}{R^5} + \frac{1-2\mu}{3}\left[\frac{R^2 - Rz - z^2}{R^3(R+z)} - \frac{x^2(2R+z)}{R^3(R+z)^2}\right]\right\} \qquad (2\text{-}13a)$$

(a) 半空间中任意点 $M(x, y, z)$ (b) M 点处的单元体

图 2-13 一个竖向集中力作用下所引起的应力

$$\sigma_y = \frac{3p}{2\pi}\left\{\frac{y^2 z}{R^5}+\frac{1-2\mu}{3}\left[\frac{R^2-Rz-z^2}{R^3(R+z)}-\frac{y^2(2R+z)}{R^3(R+z)^2}\right]\right\} \tag{2-13b}$$

$$\sigma_z = \frac{3p}{2\pi}\frac{z^2}{R^5}=\frac{3p}{2\pi R^2}\cos^3\theta \tag{2-13c}$$

$$\tau_{xy}=\tau_{yx}=-\frac{3p}{2\pi}\left[\frac{xyz}{R^5}-\frac{1-2\mu}{3}\frac{xy(2R+z)}{R^3(R+z)^2}\right] \tag{2-14a}$$

$$\tau_{yz}=\tau_{zy}=-\frac{3p}{2\pi}\frac{yz^2}{R^5}=-\frac{3py}{2\pi R^3}\cos^2\theta \tag{2-14b}$$

$$\tau_{zx}=\tau_{xz}=-\frac{3p}{2\pi}\frac{zx^2}{R^5}=-\frac{3px}{2\pi R^3}\cos^2\theta \tag{2-14c}$$

$$u = \frac{p(1+\mu)}{2\pi E}\left[\frac{xz}{R^3}-(1-2\mu)\frac{x}{R(R+z)}\right] \tag{2-15a}$$

$$v = \frac{p(1+\mu)}{2\pi E}\left[\frac{yz}{R^3}-(1-2\mu)\frac{y}{R(R+z)}\right] \tag{2-15b}$$

$$w = \frac{p(1+\mu)}{2\pi E}\left[\frac{z^2}{R^3}-2(1-\mu)\frac{1}{R}\right] \tag{2-15c}$$

式中　　σ_x、σ_y、σ_z——分别为平行于 x、y、z 轴的正应力；

　　　　τ_{xy}、τ_{yz}、τ_{zx}——剪应力，其中前一角标表示与它作用微面的法线方向平行的坐标轴，

　　　　　　　　　　后一角标表示与它作用方向平行的坐标轴；

　　　　u、v、w——分别为 M 点沿 x、y、z 轴方向的位移；

　　　　p——作用于坐标原点 O 的竖向集中力；

　　　　R——M 点至坐标原点 O 的距离，$R=\sqrt{x^2+y^2+z^2}=\sqrt{r^2+z^2}=\dfrac{z}{\cos\theta}$；

　　　　θ——R 线与 z 轴的夹角；

　　　　r——M 点与集中力作用点的水平距离；

　　　　E——弹性模量（或土力学中专用的土的变形模量，以 E_0 代之）；

　　　　μ——泊松比。

　　若用 $R=0$ 代入以上各式，所得出的结果均为无限大，因此，所选择的计算点不应过于接近集中力的作用点。

　　建筑物作用于地基的荷载，总是分布在一定面积上的局部荷载，因此理论上的集中力实际上是没有的。但是，根据弹性力学的叠加原理，利用布辛奈斯克解答，可以通过等代荷载法求得任意分布的、不规则荷载面形状的地基中的附加应力，或进行积分直接求解各种局部荷载下的地基中的附加应力。

　　以上 6 个应力分量和 3 个位移分量的公式中，竖向正应力 σ_z 和竖向位移 w 最为常用，以后有关地基附加应力的计算主要是针对 σ_z 而言的。

　　2) 等代荷载法

　　如果地基中某点 M 与局部荷载的距离比荷载面尺寸大很多时，就可以用一个集中力 P 代替局部荷载，然后直接应用式（2-13c）计算该点的 σ_z，为了计算上方便，以 $R=\sqrt{r^2+z^2}$ 代入式（2-13c），则

$$\sigma_z = \frac{3P}{2\pi}\frac{z^3}{(r^2+z^2)^{5/2}}=\frac{3}{2\pi}\frac{1}{\left[\left(\dfrac{r}{z}\right)^2+1\right]^{5/2}}\frac{P}{z^2} \tag{2-16a}$$

令 $\alpha = \dfrac{3}{2\pi}\dfrac{1}{\left[\left(\dfrac{r}{z}\right)^2+1\right]^{5/2}}$，则上式改写为

$$\sigma_z = \alpha\left(\frac{P}{z^2}\right) \tag{2-16b}$$

式中　　α——集中力作用下的地基竖向附加应力系数，简称集中应力系数。

若干个竖向集中力 $P_i(i=1,2,\cdots,n)$ 作用在地基表面上，可按等代荷载法，即按叠加原理计算，则地面下 z 深度处某点 M 的附加应力 σ_z 应为各集中力单独作用时在 M 点所引起的附加应力的总和，即

$$\sigma_z = \sum_{i=1}^{n}\alpha_i\frac{P_i}{z^2} = \frac{1}{z^2}\sum_{i=1}^{n}\alpha_i P_i \tag{2-17}$$

式中　　α_i——第 i 个集中应力系数，在计算中 r_i 是第 i 个集中荷载作用点到 M 点的水平距离。

当局部荷载的平面形状或分布情况不规则时，可将荷载面（或基础底面）分成若干个形状规则（如矩形）的单元面积（见图 2-14），每个单元面积上的分布荷载近似地以作用在单元面积形心上的集中力来代替，这样就可以利用式(2-17)求算地基中某点 M 的附加应力。由于集中力作用点附近的 σ_z 为无限大，所以这种方法不适用于过于靠近荷载面的计算点；它的计算精确度取决于单元面积的大小。一般当矩形单元面积的长边小于面积形心到计算点的距离的 $1/2$、$1/3$ 或 $1/4$ 时，所算得附加应力的误差分别不大于 6%、3% 或 2%。

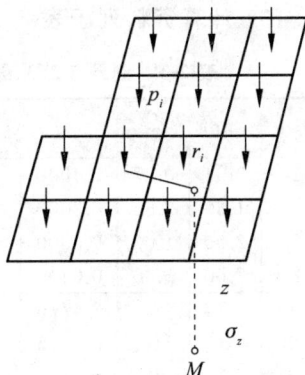

图 2-14　以等代荷载法计算 σ_z

【例题 2.2】　在地基上作用一个集中力 $p=100\text{kN}$，要求确定：

(1) 在地基中 $z=2\text{m}$ 的水平面上，水平距离 $r=0\text{m}$、1m、2m、3m、4m 处各点的附加应力 σ_z 值，并绘出分布图；

(2) 在地基中 $r=0\text{m}$ 的竖直线上距地基表面 $z=0\text{m}$、1m、2m、3m、4m 处各点的 σ_z 值，并绘出分布图；

(3) 取 $\sigma_z=10\text{kPa}$、5kPa、2kPa、1kPa，计算在地基中 $z=2\text{m}$ 的水平面上的 r 值和在 $r=0\text{m}$ 的竖直线上的 z 值，并绘出 4 个 σ_z 等值线图。

【解】

(1) σ_z 的计算资料列于表 2-1；σ_z 分布图绘于图 2-15。

表 2-1　例题 2.2(1)题

z/m	r/m	$\dfrac{r}{z}$	α	$\sigma_z=\alpha\dfrac{p}{z^2}\Big/\text{kPa}$
2	0	0	0.4775	$0.4775\dfrac{100}{2^2}=11.9$
2	1	0.5	0.2733	6.8
2	2	1.0	0.0844	2.1
2	3	1.5	0.0251	0.6
2	4	2.0	0.0085	0.2

图 2-15　例题 2.2(1)题

（2）σ_z 的计算资料列于表 2-2；σ_z 分布图绘于图 2-16。

表 2-2　例题 2.2（2）题

z/m	r/m	$\dfrac{r}{z}$	α	$\sigma_z = \alpha\dfrac{p}{z^2}$ /kPa
0	0	0	0.4775	∞
1	0	0	0.4775	47.8
2	0	0	0.4775	11.9
3	0	0	0.4775	5.3
4	0	0	0.4775	3.0

图 2-16　例题 2.2（2）题

（3）计算资料列于表 2-3；σ_z 等值线图绘于图 2-17。

表 2-3　例题 2.2（3）题

z/m	r/m	$\dfrac{r}{z}$	α	σ_z/kPa
2	0.54	0.27	0.4000	10
2	1.30	0.65	0.2000	5
2	2.00	1.00	0.0800	2
2	2.60	1.30	0.0400	1
2.19	0	0	0.4775	10
3.09	0	0	0.4775	5
5.37	0	0	0.4775	2
6.91	0	0	0.4775	1

图 2-17　例题 2.2（3）题

2. 矩形基底上作用竖直均布荷载时地基中的附加应力

设矩形荷载面的长边宽度和短边宽度分别为 l 和 b，作用于弹性半空间表面的竖向均布荷载为 p（或基底平均附加压力 p_0）。先以积分法求得矩形荷载面角点下任意深度 z 处该点的地基附加应力，然后运用角点法求得矩形荷载下任意点的地基附加应力。以矩形荷载面角点为坐标原点 O（见图 2-18），在荷载面内坐标为 (x,y) 处取一微单元面积 $\mathrm{d}x\,\mathrm{d}y$，并将其上的均布荷载以集中力 $p\,\mathrm{d}x\,\mathrm{d}y$ 来代替，则在角点 O 下任意深度 z 的 M 点处由该集中力引起的竖向附加应力 $\mathrm{d}\sigma_z$，按式（2-13c）可推导出

$$\mathrm{d}\sigma_z = \frac{3}{2\pi}\frac{pz^3}{(x^2+y^2+z^2)^{5/2}}\mathrm{d}x\,\mathrm{d}y \tag{2-18}$$

将它对整个矩形荷载面 A 进行积分：

$$\sigma_z = \iint\limits_{A}\mathrm{d}z = \frac{3pz^3}{2\pi}\int_0^l\int_0^b\frac{1}{(x^2+y^2+z^2)^{5/2}}\mathrm{d}x\,\mathrm{d}y$$

$$= \frac{p}{2\pi}\left[\frac{lbz(l^2+b^2+2z^2)}{(l^2+z^2)(b^2+z^2)\sqrt{l^2+b^2+z^2}} + \arcsin\frac{lb}{\sqrt{(l^2+z^2)(b^2+z^2)}}\right] \tag{2-19}$$

令 $\alpha_c = \dfrac{1}{2\pi}\left[\dfrac{lbz(l^2+b^2+2z^2)}{(l^2+z^2)(b^2+z^2)\sqrt{l^2+b^2+z^2}} + \arcsin\dfrac{lb}{\sqrt{(l^2+z^2)(b^2+z^2)}}\right]$ 得

$$\sigma_z = \alpha_c p \tag{2-20}$$

又令 $m=l/b$，$n=z/b$（注意，其中 b 为荷载面的短边宽度），则

$$\alpha_c = \frac{1}{2\pi} \frac{mn(m^2+2n^2+1)}{(m^2+n^2)(1+n^2)\sqrt{m^2+n^2+1}} + \frac{1}{2\pi}\arcsin\frac{m}{\sqrt{(m^2+n^2)(1+n^2)}}$$

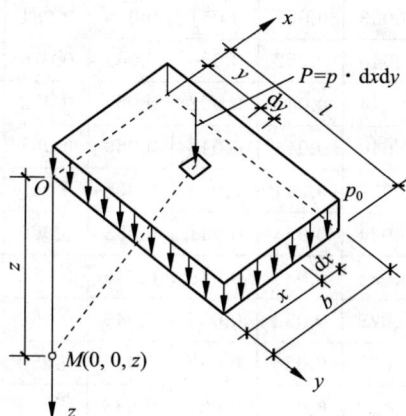

图 2-18　均布矩形荷载面角点下的 σ_z

α_c 为均布矩形荷载角点下的竖向附加应力系数，简称角点应力系数，也可按 m 及 n 值由表 2-4 查得。

表 2-4　均布的矩形荷载角点下的竖向附加应力系数 α_c

z/b	l/b											
	1.0	1.2	1.4	1.6	1.8	2.0	3.0	4.0	5.0	6.0	10.0	条形
0.0	0.250	0.250	0.250	0.250	0.250	0.250	0.250	0.250	0.250	0.250	0.250	0.250
0.2	0.249	0.249	0.249	0.249	0.249	0.249	0.249	0.249	0.249	0.249	0.249	0.249
0.4	0.240	0.242	0.243	0.243	0.244	0.244	0.244	0.244	0.244	0.244	0.244	0.244
0.6	0.223	0.228	0.230	0.232	0.232	0.233	0.234	0.234	0.234	0.234	0.234	0.234
0.8	0.200	0.207	0.212	0.215	0.216	0.218	0.220	0.220	0.220	0.220	0.220	0.220
1.0	0.175	0.185	0.191	0.195	0.198	0.200	0.203	0.204	0.204	0.204	0.205	0.205
1.2	0.152	0.163	0.171	0.176	0.179	0.182	0.187	0.188	0.189	0.189	0.189	0.189
1.4	0.131	0.142	0.151	0.157	0.161	0.164	0.171	0.173	0.174	0.174	0.174	0.174
1.6	0.112	0.124	0.133	0.140	0.145	0.148	0.157	0.159	0.160	0.160	0.160	0.160
1.8	0.097	0.108	0.117	0.124	0.129	0.133	0.143	0.146	0.147	0.148	0.148	0.148
2.0	0.084	0.095	0.103	0.110	0.116	0.120	0.131	0.135	0.136	0.137	0.137	0.137
2.2	0.073	0.083	0.092	0.098	0.104	0.108	0.121	0.125	0.126	0.127	0.128	0.128
2.4	0.064	0.073	0.081	0.088	0.093	0.098	0.111	0.116	0.118	0.118	0.119	0.119
2.6	0.057	0.065	0.072	0.079	0.084	0.089	0.102	0.107	0.110	0.111	0.112	0.112
2.8	0.050	0.058	0.065	0.071	0.076	0.080	0.094	0.100	0.102	0.104	0.105	0.105
3.0	0.045	0.052	0.058	0.064	0.069	0.073	0.087	0.093	0.096	0.097	0.099	0.099
3.2	0.040	0.047	0.053	0.058	0.063	0.067	0.081	0.087	0.090	0.092	0.093	0.094

续表

z/b	l/b											
	1.0	1.2	1.4	1.6	1.8	2.0	3.0	4.0	5.0	6.0	10.0	条形
3.4	0.036	0.042	0.048	0.053	0.057	0.061	0.075	0.081	0.085	0.086	0.088	0.089
3.6	0.033	0.038	0.043	0.048	0.052	0.056	0.069	0.076	0.080	0.082	0.084	0.084
3.8	0.030	0.035	0.040	0.044	0.048	0.052	0.065	0.072	0.075	0.077	0.080	0.080
4.0	0.027	0.032	0.036	0.040	0.044	0.048	0.060	0.067	0.071	0.073	0.076	0.076
4.2	0.025	0.029	0.033	0.037	0.041	0.044	0.056	0.063	0.067	0.070	0.072	0.073
4.4	0.023	0.027	0.031	0.034	0.038	0.041	0.053	0.060	0.064	0.066	0.069	0.070
4.6	0.021	0.025	0.028	0.032	0.035	0.038	0.049	0.056	0.061	0.063	0.066	0.067
4.8	0.019	0.023	0.026	0.029	0.032	0.035	0.046	0.053	0.058	0.060	0.064	0.064
5.0	0.018	0.021	0.024	0.027	0.030	0.033	0.043	0.050	0.055	0.057	0.061	0.062
6.0	0.013	0.015	0.017	0.020	0.022	0.024	0.033	0.039	0.043	0.046	0.051	0.052
7.0	0.009	0.011	0.013	0.015	0.016	0.018	0.025	0.031	0.035	0.038	0.043	0.045
8.0	0.007	0.009	0.010	0.011	0.013	0.014	0.020	0.025	0.028	0.031	0.037	0.039
9.0	0.006	0.007	0.008	0.009	0.010	0.011	0.016	0.020	0.024	0.026	0.032	0.035
10.0	0.005	0.006	0.007	0.007	0.008	0.009	0.013	0.017	0.020	0.022	0.028	0.032
12.0	0.003	0.004	0.005	0.005	0.006	0.006	0.009	0.012	0.014	0.017	0.022	0.026
14.0	0.002	0.003	0.004	0.004	0.004	0.005	0.007	0.009	0.011	0.013	0.018	0.023
16.0	0.002	0.002	0.003	0.003	0.003	0.004	0.005	0.007	0.009	0.010	0.014	0.020
18.0	0.001	0.002	0.002	0.002	0.003	0.003	0.004	0.006	0.007	0.008	0.012	0.018
20.0	0.001	0.001	0.002	0.002	0.002	0.002	0.004	0.005	0.006	0.007	0.010	0.016
25.0	0.001	0.001	0.001	0.001	0.001	0.002	0.002	0.003	0.004	0.004	0.007	0.013
30.0	0.001	0.001	0.001	0.001	0.001	0.001	0.002	0.002	0.003	0.003	0.005	0.011
35.0	0.000	0.000	0.001	0.001	0.001	0.001	0.001	0.002	0.002	0.002	0.004	0.009
40.0	0.000	0.000	0.000	0.000	0.001	0.001	0.001	0.001	0.001	0.002	0.003	0.008

对于均布矩形荷载附加应力计算点不在角点下的情况,可利用式(2-20)以角点法求得。图 2-19 中列出计算点不在矩形荷载面角点下的四种情况(在图中 O 点以下任意深度 z 处)。计算时,通过 O 点把荷载面分成若干个矩形面积,这样,O 点就必然是划分出的各个矩形的公共角点,然后再按式(2-20)计算每个矩形角点下同一深度 z 处的附加应力 σ_z,并求其代数和。四种情况的计算公式分别如下。

(1) O 点在荷载面边缘[见图 2-19(a)]得

$$\sigma_z = (\alpha_{cⅠ} + \alpha_{cⅡ})p$$

式中 $\alpha_{cⅠ}$ 和 $\alpha_{cⅡ}$——分别表示相应于平面Ⅰ和Ⅱ的角点应力系数。必须指出,查表 2-4 时所取用的 l 应为一个矩形荷载面的长边宽度,而 b 则为短边宽度,以下各种情况相同,不再赘述。

(a) 荷载面边缘   (b) 荷载面内   (c) 荷载面边缘外侧   (d) 荷载面角点外侧

图 2-19　以角点法计算均布矩形荷载下的地基附加应力

（2）O 点在荷载面内［见图 2-19(b)］，得

$$\sigma_z = (\alpha_{cI} + \alpha_{cII} + \alpha_{cIII} + \alpha_{cIV})p$$

如果 O 点位于荷载面中心，则 $\alpha_{cI} = \alpha_{cII} = \alpha_{cIII} = \alpha_{cIV}$，得 $\sigma_z = 4\alpha_{cI}p$，即利用角点法求均布的矩形荷载面中心点下 σ_z 的解。

（3）O 点在荷载面边缘外侧［见图 2-19(c)］，此时荷载面 $abcd$ 可看成是由 I($Ofbg$)与 II($Ofah$)之差和 III($Oecg$)与 IV($Oedh$)之差合成的，所以

$$\sigma_z = (\alpha_{cI} - \alpha_{cII} + \alpha_{cIII} - \alpha_{cIV})p$$

（4）O 点在荷载面角点外侧［见图 2-19(d)］，此时荷载面看成是由 I($Ohce$)、IV($Ogaf$)两个面积中扣除 II($Ohbf$)和 III($Ogde$)而成的，所以

$$\sigma_z = (\alpha_{cI} - \alpha_{cII} - \alpha_{cIII} + \alpha_{cIV})p$$

利用式(2-20)也可用角点法求均布条形荷载面地基中任意点的竖向附加应力 σ_z 值，式中角点应力系数 α_c 以 $l/b = 10$ 取值，误差不大于 0.005（见表 2-4），则有三种情况（见图 2-19）：① O 点在荷载面边缘，可得 $\sigma_z = 2\alpha_{cI}p$；② O 点在荷载面内，$\sigma_z = 2(\alpha_{cI} + \alpha_{cII})p$；③ O 点在荷载面边缘外侧，$\sigma_z = 2(\alpha_{cI} - \alpha_{cII})p$。

【例题 2.3】　以角点法计算图 2-20 所示矩形基础甲的基底中心点垂线下不同深度处的地基附加应力 σ_z 的分布，并考虑两相邻基础乙的影响（两相邻柱距为 6m，荷载同基础甲）。

【解】

（1）计算基础甲的基底平均附加压力如下。

基础及其上回填土的总重 $G = \gamma_G A d = 20 \times 5 \times 4 \times 1.5 = 600(\text{kN})$

基底平均压力 $p = \dfrac{F+G}{A} = \dfrac{1940+600}{5 \times 4} = 127(\text{kPa})$

基底处的土中自重应力 $\sigma_c = r_m h = r_m d = 18 \times 1.5 = 27(\text{kPa})$

基底平均附加压力 $p_0 = p - \sigma_c = 127 - 27 = 100(\text{kPa})$

（2）计算基础甲的中心点 O 下由本基础荷载引起的 σ_z，基底中心点 O 可看成是四个相等小矩形荷载面 I($Oabc$)的公共角点，其长宽比 $l/b = 2.5/2 = 1.25$，取深度 $z = 0\text{m}$、1m、2m、3m、4m、5m、6m、7m、8m、10m 各计算点，相应的 $z/b = 0$、0.5、1、1.5、2、2.5、3、3.5、4、5，利用表 2-4 即可查得地基附加应力系数 α_{cI}；σ_z 的计算结果如表 2-5 所示，根据计算资料绘出 σ_z 分布图，如图 2-20 所示。

（3）计算基础甲的中心点 O 下由两相邻基础乙的荷载引起的 σ_z，此时中心点 O 可看成是四个相等矩形面 I($Oafg$)和另四个相等矩形面 II($Oaed$)的公共角点，其长宽比 l/b 分别为 $8/2.5 = 3.2$ 和 $4/2.5 = 1.6$，同样利用表 2-4 即可查得 α_{cI} 和 α_{cII}；σ_z 的计算结果和分布

图如表 2-6 和图 2-20 所示。

表 2-5　例题 2.3 表

点	$\dfrac{l}{b}$	z/m	$\dfrac{z}{b}$	α_{cI}	$\sigma_z = 4\alpha_I\,p_0/kPa$
0	1.25	0	0	0.250	$4\times0.250\times100=100$
1	1.25	1	0.5	0.235	$4\times0.235\times100=94$
2	1.25	2	1	0.187	$4\times0.187\times100=75$
3	1.25	3	1.5	0.135	54
4	1.25	4	2	0.097	39
5	1.25	5	2.5	0.071	28
6	1.25	6	3	0.054	22
7	1.25	7	3.5	0.042	17
8	1.25	8	4	0.032	13
9	1.25	10	5	0.022	9

图 2-20　例题 2.3 图

表 2-6 例题 2.3 表

点	$\dfrac{l}{b}$		z/m	$\dfrac{z}{b}$	α_c		$\sigma_z = 4(\alpha_{\mathrm{I}} - \alpha_{\mathrm{II}})p_0/\mathrm{kPa}$
	Ⅰ ($Oafg$)	Ⅱ ($Oaed$)			$\alpha_{c\mathrm{I}}$	$\alpha_{c\mathrm{II}}$	
0			0	0	0.250	0.250	$4\times(0.250-0.250)\times100=0$
1			1	0.4	0.244	0.243	$4\times(0.244-0.243)\times100=0.4$
2			2	0.8	0.220	0.215	$4\times(0.220-0.215)\times100=2.0$
3			3	1.2	0.187	0.176	4.4
4	$\dfrac{8}{2.5}=3.2$	$\dfrac{4}{2.5}=1.6$	4	1.6	0.157	0.140	6.8
5			5	2.0	0.132	0.110	8.8
6			6	2.4	0.112	0.088	9.6
7			7	2.8	0.095	0.071	9.6
8			8	3.2	0.082	0.058	9.6
9			10	4.0	0.061	0.040	8.4

3. 矩形基底上作用竖直三角形分布荷载时地基中的附加应力

设弹性半空间表面作用的竖向荷载沿矩形面积一边 b 方向上呈三角形分布(沿另一边 l 的荷载分布不变),荷载的最大值为 p_0,取荷载零值边的角点 1 为坐标原点(见图 2-21),则可将荷载面内某点 (x,y) 处所取微单元面积 $\mathrm{d}x\mathrm{d}y$ 上的分布荷载以集中力 $\dfrac{x}{b}$ 代替。角点 O 下深度 z 处的 M 点由该集中力引起的附加应力 $\mathrm{d}\sigma_z$ 按式(2-13c)为

$$\mathrm{d}\sigma_z = \frac{3}{2\pi}\frac{pxz^3}{b(x^2+y^2+z^2)^{5/2}}\mathrm{d}x\mathrm{d}y \tag{2-21}$$

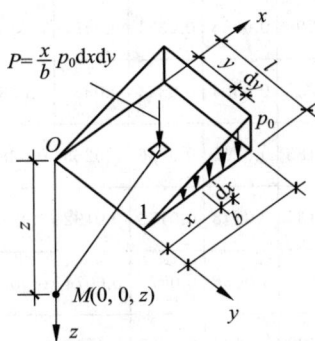

图 2-21 三角形分布矩形荷载面角点下的 σ_z

在整个矩形荷载面积进行积分后得角点 1 下任意深度 z 处竖向附加应力 σ_z 为

$$\sigma_z = \alpha_{t1} p \tag{2-22}$$

式中　$\alpha_{t1} = \dfrac{mn}{2\pi}\left[\dfrac{1}{\sqrt{m^2+n^2}} - \dfrac{n^2}{(1+n^2)\sqrt{(m^2+n^2+1)}}\right]$。

同理,还可求得荷载最大值边的角点 2 下任意深度 z 处的竖向附加应力 σ_z 为

$$\sigma_z = \alpha_{t2} p = (\alpha_c - \alpha_{t1})p \tag{2-23}$$

α_{t1} 和 α_{t2} 均为 $m=l/b$ 和 $n=z/b$ 的函数,可由表 2-7 查出。需要注意的是,b 是沿三角形分布荷载方向的边长。

表 2-7　三角形分布的矩形荷载面角点

l/b z/b	0.2		0.4		0.6		0.8		1.0		1.2		1.4	
	1	2	1	2	1	2	1	2	1	2	1	2	1	2
0.0	0.0000	0.2500	0.0000	0.2500	0.0000	0.2500	0.0000	0.2500	0.0000	0.2500	0.0000	0.2500	0.0000	0.2500
0.2	0.0223	0.1821	0.0280	0.2115	0.0296	0.2165	0.0301	0.2178	0.0304	0.2182	0.0305	0.2184	0.0305	0.2185
0.4	0.0269	0.1049	0.0420	0.1604	0.0487	0.1781	0.0517	0.1844	0.0531	0.1870	0.0539	0.1881	0.0543	0.1886
0.6	0.0259	0.0700	0.0448	0.1165	0.0560	0.1405	0.0621	0.1520	0.0654	0.1575	0.0673	0.1602	0.0684	0.1616
0.8	0.0232	0.0480	0.0421	0.0853	0.0553	0.1093	0.0637	0.1232	0.0688	0.1311	0.0720	0.1355	0.0739	0.1381
1.0	0.0201	0.0346	0.0375	0.0638	0.0508	0.0852	0.0602	0.0996	0.0666	0.1086	0.0708	0.1143	0.0735	0.1176
1.2	0.0171	0.0260	0.0324	0.0491	0.0450	0.0673	0.0546	0.0807	0.0615	0.0901	0.0664	0.0962	0.0698	0.1007
1.4	0.0145	0.0202	0.0278	0.0386	0.0392	0.0540	0.0483	0.0661	0.0554	0.0751	0.0606	0.0187	0.0644	0.0086
1.6	0.0123	0.0160	0.0238	0.0310	0.0339	0.0440	0.0424	0.0547	0.0492	0.0628	0.0545	0.0696	0.0586	0.0743
1.8	0.0105	0.0130	0.0204	0.0254	0.0294	0.0363	0.0371	0.0457	0.0435	0.0534	0.0487	0.0596	0.0528	0.0644
2.0	0.0090	0.0108	0.0176	0.0211	0.0255	0.0304	0.0324	0.0387	0.0384	0.0456	0.0434	0.0513	0.0474	0.0560
2.5	0.0063	0.0072	0.0125	0.0140	0.0183	0.0205	0.0236	0.0265	0.0284	0.0318	0.0326	0.0365	0.0362	0.0405
3.0	0.0046	0.0051	0.0092	0.0100	0.0135	0.0148	0.0176	0.0192	0.0214	0.0233	0.0249	0.0270	0.0280	0.0303
5.0	0.0018	0.0019	0.0036	0.0038	0.0054	0.0056	0.0071	0.0074	0.0088	0.0091	0.0104	0.0108	0.0120	0.0123
7.0	0.0009	0.0010	0.0019	0.0019	0.0028	0.0029	0.0038	0.0038	0.0047	0.0047	0.0056	0.0056	0.0064	0.0066
10.0	0.0005	0.0004	0.0009	0.0010	0.0014	0.0014	0.0019	0.0019	0.0023	0.0024	0.0028	0.0028	0.0033	0.0032

下的竖向附加应力系数 α_{t1} 和 α_{t2}

1.6		1.8		2.0		3.0		4.0		6.0		8.0		10.0	
1	2	1	2	1	2	1	2	1	2	1	2	1	2	1	2
0.0000	0.2500	0.0000	0.2500	0.0000	0.2500	0.0000	0.2500	0.0000	0.2500	0.0000	0.2500	0.0000	0.2500	0.0000	0.2500
0.0306	0.2185	0.0306	0.2185	0.0306	0.2185	0.0306	0.2186	0.0306	0.2186	0.0306	0.2186	0.0306	0.0186	0.0306	0.2186
0.0545	0.1889	0.0546	0.1891	0.0547	0.1892	0.0548	0.1894	0.0549	0.1894	0.0549	0.1894	0.0549	0.1894	0.0549	0.1894
0.0690	0.1625	0.0694	0.1630	0.0696	0.1633	0.0701	0.1638	0.0702	0.1639	0.0702	0.1640	0.0702	0.1640	0.0702	0.1640
0.0751	0.1396	0.0759	0.1405	0.0764	0.1412	0.0773	0.1423	0.0776	0.1424	0.0776	0.1426	0.0776	0.1426	0.0776	0.1426
0.0753	0.1202	0.0766	0.1215	0.0774	0.1225	0.0790	0.1244	0.0794	0.1248	0.0795	0.1250	0.0796	0.1250	0.0796	0.1250
0.0721	0.1037	0.0738	0.1055	0.0749	0.1069	0.0774	0.1096	0.0779	0.1103	0.0782	0.1105	0.0752	0.0987	0.0753	0.0987
0.0672	0.0897	0.0692	0.0921	0.0707	0.0937	0.0739	0.0973	0.0748	0.0982	0.0752	0.0986	0.0752	0.0987	0.0753	0.0987
0.0616	0.0780	0.0639	0.0806	0.0656	0.0826	0.0697	0.0870	0.0708	0.0882	0.0714	0.0887	0.0715	0.0888	0.0715	0.0889
0.0560	0.0681	0.0585	0.0709	0.0604	0.0730	0.0652	0.0782	0.0666	0.0797	0.0673	0.0805	0.0675	0.0806	0.0675	0.0808
0.0507	0.0596	0.0533	0.0625	0.0553	0.0649	0.0607	0.0707	0.0624	0.0726	0.0634	0.0734	0.0636	0.0736	0.0636	0.0738
0.0393	0.0440	0.0419	0.0469	0.0440	0.0491	0.0504	0.0559	0.0529	0.0585	0.0543	0.0601	0.0547	0.0604	0.0548	0.0605
0.0307	0.0333	0.0331	0.0359	0.0352	0.0380	0.0419	0.0451	0.0449	0.0482	0.0469	0.0504	0.0474	0.0509	0.0476	0.0511
0.0135	0.0139	0.0148	0.0154	0.0161	0.0167	0.0214	0.0221	0.0248	0.0256	0.0283	0.0290	0.0296	0.0303	0.0301	0.0309
0.0073	0.0074	0.0081	0.0083	0.0089	0.0091	0.0124	0.0126	0.0152	0.0154	0.0186	0.0190	0.0204	0.0207	0.0212	0.0216
0.0037	0.0037	0.0041	0.0042	0.0046	0.0046	0.0066	0.0066	0.0084	0.0083	0.0111	0.0111	0.0128	0.0130	0.0139	0.0141

运用上述均布和三角形分布的矩形荷载面角点下的附加应力系数 α_c、α_{t1}、α_{t2},即可用角点法求算梯形分布时地基中任意点的竖向附加应力 σ_z 值;也可求均布、三角形或梯形分布的条形荷载面时(取 $l/b=10$)的地基附加应力 σ_z 值。

4. 均布的圆形荷载

设圆形荷载面积的半径为 r_0,作用于弹性半空间表面的竖向均布荷载为 p,如以圆形荷载面的中心点为坐标原点 O(见图 2-22),并在荷载面积上取微面积 $dA = rd\theta dr$,以集中力 pdA 代替微面积上的分布荷载,则可运用式(2-13c)以积分法求得均布圆形荷载面中心点下任意深度 z 处 M 点的 σ_z 值。

$$\sigma_z = \iint_A dz = \frac{3pz^3}{2\pi} \int_0^{2\pi} \int_0^{r_0} \frac{rd\theta dr}{(r^2+z^2)^{5/2}}$$

$$= p\left[1 - \frac{z^3}{(r_0{}^2+z^2)^{3/2}}\right]$$

$$= p\left[1 - \frac{1}{\left(\frac{1}{z^2/r_0{}^2}+1\right)^{3/2}}\right] = \alpha_r p \qquad (2\text{-}24)$$

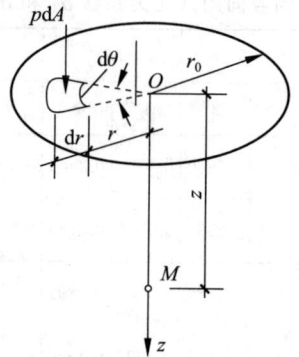

图 2-22 均布圆形荷载面
角点下的 σ_z

式中 α_r——均布的圆形荷载面中心点下的附加应力系数,它是(z/r_0)的函数,由表 2-8 查得。

表 2-8 均布的圆形荷载面中心点下的附加应力系数 α_r

z/r_0	α_r	z/r_0	α_r	z/r_0	α_r	z/r_0	α_r	z/r_0	α_r	z/r_0	α_r
0.0	1.000	0.8	0.756	1.6	0.390	2.4	0.213	3.2	0.130	4.0	0.087
0.1	0.999	0.9	0.701	1.7	0.360	2.5	0.200	3.3	0.124	4.2	0.079
0.2	0.992	1.0	0.647	1.8	0.332	2.6	0.187	3.4	0.117	4.4	0.073
0.3	0.976	1.1	0.595	1.9	0.307	2.7	0.175	3.5	0.111	4.6	0.067
0.4	0.949	1.2	0.547	2.0	0.285	2.8	0.165	3.6	0.106	4.8	0.062
0.5	0.911	1.3	0.502	2.1	0.264	2.9	0.155	3.7	0.101	5.0	0.057
0.6	0.864	1.4	0.461	2.2	0.245	3.0	0.146	3.8	0.096	6.0	0.040
0.7	0.811	1.5	0.424	2.3	0.229	3.1	0.138	3.9	0.091	10.0	0.015

2.4.2 平面问题条件下的附加应力

设在弹性半空间表面上作用有无限长的条形荷载,且荷载沿宽度可按任何形式分布,但沿长度方向则不变,此时地基中产生的应力状态属于平面应变问题。因此,对于条形基础,如墙基、挡土墙基础、路基、坝基等,为了求解条形荷载下的地基附加应力,下面先介绍线荷载作用下的解答。

1. 竖直线荷载作用下的附加应力

线荷载是在弹性半空间表面上一条无限长直线上的均布荷载。如图 2-23(a)所示,设一个竖向线荷载 $\bar{p}$(kN/m)作用在 y 轴上,则沿 y 轴某微分段 f 上的分布荷载以集中

力 $p = \bar{p}\,dy$ 代替,从而利用式(2-13c)求得地基中任意点 M 由 p 引起的附加应力 $d\sigma_z$。此时,设 M 点位于与 y 轴垂直的 xOz 平面内,直线 $OM = R_1 = \sqrt{x^2 + z^2}$ 与 z 轴的夹角为 β,如图 2-23(b)所示,则 $\sin\beta = x/R_1$ 和 $\cos\beta = z/R_1$。于是可以用下列积分求得 M 点的 σ_z:

$$\sigma_z = \int_{-\infty}^{+\infty} d\sigma_z = \int_{-\infty}^{+\infty} \frac{3z^3 \bar{p}\,dy}{2\pi R^5} = \frac{2\bar{p}z^3}{\pi R_1^4}\cos^3\beta \tag{2-25a}$$

同理得

$$\sigma_x = \frac{2\bar{p}x^2 z}{\pi R_1^4} = \frac{2\bar{p}}{\pi R_1}\cos\beta\sin^2\beta \tag{2-25b}$$

$$\tau_{xz} = \tau_{zx} = \frac{2\bar{p}xz^2}{\pi R_1^4} = \frac{2\bar{p}}{\pi R_1}\cos^2\beta\sin\beta \tag{2-25c}$$

由于线荷载沿 y 轴均匀分布且无限延伸,因此与 y 轴垂直的任何平面上的应力状态都完全相同。这种情况就属于弹性力学中的平面应变问题,此时:

$$\tau_{xy} = \tau_{yx} = \tau_{yz} = \tau_{zy} = 0 \tag{2-26}$$

$$\sigma_y = \mu(\sigma_x + \sigma_z) \tag{2-27}$$

因此,在平面应变问题中需要计算的应力分量只有 σ_z、σ_x 和 τ_{xz} 三个。

(a) 线荷载作用下   (b) 均布条形荷载作用下

图 2-23 地基附加应力的平面问题

2. 条形基底上作用竖直均布荷载时地基中的附加应力

设一个竖向条形荷载沿宽度方向[见图 2-23(b)中 x 轴方向]均匀分布,则均布的条形荷载 $p(\mathrm{kN/m^2})$ 沿 x 轴上某微积分段 dx 上的荷载可以用线荷载 $\bar{p}$ 代替,并引进 OM 线与 z 轴线的夹角 β,得

$$\bar{p} = p\,dx = \frac{pR_1}{\cos\beta}d\beta$$

因此,可以利用式(2-25a)求得地基中任意点 M 处的附加应力,并用极坐标表示为

$$\sigma_z = \int_{\beta_1}^{\beta_2} d\sigma_z = \int_{\beta_1}^{\beta_2} \frac{2p}{\pi}\cos^2\beta\,d\beta = \frac{p}{\pi}\left[\sin\beta_2\cos\beta_2 - \sin\beta_1\cos\beta_1 + (\beta_2 - \beta_1)\right] \tag{2-28a}$$

同理得

$$\sigma_x = \frac{p}{\pi}[-\sin(\beta_2 - \beta_1)\cos(\beta_2 + \beta_1) + (\beta_2 - \beta_1)] \tag{2-28b}$$

$$\tau_{xz} = \tau_{zx} = \frac{p}{\pi}[\sin^2\beta_2 - \sin^2\beta_1] \tag{2-28c}$$

各式中,当 M 点位于荷载分布宽度两端点竖直线之间时,β_1 取负值。

将式(2-28a)、式(2-28b)和式(2-28c)代入下列材料力学公式,可以求得 M 点大主应力 σ_1 与小主应力 σ_3:

$$\left.\begin{array}{c}\sigma_1\\\sigma_3\end{array}\right\} = \frac{\sigma_z + \sigma_x}{2} \pm \sqrt{\left(\frac{\sigma_z - \sigma_x}{2}\right)^2 + \tau_{xz}^2} = \frac{p}{\pi}[(\beta_2 - \beta_1) \pm \sin(\beta_2 - \beta_1)] \tag{2-29}$$

设 β_0 为 M 点与条形荷载两端连线的夹角,则 $\beta_0 = \beta_2 - \beta_1$($M$ 点在荷载宽度范围内时为 $\beta_2 + \beta_1$),于是上式变为

$$\left.\begin{array}{c}\sigma_1\\\sigma_3\end{array}\right\} = \frac{p}{\pi}(\beta_0 \pm \sin\beta_0) \tag{2-30}$$

大主应力 σ_1 的作用方向与 β_0 角的平分线一致。式(2-30)主要为第 8 章研究地基承载力的平面问题时提供的地基附加应力公式。

为了计算方便,将上述 σ_z、σ_x 和 τ_{xz} 三个公式,改用直角坐标表示。此时,取条形荷载的中点为坐标原点,则 $M(x,z)$ 点的三个附加应力分量为

$$\sigma_z = \frac{p}{\pi}\left[\arctan\frac{1-2n}{2m} + \arctan\frac{1+2n}{2m} - \frac{4m(4n^2 - 4m^2 - 1)}{(4n^2 + 4m^2 - 1)^2 + 16m^2}\right] = \alpha_{sz}p \tag{2-31a}$$

$$\sigma_x = \frac{p}{\pi}\left[\arctan\frac{1-2n}{2m} + \arctan\frac{1+2n}{2m} + \frac{4m(4n^2 - 4m^2 - 1)}{(4n^2 + 4m^2 - 1)^2 + 16m^2}\right] = \alpha_{sx}p \tag{2-31b}$$

$$\tau_{xz} = \tau_{zx} = \frac{p}{\pi} \frac{32m^2 n}{(4n^2 + 4m^2 - 1)^2 + 16m^2} = \alpha_{srz}p \tag{2-31c}$$

式中 α_{sz}、α_{sx} 和 α_{srz} ——分别为均布条形荷载下相应的三个附加应力系数,都是 $m = z/b$ 和 $n = x/b$ 的函数,可由表 2-9 查得。

在工程建筑中,当然没有无限的加荷面积,不过,当矩形荷载面积的长宽比 $l/b \geqslant 10$ 时,计算的地基附加应力值与按 $l/b = \infty$ 时的解相比,误差很少。

3. 条形基底上作用竖直三角形分布荷载时地基中的附加应力

三角形分布的条形荷载作用(见图 2-24),其最大值为 p,计算土中 M 点 (x,y) 的竖向应力 σ_z 时,可按式(2-25a)在宽度范围 b 内积分,得

$$dp = \frac{\xi}{b}p\,d\xi \tag{2-32a}$$

$$\begin{aligned}\sigma_z &= \frac{2z^3 p}{\pi b}\int_0^b \frac{\xi\,d\xi}{[(x-\xi)^2 + z^2]^2}\\&= \frac{p}{\pi}\left[n\left(\operatorname{arctg}\frac{n}{m} - \operatorname{arctg}\frac{n-1}{m}\right) - \frac{m(n-1)}{(n-1)^2 + m^2}\right]\\&= \alpha_s p\end{aligned} \tag{2-32b}$$

式中 α_s ——应力系数,它是 $m = \dfrac{x}{b}$ 及 $n = \dfrac{z}{b}$ 的函数,可由表 2-10 查得。

图 2-24 三角形分布条荷载作用下土中附加应力计算

表2-9 均布条形荷载下的附加应力系数

z/b	x/b 0.00			0.25			0.50			1.00			1.50			2.00		
	α_{sz}	α_{sx}	α_{sxz}	α_{sz}	α_{sx}	α_{sxz}	α_{sz}	α_{sx}	α_{sxz}	α_{sz}	α_{sx}	α_{sxz}	α_{sz}	α_{sx}	α_{sxz}	α_{sz}	α_{sx}	α_{sxz}
0.00	1.000	1.000	0	1.000	1.000	0	0.500	0.500	0.320	0	0	0	0	0	0	0	0	0
0.25	0.959	0.450	0	0.902	0.393	0.127	0.497	0.347	0.300	0.019	0.171	0.055	0.003	0.074	0.014	0.001	0.041	0.005
0.50	0.818	0.182	0	0.735	0.186	0.157	0.480	0.225	0.255	0.084	0.211	0.127	0.017	0.122	0.045	0.005	0.074	0.020
0.75	0.668	0.081	0	0.607	0.098	0.127	0.448	0.142	0.204	0.146	0.185	0.157	0.042	0.139	0.075	0.015	0.095	0.037
1.00	0.550	0.041	0	0.510	0.055	0.096	0.409	0.091	0.159	0.185	0.146	0.157	0.071	0.134	0.095	0.029	0.103	0.054
1.25	0.462	0.023	0	0.436	0.033	0.072	0.370	0.060	0.124	0.205	0.111	0.144	0.095	0.120	0.105	0.044	0.103	0.067
1.50	0.396	0.014	0	0.379	0.021	0.055	0.334	0.040	0.098	0.211	0.084	0.127	0.114	0.102	0.106	0.059	0.097	0.075
1.75	0.345	0.009	0	0.334	0.014	0.043	0.302	0.028	0.078	0.210	0.064	0.111	0.127	0.085	0.102	0.072	0.088	0.079
2.00	0.306	0.006	0	0.298	0.010	0.034	0.275	0.020	0.064	0.205	0.049	0.096	0.134	0.071	0.095	0.083	0.078	0.079
3.00	0.208	0.002	0	0.206	0.003	0.017	0.198	0.007	0.032	0.171	0.019	0.055	0.136	0.033	0.066	0.103	0.044	0.067
4.00	0.158	0.001	0	0.156	0.001	0.010	0.153	0.003	0.019	0.140	0.009	0.034	0.122	0.017	0.045	0.102	0.025	0.050
5.00	0.126	0.000	0	0.126	0.001	0.006	0.124	0.002	0.012	0.117	0.005	0.023	0.107	0.010	0.032	0.095	0.015	0.037
6.00	0.106	0.000	0	0.105	0.000	0.004	0.104	0.001	0.009	0.100	0.003	0.017	0.094	0.006	0.023	0.086	0.010	0.028

表 2-10　三角形分布的条形荷载下竖向附加应力系数 α_s

$m=x/b$ $n=z/b$	−1.5	−1.0	−0.5	0.0	0.25	0.50	0.75	1.0	1.5	2.0	2.5
0.00	0.000	0.000	0.000	0.000	0.250	0.500	0.750	0.500	0.000	0.000	0.000
0.25	0.000	0.000	0.001	0.075	0.256	0.480	0.643	0.424	0.017	0.003	0.000
0.50	0.002	0.003	0.023	0.127	0.263	0.410	0.447	0.353	0.056	0.017	0.003
0.75	0.006	0.016	0.042	0.153	0.248	0.335	0.361	0.293	0.108	0.024	0.009
1.00	0.014	0.025	0.061	0.159	0.223	0.275	0.279	0.241	0.129	0.045	0.013
1.50	0.020	0.048	0.096	0.145	0.178	0.200	0.202	0.185	0.124	0.062	0.041
2.00	0.033	0.061	0.092	0.127	0.146	0.155	0.163	0.153	0.108	0.069	0.050
3.00	0.050	0.064	0.080	0.096	0.103	0.104	0.108	0.104	0.090	0.071	0.050
4.00	0.051	0.060	0.067	0.075	0.078	0.085	0.082	0.075	0.073	0.060	0.049
5.00	0.047	0.052	0.067	0.059	0.062	0.063	0.063	0.065	0.061	0.051	0.047
6.00	0.041	0.041	0.050	0.051	0.052	0.053	0.053	0.053	0.050	0.050	0.045

坐标原点在三角形荷载的零点处。

【例题 2.4】　某条形基底宽度 $b=1.4\mathrm{m}$，作用于基底的平均附加压力 $p_0=200\mathrm{kPa}$，要求确定：

（1）均布条形荷载中点 O 下的地基附加应力 σ_z 分布；

（2）深度 z 为 1.4m 和 2.8m 处水平面上的 σ_z 分布；

（3）在均布条形荷载边缘以外 1.4m 处 O_1 点下的 σ_z 分布。

【解】

（1）计算 σ_z 时选用表 2-9 列出的 z/b 为 0.50、1.00、1.50、2.00、3.00、4.00 各项的 α_{sz} 值，计算出深度 z 为 0.7m、1.4m、2.1m、2.8m、4.2m、5.6m 处的 σ_z 值，参见式(2-31)，列于表 2-11 中，并绘出分布图列于图 2-25 中。（2）及（3）的 σ_z 计算结果及分布图分别列于表 2-12、表 2-13 及图 2-25 中。

此外，在图 2-25 中还以虚线绘出 $\sigma_z=0.2p_0=40(\mathrm{kPa})$ 的等值线图。

表 2-11　例题 2.4(1)表

$\dfrac{x}{b}$	$\dfrac{z}{b}$	z/m	α_{sz}	$\sigma_z=\alpha_{sz}p/\mathrm{kPa}$
0	0	0	1.00	$1.00\times200=200$
0	0.5	0.7	0.82	164
0	1	1.4	0.55	110
0	1.5	2.1	0.40	80
0	2	2.8	0.31	62
0	3	4.2	0.21	42
0	4	5.6	0.16	32

图 2-25　例题 2.4 图

表 2-12　例题 2.4（2）表

z/m	$\dfrac{z}{b}$	$\dfrac{x}{b}$	α_{sz}	σ_z/kPa
1.4	1	0	0.55	110
1.4	1	0.5	0.41	82
1.4	1	1	0.19	38
1.4	1	1.5	0.07	14
1.4	1	2	0.03	6
2.8	2	0	0.31	62
2.8	2	0.5	0.28	56
2.8	2	1	0.20	40
2.8	2	1.5	0.13	26
2.8	2	2	0.08	16

表 2-13　例题 2.4（3）表

z/m	$\dfrac{z}{b}$	$\dfrac{x}{b}$	α_{sz}	σ_z/kPa
0	0	1.5	0	0
0.7	0.5	1.5	0.22	4
1.4	1	1.5	0.07	14
2.1	1.5	1.5	0.11	22
2.8	2	1.5	0.13	26
4.2	3	1.5	0.14	28
5.6	4	1.5	0.12	24

从上例计算成果中,可见均布条形荷载下地基附加应力 σ_z 的分布规律如下。

(1) σ_z 不仅发生在荷载面积之下,而且分布在荷载面积以外相当大的范围之下,这就是所谓地基附加应力的扩散分布。

(2) 在距离基底(地基表面)不同深度 z 处的各个水平面上,以基底中心点下轴线处的 σ_z 最大,随着距离中轴线越远越小。

(3) 在荷载分布范围内任意点沿垂线的 σ_z 值,随深度越向下越小;在荷载边缘以外任意点沿垂线的 σ_z 值,随深度从零开始向下先加大后减小。

地基附加应力的分布规律还可以用上面已经使用过的"等值线"的方式完整地表示出来。如图 2-26 所示,附加应力等值线的绘制方法是在地基剖面中划分许多方形网络,使网络节点的坐标恰好是均布条形荷载半宽(0.5b)的整倍数,查表 2-9 可得各节点的附加应力 σ_z、σ_x 和 τ_{xz},然后以插入法绘成均布条形荷载下三种附加应力的等值线图,如图 2-26(a)、(c)、(d)所示。此外,还附有在均布的方形荷载下 σ_z 等值线图,如图 2-26(b)所示,用来比较。

图 2-26　地基附加应力等值线

由图 2-26(a)和(b)可见,方形荷载所引起的 σ_z,其影响深度要比条形荷载小,例如方形荷载中心下 $z=2b$ 处的 $\sigma_z \approx 0.1p$,而在条形荷载下 $\sigma_z = 0.1p$ 等值线则约在中心下 $z \approx 6b$ 处通过。条形荷载下的 σ_x 和 τ_{xz} 的等值线如图 2-26(c)和(d)所示,σ_x 的影响范围较浅,所以基础边缘下地基土的侧向变形主要发生于浅层;而 τ_{xz} 的最大值出现于荷载边缘,所以位于基础边缘下的土体容易发生剪切滑动且首先出现塑性变形区。

2.4.3　非均质和各向异性地基中的附加应力

以上介绍的地基附加应力计算都是考虑柔性荷载和均质各向同性土体的情况,而实际上并非如此,如地基中土的变形模量常随深度而增大,有的地基具有较明显的薄交互层状构造,有的则是由不同压缩性土层组成的成层地基等。对于这些问题的考虑是比较复杂的,但从一些简单情况的解答中可以知道:把非均质或各向异性地基与均质各向同性地基相比较,其对地基竖向正应力 σ_z 的影响,通常存在两种情况:一种是发生应力集中现象,如图 2-27(a)所示;另一种是发生应力扩散现象,如图 2-27(b)所示。

图 2-27　非均质和各向异性地基对附加应力的影响

注:虚线表示均质地基中水平面上的附加应力分布。

1. 变形模量随深度增大的地基(非均质地基)

在地基中,土的变形模量 E_0 值常随地基深度增大而增大。这种现象在砂土中尤其显著。与通常假定的均质地基(E_0 值不随深度变化)相比较,沿荷载中心线下,前者的地基附加应力 σ_z 将发生应力集中现象,如图 2-27(a)所示。这种现象从实验和理论上都得到了证实。对于一个集中力 p 作用下地基附加应力 σ_z 的计算,可采用费洛列希等建议的半经验公式:

$$\sigma_z = \frac{vp}{2\pi R^2}\cos^v\theta \tag{2-33}$$

式中　v——大于 3 的集中因数。当 $v=3$ 时,上式与式(2-13c)一致,即代表布辛奈斯克解,v 值是随 E_0 与地基深度的关系以及泊松比而异的。

2. 薄交互层地基(各向异性地基)

天然沉积形成的水平薄交互层地基,其水平向变形模量 E_{0h} 常大于竖向变形模量 E_{0v}。考虑到由于土的这种层状构造特征与通常假定的均质各向同性地基作比较,沿荷载中心线下地基附加应力 σ_z 分布将发生应力扩散现象,如图 2-27(b)所示。

3. 双层地基(非均质地基)

天然形成的双层地基有两种可能的情况:一种是岩层上覆盖着不厚的可压缩土层;另一种则是上层坚硬、下层软弱的双层地基。前者在荷载作用下将发生应力集中现象,如图 2-27(a)所示,而后者则将发生应力扩散现象,如图 2-27(b)所示。

图 2-28 所示为均布荷载中心线下竖向应力分布的比较,图中曲线 1(虚线)为均质地基中的附加应力分布图,曲线 2 为岩层上可压缩土层中的附加应力分布图,而曲线 3 则表示上层坚硬下层软弱的双层地基中的附加应力分布图。

由于下卧刚性岩层的存在而引起的应力集中的影响与岩层的埋藏深度有关,岩层埋藏越浅,应力集

图 2-28　双层地基竖向应力分布的比较

中的影响越显著。

在坚硬持力层与软弱下卧层中引起的应力扩散随持力层厚度的增大而更加显著;它还与双层地基的变形模量 E_0、泊松比 μ 有关,即随下列参数 f 的增加更加显著:

$$f = \frac{E_{01}}{E_{02}} \frac{1-\mu_2^2}{1-\mu_1^2} \tag{2-34}$$

式中　E_{01}、μ_1——分别为坚硬持力层的变形模量和泊松比;

　　　E_{02}、μ_2——分别为软弱持力层的变形模量和泊松比。

由于土的泊松比变化不大(一般 $\mu = 0.3 \sim 0.4$,),故参数 f 值的大小主要取决于变形模量的比值 E_{01}/E_{02}。

习 题

1. 简答题

(1) 什么是土中应力?它有哪些分类和用途?

(2) 怎样简化土中应力计算模型?在工程应用中应注意哪些问题?

(3) 地下水位的升降对土中自重应力有什么影响?在工程实践中,有哪些问题应充分考虑其影响?

(4) 基底压力分布的影响因素有哪些?简化直线分布的假设条件是什么?

(5) 如何计算基底压力 p 和基底附加压力 p_0?两者的概念有什么不同?

(6) 土中附加应力的产生原因有哪些?在工程实际中应如何考虑?

(7) 在工程中,如何考虑土中应力分布规律?

2. 单项选择题

(1) 计算自重应力时,对地下水位以下的土层一般采用(　　)。

　　A. 天然重度　　　　　　B. 饱和重度　　　　　　C. 有效重度

(2) 只有(　　)才能引起地基的附加应力和变形。

　　A. 基底压力　　　　　　B. 基底附加压力　　　　C. 有效自重应力

(3) 在基底总压力不变时,增大基础埋深对基底以下土中应力分布的影响是(　　)。

　　A. 土中应力增大　　　　　　　　　　B. 土中应力减小

　　C. 土中应力不变　　　　　　　　　　D. 两者没有联系

(4) 有一基础埋深 $d = 1.5\text{m}$,建筑物荷载及基础和台阶土重传至基底总应力为 $100\text{kN}/\text{m}^2$,若基底以上土的重度为 $18\text{kN}/\text{m}^3$,基底以下土的重度为 $17\text{kN}/\text{m}^3$,地下水位在基底处,则基底竖向附加压力是(　　)。

　　A. $73\text{kN}/\text{m}^2$　　　　　　B. $74.5\text{kN}/\text{m}^2$　　　　　　C. $88.75\text{kN}/\text{m}^2$

(5) 地下水位突然从基底处下降 3m,对土中的应力的影响是(　　)。

　　A. 没有影响　　　　　　B. 应力减小　　　　　　C. 应力增加

(6) 甲、乙两个基础的 l/b 相同,且基底平均附加压力相同,但它们的宽度不同,$b_甲 > b_乙$,基底下 3m 深处的应力关系为(　　)。

　　A. $\sigma_z(甲) = \sigma_z(乙)$　　　B. $\sigma_z(甲) > \sigma_z(乙)$　　　C. $\sigma_z(甲) < \sigma_z(乙)$

（7）当地基中附加应力曲线为矩形时，则地面荷载的形式为(　　)。

    A. 条形均布荷载　　　　B. 矩形均布荷载　　　　C. 无穷均布荷载

（8）在基底平均附加压力计算公式 $p_0 = p_k - \gamma_0 d$ 中，d 为(　　)。

    A. 基础平均埋深

    B. 从室内地面算起的埋深

    C. 从室外地面算起的埋深

    D. 从天然地面算起的埋深，对于新填土场地应从天然地面算起

（9）一矩形基础，其底面尺寸为 $4.0\text{m} \times 6.0\text{m}$，作用在长边方向的偏心荷载为 $F + G = 1200\text{kN}$。当偏心距为(　　)时，基底刚好不会出现拉应力。

    A. 0.67m　　　　　　　B. 1m　　　　　　　C. 1.2m　　　　　　　D. 1.5m

（10）已知一宽度为 6m 的条形基础，在基底平面上作用着中心荷载合力 $F + G = 200\text{kN}$ 及力矩 $M = 160\text{kN} \cdot \text{m}$，则基础底边边缘最小压应力为(　　)。

    A. $p_{\min} > 0$　　　　　B. $p_{\min} = 0$　　　　　C. $p_{\min} < 0$　　　　　D. 不一定

3. 计算题

（1）设有图 2-29 所示的多种土层地基，各种土层的厚度及重度表示在图中，试求各土层交界面上的自重应力并绘出自重应力沿深度的分布图。

图 2-29　计算题(1)图

（2）某构筑物基础如图 2-30 所示，在设计地面标高处作用有偏心荷载 680kN，偏心距为 1.31m，基础埋深为 2m，底面尺寸为 $4\text{m} \times 2\text{m}$。试求基底平均压力 p 和边缘最大压力 $p_{\max}$，并绘出沿偏心方向的基底压力分布图。

图 2-30　计算题(2)图

（3）某矩形基础的底面尺寸为 4m×2.4m，设计地面下埋深为 1.2m（高于天然地面 0.2m），设计地面以上的荷载为 1200kN，基底标高处原有土的加权平均重度为 18kN/m³。试求基底水平面 1 点及 2 点下各 3.6m 深度 M_1 点及 M_2 点处的地基附加应力 σ_z 值（见图 2-31）。

图 2-31 计算题（3）图

（4）某条形基础的宽度为 2m，在梯形分布的条形荷载（基底附加压力）下，边缘 $(p_0)_{max}$ = 200kPa，$(p_0)_{min}$ = 100kPa，试求基底宽度中点下和边缘两点下各 3m 及 6m 深度处的 σ_z 值。

本章习题答案

第3章 土的渗透性及渗透稳定

3.1 概 述

浅层岩土中的水主要来自大气降水。土中的水分为两部分,即地下水位以上的水和地下水位以下的水,如图 3-1 所示。地下水位以下的水称为地下水,以上层滞水、潜水和承压水的形式存在,可在重力作用下运动;地下水位以上的水可以向下运动补给地下水,也可以在毛细作用或植物根系作用下向上运动。

图 3-1 土中的水

土是一种由三相物质组成的多孔介质,其大部分孔隙在空间中互相连通。土中水在孔隙中的运动形式有多种,如在重力作用下,地下水的流动(土的渗透性问题);在土中附加应力作用下,孔隙水的挤出(土的固结问题);由于表面现象产生的水分移动(土的毛细现象);在土颗粒分子引力作用下结合水的移动(土的冻胀问题);由于孔隙水溶液中离子浓度的差别产生的渗附现象等。

土中水对于土的工程性质有重要影响,土中水的运动对于人类生活及环境也具有很大的影响。我国大量的挡水和输水建筑物及构造物,由于渗漏损失了大量宝贵的水资源,影响工程效益,也引起了土壤的盐碱化。如目前我国已建渠道的 80% 没有防渗措施,渠系中水的利用系数不足 0.5,有的渠道渗漏量高达 80%。水在土体中渗透,一方面会造成水量损失(如水库),影响工程效益,另一方面会引起土体内部应力状态的变化影响到土体的固结、强度、稳定和工程施工,使土体产生局部渗透变形破坏,严重时会引发工程事故。如美国破坏的 206 座土坝中有 39% 是由于渗透引起的;我国 1998 年长江洪水期间,堤防出险 5000 余处,其中 60%～70% 是由于管涌等渗透变形引起的。高层建筑深基坑发生事故的主要原因在于土中水引起的水土压力变化和渗透变形,地铁施工、隧道工程、采矿与石油工程中,渗流也是一个重要的课题。有毒生活废水和工业废水的排放、固体垃圾堆放引起的地下水污染、放射性核废料通过地下水的污染与扩散,滨海地带的海水入侵以及污水渗透引起的地下水污染等问题,都成为重要的环境课题。部分岩土工程渗流问题示意图如图 3-2 所示。

(a) 土石坝坝基坝身渗流

(b) 渠道渗漏

(c) 板桩围护下的基坑渗流

(d) 水井渗流

图 3-2 部分岩土工程渗流问题示意图

3.2 土的渗透性

在饱和土中,水充满整个孔隙,通常讲的"水往低处流",就是指水从位置势能高的点向位置势能低的点流动。如果水具有动能或压力势能,则可使"水往高处流"。总而言之,水是从能量高的点向能量低的点流动。当土中两点存在能量差(压力差)时,土中水就会从能量较高(即压力较高)的位置向能量较低(即压力较低)的位置流动。水在压力差作用下流过土体孔隙的现象,称为渗流。土体具有的被水渗透通过(透水)的能力称为土的渗透性或透水性。土的渗透性强弱对土体的固结变形、强度都有重要影响。因此,研究水在土中的渗流规律及土体的渗透稳定等问题具有重要的意义。

3.2.1 水头与水力梯度

1. 水头

在图 3-3 所示的水头示意图中,假定 0—0 面为基准面,A 点的位置势能为 mgz,压力势能为 $mg\dfrac{u}{\gamma_w}$,动能为 $\dfrac{1}{2}mv^2$,总能量(机械能)等于总势能与总动能之和,即总能量 $E=mgz+mg\dfrac{u}{\gamma_w}+\dfrac{1}{2}mv^2$。

图 3-3 水头示意图

总水头是指单位重量的水体所具有的能量,用 h 表示,它是水流动的驱动力。则

$$h = \frac{E}{mg} = z + \frac{u}{\gamma_w} + \frac{v^2}{2g} \tag{3-1}$$

式中　h——总水头(也称水头)(m);

　　　v——流速(m/s);

　　　g——重力加速度(m/s²),一般取 $g = 10\text{m/s}^2$;

　　　u——孔隙水压力(kPa);

　　　γ_w——水的重度(kN/m³);

　　　z——位置水头,即某点 A 到基准面的垂直距离,代表单位重量的水体从基准面算起所具有的位置势能(m);

　　　$\dfrac{u}{\gamma_w}$——压力水头,水压力所引起的自由水面的升高,即测(压)管中水柱的高度,表示单位重量水体所具有的压力势能,$\dfrac{u}{\gamma_w} = h_w$(m);

　　　$z + \dfrac{u}{\gamma_w}$——测压管水头,测压管水面到基准面的垂直距离,表示单位重量水体的总势能(m);

　　　$\dfrac{v^2}{2g}$——流速水头,表示单位重量水体所具有的动能(m)。

当水在土中渗流时,其速度一般较小,所形成的流速水头很小,可以忽略不计,则

$$h = z + \frac{u}{\gamma_w} \tag{3-2}$$

静止水体中各点的总势能(测管水头)是相等的,如不相等,就会产生流动。

2. 水力梯度

由于渗流中的流体并非理想流体,水在流动过程中,需要克服与土颗粒之间的黏滞阻力而产生能量损失。将单位重量的水体自 A 点流到 B 点所消耗的能量(水头差)称为水头损失,用 Δh 表示。

在图 3-4 中,A、B 两点的水头损失为

$$\Delta h = h_A - h_B = \left(z_A + \frac{u_A}{\gamma_w} \right) - \left(z_B + \frac{u_B}{\gamma_w} \right) \tag{3-3}$$

图 3-4　土中渗流水头变化示意图

若 A 点到 B 点的渗流路径长为 L,设单位渗流路径长度上的水头损失为 i,则 $i=\dfrac{\Delta h}{L}$。i 是 AB 段的平均水力梯度,也称水力坡降,是衡量土渗透性和研究土渗透稳定的重要指标。

3.2.2 达西渗透定律

土体中孔隙的形状和大小是极不规则的,因而水在土体孔隙中的渗透现象是十分复杂的。由于土体中的孔隙一般非常微小,水在土体中流动时的黏滞阻力很大、流速缓慢,其流动状态大多属于层流。

为了揭示水在土体中的渗透规律,1856 年,法国工程师达西利用图 3-5 所示的试验装置,对饱和砂土的渗透性进行了试验研究,得出了在层流条件下,土中水渗流速度与能量(水头)损失之间的关系,即达西定律。

达西试验装置的主要部分是一个上端开口的直立圆筒,下部放碎石,碎石上放一块多孔滤板,滤板上面放置颗粒均匀的土样,土样截面积为 A,长度为 L。筒的侧壁装有两只测压管,分别设置在土样上下两端的过水断面处。水从上端进水管注入圆筒,自上而下流经土样,从装有控制阀门的弯管流入容器中。

图 3-5 达西渗透试验装置

保持测压管中的水面恒定不变,以台座顶面为基准面,h_1 为土样顶面处的测压管水头,h_2 为土样底面处的测压管水头,$\Delta h=h_1-h_2$ 为经过渗流长度 L 的土样后的水头损失。

达西对不同截面尺寸的圆筒、不同类型和长度的土样进行试验,发现单位时间内的渗水量 q 与圆筒截面积 A 和水力梯度 i 成正比,且与土的透水性质有关,即

$$q=kAi \tag{3-4}$$

或

$$v=\frac{q}{A}=ki \tag{3-5}$$

式中　q——单位时间渗水量(cm^3/s);

　　　v——断面平均渗流速度(cm/s);

　　　i——水力梯度;

　　　A——过水断面积(cm^2);

　　　k——反映土的透水性的比例系数,称为土的渗透系数。它相当于水力梯度 $i=1$ 时的渗流速度,故其量纲与渗流速度相同(cm/s)。

式(3-4)或式(3-5)即为达西定律表达式。

达西定律是由均质砂土试验得到的,后来推广应用于其他土体,如黏土和具有细裂缝的岩石等。大量试验表明,对于砂土及密实度较低的黏土,孔隙中主要为自由水,渗流速度较小,水质点的运动轨迹为平滑直线,相邻质点的轨迹相互平行而不混杂,处于层流状态,此

时，渗流速度与水力梯度呈线性关系，符合达西定律，如图 3-6(a)所示。

(a) 砂土　　　　　(b) 密实黏土　　　　　(c) 粗粒土

图 3-6　土的渗透速度与水力梯度的关系

对于密实黏土(颗粒极细的高压缩性土、可自由膨胀的黏土等)，颗粒比表面积较大，孔隙大部分或全部充满吸着水，吸着水具有较大的黏滞阻力。当水力梯度较小时，密实黏土的渗透速度极小，不会发生渗流，只有当水力梯度增大到某一数值，克服了吸着水的黏滞阻力以后，才能发生渗流。将开始发生渗流时的水力梯度称为起始水力梯度 i_b，当水力梯度超过起始水力梯度后，渗流速度与水力梯度呈非线性关系，如图 3-6(b)中的实线所示，为了使用方便，常用图中的虚直线来描述渗流速度与水力梯度的关系，即 $v = k(i - i_b)$。近年来研究结果倾向于一般黏土中不存在起始水力梯度。

对于粗粒土(砾石、卵石地基或填石坝体)，存在大孔隙通道，只有在较小的水力梯度下，流速不大时，属层流状态，渗流速度与水力梯度呈线性关系，当流速超过某一数值时，水质点的运动轨迹极为紊乱，水质点间相互混杂和碰撞，渗流呈紊流状态，此时，渗流速度与水力梯度呈非线性关系，达西定律不适用，如图 3-6(c)所示，用 $v = ki^m$ 来表达。由层流变为紊流的流速称为临界流速 v_{cr}($v_{cr} \approx 0.3 \sim 0.5$cm/s)。

由于土粒本身不透水，水是通过土粒间的孔隙渗流，而孔隙的形状不规则，很难测得真实的过水断面积 A_r，因此假定水在土中渗流是通过整个土体截面进行的，式(3-4)中采用的是土样的断面积 A。式(3-5)中的渗流速度 v 是土样断面上的平均流速，并不是通过孔隙的实际流速 v_r，若均质砂土的孔隙率为 n，则 $A_r = nA$，根据水流连续原理 $q = vA = v_r A_r$，可得 $v_r = \dfrac{vA}{nA} = \dfrac{v}{n}$，由于土体中的孔隙形状和大小异常复杂，直接测定实际流速 v_r 比较困难，因此在渗流计算中采用假想平均流速 v。

3.2.3　渗透系数

土的渗透系数是工程中常用的一个力学性质指标，它的大小可以综合反映土体渗透性的强弱，常作为判别土层透水性强弱的标准和选择坝体填筑料的依据，确定渗透系数的准确性直接影响渗流计算结果的正确性和渗流控制方案的合理性。

确定渗透系数的方法主要有试验法、经验估算法和反演法。试验法测得的值相对直接且更准确、可靠；经验估算法和反演法偏于理论，依赖于对试验的总结和数值模拟处理。本小节主要介绍试验法，试验法分为室内试验法和现场试验法。

1. 室内试验法

室内渗透试验从土坑中取土样或钻孔取样，在室内对试样进行渗透系数的测定。从试验原理上大体可分为常水头法和变水头法两种。

1）常水头法

常水头法是在整个试验过程中,水头差保持不变,其试验装置如图 3-7 所示。

设试样的高度即渗径长度为 L,截面积为 A,试验时的水头差为 Δh,这三者在试验前可以直接量测或控制。试验中只要用量筒和秒表测得在 t 时段内经过试样的渗水量 Q,即可求出该时段内通过土体的单位渗水量:

$$q = \frac{Q}{t} \tag{3-6}$$

将式(3-6)代入式(3-4)中,得到土的渗透系数:

$$k = \frac{QL}{A\Delta ht} \tag{3-7}$$

常水头法适用于透水性较大($k > 10^{-3}\text{cm/s}$)的无黏性土。

2）变水头法

黏土由于渗透系数很小,流经试样的水量很少,加上水的蒸发,用常水头法难以直接准确量测,因此采用变水头法。

变水头法的试验装置如图 3-8 所示,在整个试验过程中,水头差随着时间而变化,试样的一端与细玻璃管相连,在压力差作用下,水自下向上经试样渗流,细玻璃管中的水位慢慢下降,即水柱高度随时间 t 增加而逐渐减小,在试验过程中通过量测某一时段内细玻璃管中水位的变化,根据达西定律,可求得土的渗透系数。

图 3-7　常水头试验装置示意图　　　图 3-8　变水头试验装置示意图

设细玻璃管的内截面积为 a,试验开始以后任一时刻 t 的水头差为 Δh,经过时间段 $\mathrm{d}t$,细玻璃管中水位下落 $\mathrm{d}(\Delta h)$,则在时段 $\mathrm{d}t$ 内细玻璃管的流水量为

$$\mathrm{d}Q = -a\mathrm{d}(\Delta h) \tag{3-8}$$

式中　——渗水量随 Δh 的减少而增加。

根据达西定律,在时段 $\mathrm{d}t$ 内流经试样的水量为

$$\mathrm{d}Q = kA\frac{\Delta h}{L}\mathrm{d}t \tag{3-9}$$

根据水流连续性原理,同一时间内经过土样的渗水量应与细玻璃管流水量相等:

$$kA\frac{\Delta h}{L}\mathrm{d}t = -a\mathrm{d}(\Delta h)$$

$$\mathrm{d}t = -\frac{aL}{kA}\frac{\mathrm{d}(\Delta h)}{\Delta h}$$

对上式两边积分,得

$$\int_{t_1}^{t_2}\mathrm{d}t = -\int_{\Delta h_1}^{\Delta h_2}\frac{aL}{kA}\frac{\mathrm{d}(\Delta h)}{\Delta h}$$

即可得到土的渗透系数:

$$k = \frac{aL}{A(t_2 - t_1)}\ln\frac{\Delta h_1}{\Delta h_2} \qquad (3\text{-}10)$$

如用常用对数表示,则上式可写成

$$k = 2.3\frac{aL}{A(t_2 - t_1)}\lg\frac{\Delta h_1}{\Delta h_2} \qquad (3\text{-}11)$$

式(3-10)和式(3-11)中的 a、L、A 为已知,试验时只要量测与时刻 t_1、t_2 对应的水位 Δh_1、Δh_2,就可求出渗透系数。

2. 现场试验法

室内试验法具有设备简单、费用较低的优点,但由于取土样时产生的扰动,以及对所取土样尺寸的限制,使得其难以完全代表原状土体的真实情况,考虑土的渗透性与结构性之间有很大的关系。因此,对于比较重要的工程,有必要进行现场试验。对于均质的粗粒土层,用现场试验测出的 k 值往往要比室内试验更为可靠。现场试验大多在钻孔中进行,试验方法多种多样,本小节介绍基于井流理论的抽水试验确定 k 值的方法。

在现场钻一口试验井,井底钻至不透水层时称为完整井,未钻至不透水层时称为非完整井,一般采用完整井,如含水层太厚则采用非完整井。在距试验井轴线为 r_1、r_2 处设置两个观察井,观测周围地下水位的变化。以不变的速率在试验井中连续抽水,引起井周围的地下水位逐渐下降,形成一个以试验井孔为轴心的漏斗状地下水面,如图 3-9 所示。待抽水量和井中的动水位稳定一段时间后,可根据试验井和观察井的稳定水位,画出测压管水位变化图,利用达西定律求出土层的 k 值。

图 3-9　抽水试验示意图

假定地下水是水平流向试验井,则渗流的过水断面为一系列的同心圆柱面。距井轴线为 r 的过水断面处,水面高度为 h,则过水断面积为 $A = 2\pi rh$;假设该过水断面上水力梯度 i 为常数,且等于地下水位线在该处的坡度,即 $i = \dfrac{\mathrm{d}h}{\mathrm{d}r}$。若单位时间自井内抽出的水量(单

位渗水量）为 q，观察井内的水位高度分别为 h_1、h_2，根据达西定律，有

$$q = \frac{Q}{t} = kAi = k 2\pi r h \frac{\mathrm{d}h}{\mathrm{d}r} \tag{3-12}$$

$$q \frac{\mathrm{d}r}{r} = 2\pi k h\, \mathrm{d}h$$

对等式两边进行积分：

$$q \int_{r_1}^{r_2} \frac{\mathrm{d}r}{r} = 2\pi k \int_{h_1}^{h_2} h\, \mathrm{d}h$$

$$q \ln \frac{r_2}{r_1} = \pi k (h_2^2 - h_1^2)$$

则土的渗透系数：

$$k = \frac{q}{\pi} \frac{\ln\left(\dfrac{r_2}{r_1}\right)}{h_2^2 - h_1^2} \tag{3-13}$$

用常用对数表示，则为

$$k = 2.3 \frac{q}{\pi} \frac{\lg\left(\dfrac{r_2}{r_1}\right)}{h_2^2 - h_1^2} \tag{3-14}$$

现场渗透系数还可以用静力触探试验、地球物理勘探方法等测定。

在无实测资料时，还可以参照有关规范或已建成工程的资料来选定 k 值，常见土的渗透系数 k 及渗透性能参考值如表 3-1 所示。

表 3-1　常见土的渗透系数及渗透性能参考值

土的类别	渗透系数 $k/(\text{cm/s})$	渗透性能	土的类别	渗透系数 $k/(\text{cm/s})$	渗透性能
黏土	$<10^{-7}$	实际不透水	中砂	10^{-2}	强透水
粉质黏土	$10^{-6} \sim 10^{-5}$	相对不透水	粗砂	10^{-2}	强透水
黄土、粉土	$10^{-5} \sim 10^{-4}$	相对不透水	砾砂	10^{-1}	强透水
粉砂	$10^{-4} \sim 10^{-3}$	中等透水	砾石	$>10^{-1}$	强透水
细砂	10^{-3}	中等透水			

3. 成层土的平均渗透系数

天然沉积土往往由厚薄不一且渗透性不同的土层所组成，宏观上具有非均匀性。成层土的渗透性质，除了与各土层的渗透性有关，也与渗流的方向有关。对于平面问题中平行于土层层面和垂直于土层层面的简单渗流情况，当各土层的渗透系数和厚度为已知时，可求出整个土层与层面平行和垂直的平均渗透系数，作为进行渗流计算的依据。

1）与层面平行的渗流

图 3-10 所示为水流方向与层面平行的渗流情况。在渗流场中截取的渗流长度为 L 的一段渗流区域，各土层的水平向渗透系数分别为 k_{1x}、k_{2x}、$\cdots$、k_{nx}，厚度

图 3-10　水流方向与层面平行的渗流

分别为 H_1、H_2、$\cdots$、H_n，各土层的过水断面积为 $A_i = H_i \times 1$，土体总过水断面积为 $A = H \times 1 = \sum_{i=1}^{n} A_i = \sum_{i=1}^{n} H_i \times 1$。水平渗流时，$\Delta h_i = \Delta h$，由于渗流路径相等，故 $i_i = i$。若通过各土层的单位渗水量为 q_{1x}、q_{2x}、$\cdots$、q_{nx}，则通过整个土层的总单位渗水量 q_x 应为各土层单位渗水量之总和，即

$$q_x = q_{1x} + q_{2x} + \cdots + q_{nx} = \sum_{i=1}^{n} q_{ix} \tag{3-15}$$

根据达西定律，土体总单位渗水量表示为

$$q_x = k_x i A \tag{3-16}$$

任一土层的单位渗水量为

$$q_{ix} = k_{ix} i A_i \tag{3-17}$$

将式(3-16)和式(3-17)代入式(3-15)，得到整个土层与层面平行的平均渗透系数为

$$k_x = \frac{1}{H} \sum k_{ix} H_i \tag{3-18}$$

2）与层面垂直的渗流

图 3-11 所示为水流方向与层面垂直情况。设通过各土层的单位渗水量为 q_{1z}、q_{2z}、$\cdots$、q_{nz}，通过整个土层的单位渗水量为 q_z，根据水流连续原理，有 $q_z = q_{iz}$，土体总过水断面积 A 与各土层的过水断面积 A_i 相等，根据达西定律 $v = q/A = ki$，可知土体总流速 v_z 与各土层的流速 v_{iz} 相等，即有

$$v_z = k_z i = v_{iz} = k_{iz} i_i \tag{3-19}$$

每一土层的水力梯度 $i_i = \Delta h_i / H_i$，整个土层的水力梯度 $i = \Delta h / H$，根据总的水头损失 Δh 等于每一土层水头损失 Δh_i 之和，则有

图 3-11 与层面垂直的渗流

$$\Delta h = iH = \frac{v_z}{k_z} H = \sum_{i=1}^{n} \Delta h_i = \sum_{i=1}^{n} \frac{v_{iz}}{k_{iz}} H_i \tag{3-20}$$

将 $v_z = v_{iz}$ 代入式(3-20)得

$$\frac{H}{k_z} = \sum_{i=1}^{n} \frac{H_i}{k_{iz}}$$

可推出：

$$k_z = \frac{H}{\sum_{i=1}^{n} \frac{H_i}{k_{iz}}} = \frac{H}{\frac{H_1}{k_{1z}} + \frac{H_2}{k_{2z}} + \cdots + \frac{H_n}{k_{nz}}} \tag{3-21}$$

由式(3-18)和式(3-21)可知，对于成层土，如果各土层的厚度大致相近，而渗透系数却相差悬殊时，与层面平行的渗透系数 k_x 取决于最透水土层的厚度和渗透性，并可近似表示为 $k'H'/H$，k' 和 H' 分别为最透水土层的渗透系数和厚度；而与层面垂直的渗透系数 k_z 取决于最不透水层的厚度和渗透性，并可近似表示为 $k''H/H''$，k'' 和 H'' 分别为最不透水层的渗透系数和厚度。因此成层土与层面平行的渗透系数总大于与层面垂直的渗透系数。在实际工程中，在选用平均渗透系数时，一定要注意渗透水流的方向。

4. 影响渗透系数的主要因素

土体的渗透特性与土体孔隙率、含水量、颗粒组成等参数有关,也与其颗粒之间的相互作用方式有关。对于无黏性土来说,影响渗透性的主要因素是土体颗粒的级配与土体的孔隙率。而对于黏土来说,其渗透性除受土体的颗粒组成、孔隙率影响外,还与土颗粒的矿物成分、黏粒表面存在的吸着水膜、水溶液的化学性质有关。此外,土体的渗透特性还与通过的流体性质(比如水、油)有关,其密度、黏滞性等直接影响土体的渗透能力。

影响渗透系数的主要因素如下。

(1) 土的结构。细粒土在天然状态下具有复杂结构,结构一旦扰动,原有的过水通道的形状、大小及其分布就会全部改变,因而 k 值也就不同。扰动土样与压实土样的 k 值通常均比同一密度原状土样的 k 值小。

(2) 土的构造。土的构造因素对 k 值的影响也很大。例如,在黏土层中有很薄的砂土夹层的层理构造,会使土在水平方向的 k_h 值比垂直方向的 k_h 值大许多倍,甚至几十倍。因此,在室内做渗透试验时,土样的代表性很重要。

(3) 土的粒度成分。一般土粒越粗、大小越均匀、形状越圆滑,k 值也就越大。粗粒土中含有细粒土时,随细粒含量的增加,k 值急剧下降。不同黏土矿物之间的渗透系数相差极大,其渗透性大小的次序为:高岭石>伊利石>蒙脱石。

(4) 土的密实度。土越密实,孔隙比 e 越小,k 值越小。

(5) 土的饱和度。一般情况下饱和度越低,k 值越小。这是因为低饱和度的土孔隙中存在较多的气泡会减小过水断面积,甚至堵塞细小孔道。同时,由于气体因孔隙水压力的变化而胀缩。为此,要求试样必须充分饱和,以保持试验的精度。

(6) 水的温度。实验表明,渗透系数 k 与渗流液体(水)的重度 γ_w 以及黏滞度 η 有关。水温不同时,γ_w 相差不多,但 η 变化较大。水温越高,η 越低;k 与 η 基本上呈线性关系。目前《土工试验方法标准》(GB/T 50123—2019)和《公路土工试验规程中》(JTG E40—2019)均采用标准温度 20℃测得的渗透系数 $k=k_{20}$,因此在 T℃测得的渗透系数 k_T 应进行温度修正,$k_{20}=\dfrac{\eta_T}{\eta_{20}}k_T$。

3.3 二维渗流和流网的应用

上述渗流问题属于简单边界条件下的一维渗流,可直接用达西定律进行计算。然而实际工程,如堤坝、围堰、边坡工程中遇到的渗流问题,边界条件较复杂,介质内的流动特性逐点不同,水流形态往往是二维或三维的,不能再视为一维渗流。

对于坝基、闸基及带挡墙(或板桩)的基坑等工程,如果构筑物的轴线长度远远大于其横向尺寸,可以认为渗流仅发生在横断面内,只要研究任一横断面的渗流特性,也就掌握了整个渗流场的渗流情况。把这种渗流称为二维渗流或平面渗流。

3.3.1 二维渗流的方程

当渗流场中水头及流速等渗流要素不随时间改变时,这种渗流称为稳定渗流。

在二维直角坐标系下,从稳定渗流场中任意一点处取一微单元体 $dxdzdy$,令 $dy=1$,h 为总水头,单位时间流量 q 在 x、z 轴方向的分量分别为 q_x、q_z,流速 v 在 x、z 轴方向的分量分别为 v_x、v_z,如图 3-12 所示。

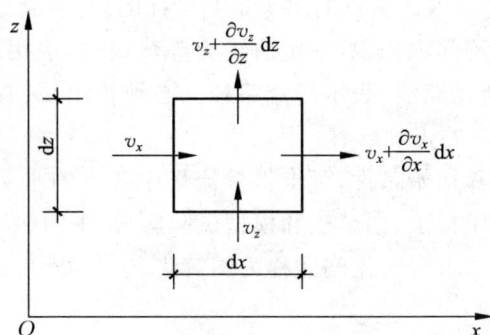

图 3-12　二维渗流的连续条件

单位时间内流入微单元体的水量为

$$dq_e = v_x dz \times 1 + v_z dx \times 1 \tag{3-22}$$

单位时间内流出微单元体的水量为

$$dq_0 = \left(v_x + \frac{\partial v_x}{\partial x}\right) dz \times 1 + \left(v_z + \frac{\partial v_z}{\partial z}\right) dx \times 1 \tag{3-23}$$

假定土颗粒和水不可压缩,根据水流连续原理,单位时间内流入微单元体的水量与单位时间内流出微单元体的水量应相等,即 $dq_e = dq_0$。

从而得出

$$\frac{\partial v_x}{\partial x} + \frac{\partial v_z}{\partial z} = 0 \tag{3-24}$$

式(3-24)即为二维渗流连续方程的一般式。

根据达西定律,对于各向异性土:

$$v_x = k_x i_x = k_x \frac{\partial h}{\partial x}, \quad v_z = k_z i_z = k_z \frac{\partial h}{\partial z} \tag{3-25}$$

将式(3-25)代入式(3-24),可得

$$\frac{\partial}{\partial x}\left(k_x \frac{\partial h}{\partial x}\right) + \frac{\partial}{\partial z}\left(k_z \frac{\partial h}{\partial z}\right) = 0$$

整理后得到

$$k_x \frac{\partial^2 h}{\partial x^2} + k_z \frac{\partial^2 h}{\partial z^2} = 0 \tag{3-26}$$

对于各向同性的均质土,$k_x = k_z = k =$ 常数,则式(3-26)可表达为

$$\frac{\partial^2 h}{\partial x^2} + \frac{\partial^2 h}{\partial z^2} = 0 \tag{3-27}$$

式(3-27)为稳定渗流的基本方程式,称为拉普拉斯方程,也是平面稳定渗流的基本方程式。

3.3.2 流网

由式(3-27)可知,渗流场内任一点的水头是其坐标的函数,满足拉普拉斯方程的解是两组彼此正交的曲线。就渗流问题来说,一组曲线为等势线,即水头相等的点的连线;另一组曲线为流线,即水质点的流动路线,表示渗流路径。必须指出,只有满足边界条件的流线与等势线的组合才是式(3-27)的正确解答。

结合一定的边界条件和初始条件,可求得渗流场中各点的水头。常用的求解方法有数学解析法、数值分析法、电模拟法、图解法和模型试验法,其中图解法简便、快捷,在工程中实用性强。用绘制流网的方法求解渗流问题称为图解法。

1. 流网的特征

由流线和等势线所组成的曲线正交网络称为流网。

对于各向同性土体,流网具有下列特征。

(1) 流线与等势线互相正交。

(2) 流线与等势线构成的各个网格的长宽比为常数,当长宽比为 1 时,网格为曲边正方形,这也是最常见的一种流网。

(3) 相邻等势线之间的水头损失相等。

(4) 各个流槽的渗流量相等。

流槽是指两相邻流线之间的渗流区域,每一流槽的单位渗流量与总水头、渗透系数及等势线间隔数有关,与流槽的位置无关。

2. 流网的绘制

流网的绘制方法大致有三种:第一种方法是解析法,即用解析的方法求出流速势函数及流函数,再令其函数等于一系列的常数,就可以描绘出一簇流线和等势线;第二种方法是实验法,如水电比拟法,利用水流和电流在数学上和物理上的相似性,通过测绘相似几何边界电场中的等位线,获取渗流的流线和等势线;第三种方法是近似作图法(手描法),根据流网性质和边界条件,逐步近似画出流线和等势线。

近似作图法流网绘制步骤如下。

(1) 按一定比例绘出结构物和土层的剖面图。

(2) 根据渗流场的边界条件,确定边界流线和首尾等势线。如图 3-13 所示,基坑支护桩的地下轮廓线 $bcde$ 为一条边界流线,不透水面 gh 为另一条边界流线;上游透水边界 ab 是一条等势线,其上各点水头高度均为 h_1,下游透水边界 ef 也是一条等势线,其上各点水头高度均为 h_2。

图 3-13　基坑典型流网图

(3) 绘制若干条流线。按上下边界流线形态描绘几条流线,注意,中间流线的形状由结构物基础(如坝基、基坑支护桩等)的轮廓线形状逐步变为与不透水层面相接近。中间流线数量越多,流网越准确,但绘制与修改的工作量也越大,中间流线的数量应视工程的重要性而定,一般中间流线可绘 3~4 条。流线应是缓和的光滑曲线,流线应与进水面、出水面正交,并与不透水面接近平行,不交叉。

（4）绘制等势线,须与流线正交,且每个渗流区的形状接近曲边正方形,是缓和的光滑曲线。

（5）逐步检查和修改流网,不仅要判断网格的疏密分布是否正确,而且要检查网格的形状,如果每个网格的对角线都正交,且成正方形,则流网是正确的;否则应做进一步修改。但是,由于边界通常是不规则的,在形状突变处,很难保证网格为正方形,有时甚至为三角形或五角形。对此应从整个流网来分析,只要绝大多数网格符合流网特征,个别网格不符合要求,对计算结果影响不大时,可忽略。一个高精度的流网图,需经过多次的反复修改、调整后才能完成。

3. 流网的工程应用

正确地绘制出流网后,一方面可以定量地计算出渗流场中各点的水头、水力梯度、渗流量、孔隙水压力和渗流力等物理量;另一方面可以定性地判别土体渗流概况,等势线越密的部位,水力梯度越大,流线越密集的地方,渗流速度也越大。

图 3-13 所示为设有板桩墙的基坑流网示意图,设整个流网中的等势线数量为 n,图中 $n=8$,设整个流网中的流线数量（包括边界流线）为 m,图中 $m=5$,流槽的个数为 $m-1$,总水头差为 ΔH。则相邻等势线之间的水头损失为

$$\Delta h = \frac{\Delta H}{n-1} \qquad (3-28)$$

渗流区中某一网格的长度为 l,网格的过水断面宽度（即相邻两条流线间的距离）为 s,则该网格内的渗流速度为

$$v = ki = k\frac{\Delta h}{l} = k\frac{\Delta H}{(n-1)l} \qquad (3-29)$$

每个流槽的渗流量为

$$\Delta q = Aki = s \times 1 \times k\frac{\Delta h}{l} = k\frac{\Delta hb}{l} = k\frac{\Delta H}{n-1}\frac{s}{l} \qquad (3-30)$$

总渗流量为

$$q = (m-1)\Delta q = \frac{(m-1)k\Delta H}{n-1}\frac{s}{l} \qquad (3-31)$$

3.4 渗 透 稳 定

水在土体中渗流,由于渗流力的存在,使得土体内部受力情况（大小和方向）发生改变,这种变化对土体稳定性有显著的影响。渗流引起的稳定问题一般可归结为以下两类。一类是土体的局部稳定问题。这是由于渗透水流将土体的细颗粒冲出、带走或局部土体产生移动,引起土体变形,常称为渗透变形;另一类是整体稳定问题。在渗流力作用下,整个土体发生滑动或坍塌,如基坑、岸坡、土坝在水位降落时引起的滑动。

3.4.1 渗流力

水在土体中流动时,由于受到土粒的阻力,而引起水头损失,从作用力与反作用力的原理可知,水的渗流将对土骨架产生拖曳力,导致土体中的应力与变形发生变化。称单位体积土粒所受到的拖曳力为渗流力。

在图 3-14 所示的试验装置中,厚度为 L 的均匀砂样装在容器内,试样的截面积为 A,贮水器的水面与容器的水面等高时,$\Delta h = 0$ 则不发生渗流现象;若将贮水器逐渐上提,则 Δh 逐渐增大,贮水器内的水则透过砂样自下向上渗流,在溢水口流出,贮水器提得越高,则 Δh 越大,渗流速度越大,渗流量越大,作用在土体中的渗流力也越大。当 Δh 增大到某一数值时,作用在土粒上的向上的渗流力大于向下的重力时,可明显地看到,渗水翻腾并挟带砂子向上涌出,从而发生渗透破坏。

水透过砂样自下向上渗流时,以土中孔隙水为研究对象,孔隙水沿渗流方向受到的力为:两端孔隙水的压力差为 $\gamma_w \Delta h A$ 和砂粒对孔隙水的阻力为 F,根据力的平衡条件,可知 $F = \gamma_w \Delta h A$,单位体积土体中孔隙水受到的阻力为 $f = \dfrac{F}{AL} = \dfrac{\gamma_w \Delta h A}{AL} = \dfrac{\gamma_w \Delta h}{L} = \gamma_w i$,其方向与渗流方向相反。土颗粒对水的阻力 f 与水对土粒的渗流力 j 是作用力与反作用力,作用于单位体积土体的渗流力为

$$j = f = \gamma_w i \tag{3-32}$$

从式(3-32)可知,渗流力是一种体积力,量纲与 γ_w 相同。渗流力的大小和水力梯度成正比,其方向与渗流方向一致。

图 3-15 所示为开挖基坑时,饱和土单元体的受力情况,土单元体 a,渗流力方向与重力一致,促使土体压密、强度提高,有利于土体稳定;土单元体 b,渗流方向近乎水平,与重力正交,使土粒产生向下游移动的趋势,对土体稳定不利;土单元体 c,渗流力与重力方向相反,当渗流力 j 等于土的浮重度 γ' 时,土单元体的有效应力为零,土单元体处于悬浮状态,当渗流力大于土体的有效重度时,土粒将被水流冲出,产生流土现象。

图 3-14　流土试验示意图　　　　　　图 3-15　基坑渗流

3.4.2　渗透变形及判别

渗透变形是土体在渗流作用下发生破坏的现象,根据土的颗粒级配和特性、水力条件、

水流方向和地质情况等因素综合分析,将渗透变形分为流土和管涌两种基本形式。

1. 流土

流土是指在自下而上的渗流过程中,表层局部范围内的土体或颗粒群同时发生悬浮、移动而流失的现象。流土时的渗流方向是向上的;一般发生在地表,也可能发生在两层土之间;无论是黏土还是粗粒土,只要水力坡降达到一定的大小,都可发生流土破坏;流土发生于地基或土坝下游渗流溢出处,不发生于土体内部,如图 3-16 所示;开挖基坑或渠道时常遇到的流砂现象属于流土破坏;流土的发生一般是突发性的,对工程危害极大。

图 3-16　流土破坏示意图

2. 管涌

管涌是指在渗透水流作用下,土中的细颗粒在粗颗粒形成的孔隙通道中移动,在渗流溢出处流失的现象。管涌是沿着渗流方向发生的(不一定向上),是粗细颗粒间的相对运动;管涌破坏可发生于土体内部和渗流溢出处,从管涌开始到破坏有一定的时间发展过程,是一种渐进性质的破坏,如图 3-17 和图 3-18 所示。管涌发生后有两种后果:一种是随着细粒土流失,孔隙不断扩大,渗流速度不断增加,较粗的颗粒也渐渐流失,导致土体内形成贯通的渗流管道,造成土体塌陷;另一种是细粒土被带走,粗粒土形成的骨架尚能支持,渗漏量加大但不一定随即发生破坏。

图 3-17　管涌破坏示意图　　　　　图 3-18　长江大堤管涌现场

产生管涌必须具备两个条件:一是几何条件(内因),土中粗颗粒所构成的孔隙直径必须大于细颗粒的直径且相互连通,不均匀系数 $C_u > 10$;二是水力条件(外因),渗流力足够大,能够带动细颗粒在孔隙间滚动或移动,可用管涌的临界水力梯度来表示,但管涌临界水力梯度的计算至今尚未成熟。对于重大工程,应尽量由试验确定。

对于某些土,即使在很大的水力梯度下也不会出现管涌,这种非管涌土的渗透变形形式就是流土型;对于在较小的水力梯度下就可以发生管涌的土(如缺乏中间粒径的砂砾料),其渗透变形形式属于管涌型;介于管涌型和流土型之间的土属于过渡型土,其在较大密度下可能表现为流土,在较小密度下又可能表现为管涌。

就一般黏土而言,只有流土而无管涌;对于无黏性土来说,其渗透变形的形式与土的颗粒组成、级配和密度等因素有关,可按图 3-19 所示的标准进行判别。

图 3-19　渗透变形的形式判别标准

其中,P——细粒含量,对于级配不连续的土,是指小于粒组频率曲线中谷点对应粒径的土
　　　　粒含量;对于级配连续的土,是指小于几何平均粒径 $d = \sqrt{d_{70}d_{10}}$ 的土粒含量,
　　　　d_{70}、d_{10} 为小于该粒径的土粒含量分别为 70% 和 10%;

　　　d_3、d_5——小于该粒径的土粒含量分别为 3% 和 5%;

　　　D_0——土孔隙的平均直径,$D_0 = 0.63nd_{20}$ 估算,n 为土的孔隙率,d_{20} 为土的等效粒径,
　　　　是指小于该粒径的土粒含量为 20%;

　　　P_{op}——最优细料含量,$P_{op} = (0.3 - n + 3n^2)/(1 - n)$,$n$ 为土的孔隙率。

3.4.3　临界水力梯度

渗流作用下土体开始发生渗透变形的水力梯度称为临界水力梯度 i_{cr}。

1. 流土型土的临界水力梯度

渗流力的方向与渗流方向一致。自下而上渗流时,如渗流溢出面为水平面,则渗流力垂直向上,当渗流力等于土体的有效重量时,土体就处于流土的临界状态,则此时的水力梯度为临界水力梯度 i_{cr}。可知

$$j = \gamma_w i = \gamma' = \frac{(d_s - 1)\gamma_w}{1 + e}$$

$$i_{cr} = \frac{\gamma'}{\gamma_w} = \frac{d_s - 1}{1 + e} = (d_s - 1)(1 - n) \tag{3-33}$$

式(3-33)表明,临界水力梯度与土性密切相关,只要土的孔隙比 e 和土粒相对密度 d_s 或 γ' 为已知,则土的 i_{cr} 为定值,一般为 0.8~1.2。

流土一般发生在渗流溢出处,渗流溢出处的水力梯度 i_e 称为溢出梯度,渗流溢出处的水力梯度 i_e 实际上不可能求出的,通常是把渗流溢出处的流网网格的平均水力梯度作为溢出梯度。若 $i_e < i_{cr}$,则土体处于稳定状态;若 $i_e = i_{cr}$,则土体处于临界状态;若 $i_e > i_{cr}$,则土

体处于流土状态。

在工程设计中，为了保证安全，应使渗流区域内的实际水力梯度小于临界水力梯度，由于流土从开始至破坏历时较短，且破坏时某一范围内的土体会突然地被抬起或冲毁，故容许水力梯度 $[i]=\dfrac{i_{cr}}{K}$，K 为稳定安全系数，一般取 $2.0\sim2.5$。

2. 管涌型土的临界水力梯度

计算管涌临界梯度的方法较多，结果差异也较大，目前尚没有比较合理的计算公式。

无试验资料时，对于渗流出口处无滤层的情况，无黏性土的容许水力梯度可从表 3-2 中选用，有滤层的情况可适当提高，对于特别重要的工程，其容许水力梯度应根据试验的临界梯度确定。

表 3-2　无黏性土的容许水力梯度值

水力梯度	土　类					
	流土型土			过渡型土	管涌型土	
	$C_u\leqslant3$	$3<C_u\leqslant5$	$C_u>5$		级配连续	级配不连续
容许水力梯度	$0.25\sim0.35$	$0.35\sim0.5$	$0.5\sim0.8$	$0.25\sim0.40$	$0.15\sim0.55$	$0.1\sim0.2$

3.4.4　渗透变形的防治

渗透变形是堤坝、基坑和边坡失稳的主要原因之一，防治的基本措施是"上游挡、下游排"。

（1）减小水力梯度。

① 减少或消除水头差，如采取基坑外的井点降水法降低地下水位或采取水下挖掘。

② 增长渗流路径，如打板桩。

（2）在渗流溢出处设反滤层：使渗透水流有畅通的出路。如图 3-20 所示的反滤围井，是在管涌面（冒水孔）周围垒土袋，筑成围井，井内按反滤要求分铺粗砂、碎石、块石等，下细上粗，每层厚约 20cm。

（3）在渗流溢出处用透水材料覆盖压重以平衡渗流力，使水可以流出而不带走土粒，如图 3-21 所示的蓄水反压，通过提高蓄水池内水位减小水位差。

图 3-20　反滤围井

图 3-21　蓄水反压

（4）土层加固处理：如冻结法、注浆法等。

【例题 3.1】 如图 3-22 所示，若地基上的土粒相对密度 d_s 为 2.68，孔隙率 n 为 38.0%，

土层的渗透系数 $k=3\times10^{-5}\mathrm{cm/s}$,网格 1、2、3、4 的平均渗径长度 $l=8\mathrm{m}$,试求:

(1) 位于地面下 8m 处 a 点的孔隙水压力。

(2) 渗流溢出处 1—2 是否会发生流土?

(3) 图中网格 9、10、11、12 上的渗流力是多少?

(4) 总渗流量为多少?

图 3-22 闸基下的渗流

【解】

(1) 由图 3-22 可知,流线的数量 $m=6$ 条,上下游的水位差 $\Delta H=8\mathrm{m}$,等势线的数量 $n=11$ 条,其间隔数为 $11-1=10$,则相邻两等势线间的水头损失 $\Delta h=\dfrac{\Delta H}{10}=\dfrac{8}{10}=0.8(\mathrm{m})$。

a 点位于第二根等势线上,因此,该点的测压管水位应比第一根等势线的测压管水位 (上游水位) 低 $\Delta h=0.8\mathrm{m}$,$h_a''=h_{\perp}-\Delta h=10-0.8=9.2(\mathrm{m})$,$h_a'=8\mathrm{m}$,则 a 点的压力水头即测压管中的水位高度 $h_{\mathrm{w}}=h_a'+h_a''=8+9.2=17.2(\mathrm{m})$。

所以,a 点的孔隙水压力为:$u=\gamma_{\mathrm{w}}h_{\mathrm{w}}=10\times17.2=172(\mathrm{kPa})$。

(2) 网格 1、2、3、4 的平均渗径长度 $l=8\mathrm{m}$,而任一网格上的水头损失均为 $\Delta h=0.8\mathrm{m}$,则该网格的平均水力梯度为

$$i=\frac{\Delta h}{l}=\frac{0.8}{8}=0.1$$

该梯度可近似代表地面 1—2 处的溢出梯度 i_{e}。

流土的临界水力梯度为

$$i_{\mathrm{cr}}=(d_s-1)(1-n)=(2.68-1)\times(1-0.38)=1.04>i_{\mathrm{e}}$$

所以,渗流溢出处 1—2 不会发生流土现象。

(3) 从图中直接量得网格 9、10、11、12 的平均渗径长度 $l=5.0\mathrm{m}$,两流线间的平均距离 $s=4.4\mathrm{m}$,网格的水头损失 $\Delta h=0.8\mathrm{m}$,所以作用在该网格上的渗流力为

$$J = \gamma_w \frac{\Delta h}{l} sl = \gamma_w \Delta h s = 10 \times 0.8 \times 4.4 = 35.2 (\text{kN/m})$$

（4）总渗流量为

$$q = (m-1)\Delta q = \frac{(m-1)k\Delta H}{n-1} \frac{s}{l} = \frac{(6-1) \times 3 \times 10^{-7} \times 8}{11-1} \times \frac{4.4}{8} = 6.6 \times 10^{-7} (\text{m}^3/\text{s})$$

【例题 3.2】 如图 3-23 所示，河道内侧正常水深 3.0m，河底为粗砂，河堤由两层粉质黏土层填筑而成，粉质黏土层①：$\gamma_{sat} = 19.5\text{kN/m}^3$，厚度 $h_1 = 2.0\text{m}$，渗透系数 $k = 2.1 \times 10^{-5}\text{cm/s}$；粉质黏土层②：$\gamma_{sat} = 19.8\text{kN/m}^3$，厚度 $h_2 = 3.5\text{m}$，渗透系数 $k = 3.5 \times 10^{-5}\text{cm/s}$。试问河内水位上涨深度 H 的最小值为多少时，粉质黏土层①将发生渗流破坏？

图 3-23 河堤示意图

【解】

$$\text{粉质黏土层①的临界水力梯度 } i_{cr1} = \frac{\gamma'}{\gamma_w} = \frac{19.5-10}{10} = 0.95$$

$$\text{粉质黏土层②的临界水力梯度 } i_{cr2} = \frac{\gamma'}{\gamma_w} = \frac{19.8-10}{10} = 0.98$$

与层面垂直的渗流，$i_1 k_1 = i_2 k_2 = ik$，当粉质黏土层①将要发生渗流破坏时，$i_1 = i_{cr1} = 0.95$，此时，$i_2 = \frac{i_1 k_1}{k_2} = \frac{0.95 \times 2.1 \times 10^{-5}}{3.5 \times 10^{-5}} = 0.57 < i_{cr2} = 0.98$，可知，粉质黏土层②不会发生渗流破坏。

与层面垂直的渗流，总的水头损失 $\Delta h = i_1 h_1 + i_2 h_2 = 0.95 \times 2.0 + 0.57 \times 3.5 = 3.895$（m）。则上涨水位的深度为

$$H = 2.0 + 3.5 + 3.895 - 3.0 = 6.395 (\text{m})$$

3.5 不同情况下土体中的孔隙水压力和有效应力

3.5.1 有效应力原理

研究表明，并非所有应力都能使土体产生压缩（或固结）和强度。太沙基（Terzaghi）首

先在试验的基础上提出了著名的有效应力原理,饱和土体受外力作用后,总应力 σ 由土骨架和孔隙水两部分承担,孔隙水不能承担剪应力,但能承受法向应力,由孔隙水来承担并传递的应力,称孔隙水应力 u(习惯称孔隙水压力);由土骨架承担,并通过颗粒间接触面传递的粒间应力,称为有效应力 σ'。

$$\sigma' = \sigma - u \qquad (3\text{-}34)$$

有效应力原理是土力学中的一个重要原理,是土力学区别于其他力学(如固体力学)的重要原理之一,利用它可以对实际工程中的许多问题进行科学的解释。

只有有效应力才能使土体产生压缩(或固结)和强度。要研究饱和土的压缩性、抗剪强度、稳定性和沉降等,就必须了解土体中有效应力的变化。由于颗粒间各接触点的接触应力方向和大小各不相同,实际上有效应力直接计算和实测是困难的。

通常总应力可以计算得出,孔隙水压力可以实测或计算,在已知总应力和孔隙水压力后,利用式(3-34)求得有效应力。

孔隙水压力分为静水压力和超静孔隙水压力两种。静水压力是由水的自重引起的,不会导致土体变形,其大小取决于水位的高低;超静孔隙水压力一般是由附加应力引起的,在饱和土的固结过程中,附加应力开始全部由超静孔隙水压力承担,随着孔隙水的排出,超静孔隙水压力消散,有效应力增长,从而导致土的体积变形。

如果 σ 为水与土颗粒的总自重应力,则 u 为静水压力,σ' 为土的有效自重应力;如果 σ 为附加应力,则 u 为超静孔隙水压力,σ' 为有效应力。

孔隙水压力的作用方向始终垂直于作用面,任一点的孔隙水压力大小在各个方向是相等的,超静孔隙水压力计算公式为

$$u = \gamma_w h_w \qquad (3\text{-}35)$$

式中　h_w——测压管中的水柱高度(或压力水头)。

3.5.2　静水情况下土体中的孔隙水压力和有效应力

1. 水位在地面以上时土中的有效应力

如图 3-24 所示,地面以上水深 h_1,A 点位于地面以下 h_2 处,求 A 点的有效应力。

图 3-24　水位在地面以上时土中的有效应力计算

可知,当地面以上水深 h_1 发生变化时,土体中的总应力 σ 和孔隙水压力 u 会随之变化,但有效应力 σ' 不会发生变化,即 h_1 的变化不会引起土体的压缩和膨胀。

2. 水位在地面以下时土中的有效应力

图 3-25 中 A、B 两点的水头相等，地下水静止不动。

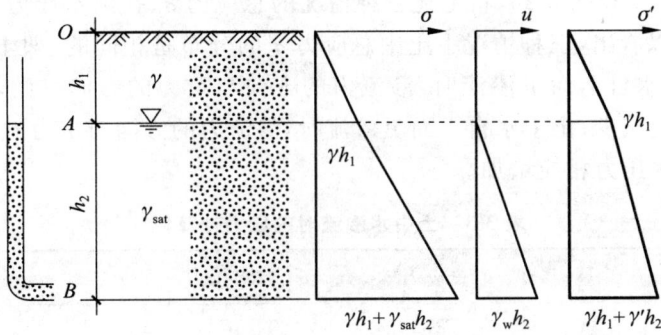

图 3-25 水位在地面以下时土中的有效应力计算

3.5.3 渗流情况下土体中的孔隙水压力和有效应力

当土中有水渗流时，土中水将对土颗粒作用有渗流力，必然影响土中有效应力的分布。现通过图 3-26 所示的两种情况说明土中水渗流时对有效应力分布的影响。

(a) 水自上而下渗流

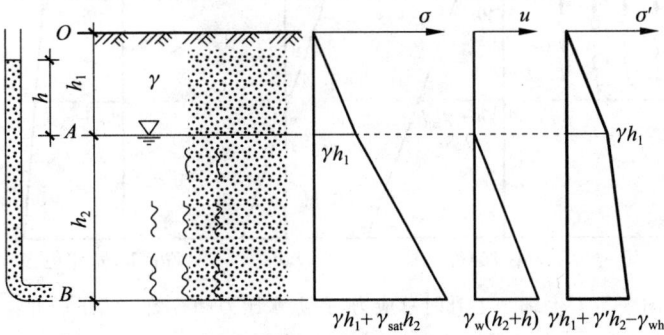

(b) 水自下而上渗流

图 3-26 土中水渗流时总应力、孔隙水压力及有效应力分布图

图 3-26(a)中 A、B 两点存在水头差,水自上而下渗流;图 3-26(b)中 A、B 两点存在水头差,水自下而上渗流。

为了对比图 3-25 和图 3-26,将上述三种情况的总应力 σ、孔隙水压力 u、有效应力 σ' 的值列于表 3-3。可以看出,三种情况下土中总应力 σ 的分布是相同的,即土中水的渗流不影响总应力值。土中水自上而下渗流时,渗流力的方向与重力的方向一致,因此有效应力增加,孔隙水压力相应减少;土中水自下而上渗流时,渗流力的方向与重力的方向相反,因此有效应力减少,孔隙水压力相应增加。

表 3-3 土中水渗流时的应力计算值

渗流情况	计算点	总应力 σ	孔隙水压力 u	有效应力 σ'
水静止时	A	γh_1	0	γh_1
	B	$\gamma h_1 + \gamma_{sat} h_2$	$\gamma_w h_2$	$\gamma h_1 + (\gamma_{sat} - \gamma_w) h_2$
水自上而下渗流	A	γh_1	0	γh_1
	B	$\gamma h_1 + \gamma_{sat} h_2$	$\gamma_w (h_2 - h)$	$\gamma h_1 + (\gamma_{sat} - \gamma_w) h_2 + \gamma_w h$
水自下而上渗流	A	γh_1	0	γh_1
	B	$\gamma h_1 + \gamma_{sat} h_2$	$\gamma_w (h_2 + h)$	$\gamma h_1 + (\gamma_{sat} - \gamma_w) h_2 - \gamma_w h$

3.5.4 毛细水上升情况下土体中的孔隙水压力和有效应力

设地基土层如图 3-27 所示,地下水的自由表面(潜水面)在 C 线处,毛细水上升高度为 h_c,即上升到 B 线处,故在 B 线以下的土完全饱和。

图 3-27 毛细水上升时总应力、孔隙水压力和有效应力的分布

在毛细水上升区,紧靠 B 线下的孔隙水压力为负值,即 $u = -\gamma_w h_c$(假定大气压力为零),有效应力增加,如表 3-4 所示;在地下水位以下,由于水对土颗粒的浮力作用,土的有效应力减少。

表 3-4　毛细水上升时的应力计算值

计算点	总应力 σ	孔隙水压力 u	有效应力 σ'
A	0	0	0
B 点上	γh_1	0	γh_1
B 点下	γh_1	$-\gamma_w h_c$	$\gamma h_1 + \gamma_w h_c$
C	$\gamma h_1 + \gamma_{sat} h_c$	0	$\gamma h_1 + \gamma_{sat} h_c$
D	$\gamma h_1 + \gamma_{sat}(h_c + h_2)$	$\gamma_w h_2$	$\gamma h_1 + \gamma_{sat} h_c + \gamma' h_2$

习　题

1. 简答题

（1）什么是达西定律？达西定律的适用条件有哪些？

（2）为什么室内渗透试验与现场测试得出的渗透系数有较大差别？

（3）如何确定成层土的渗透系数？

（4）地下水渗流时为什么会产生水头损失？

（5）流网有哪些特征？

（6）流土与管涌现象有什么区别和联系？

（7）如何确定土体的临界水力梯度？

2. 单项选择题

（1）下列描述错误的是（　　）。

A. 土体中两点是否出现渗流，完全是由两点间的压力水头差决定的

B. 变水头试验法在试验过程中水头差一直在随着时间而变化

C. 土中封闭气泡可使土的有效渗透面积减少

D. 测定渗透参数时，以 20℃作为标准温度，不是 20℃时要做温度校正

（2）不透水岩基上有水平分布的三层土，厚度均为 2m，渗透系数分别为 $k_1 = 1m/d$、$k_2 = 2m/d$、$k_3 = 10m/d$，则等效土水平渗透系数 k_x 为（　　）m/d。

A. 4.33　　　　　　B. 1.87　　　　　　C. 12　　　　　　D. 10

（3）下列说法正确的是（　　）。

① 土的渗透系数越大，土的透水性也越大，土中的水力梯度越大

② 任何一种土只要渗透坡降足够大，就可能发生流土和管涌

③ 土中某点渗流力大小取决于该点孔隙水总水头的大小

④ 地基中产生渗透破坏主要是因为土粒受渗流力作用而引起的。因此，地基中孔隙水压力越高，土粒受到的渗流力越大，越容易产生渗透破坏

A. ②　　　　　　B. ②④　　　　　　C. ④　　　　　　D. 都不对

（4）已知土体 $d_s = 2.7$，$e = 1$，则该土的临界水力梯度为（　　）。

A. 1.8　　　　　　B. 1.35　　　　　　C. 0.85

(5) 在 9m 厚的黏土层上进行开挖,下面为砂层,砂层顶面具有 7.5m 高的水头。试问开挖深度为 6m 时,为防止发生流土现象,基坑中水深 h 至少为(   )m。

    A. 3.12   B. 4.38   C. 1.38

(6) 下列描述正确的是(   )。

    A. 流网中网格越密处,其水力坡降越小

    B. 位于同一根等势线上的两点,其孔隙水压力总是相同的

    C. 同一网流中,任意两相邻等势线间的势能差相等

    D. 渗流流速的方向为流线的法线方向

(7) 下列关于渗流力的描述,错误的是(   )。

    A. 渗流力是一种体积力,其量纲与重度的量纲相同

    B. 渗流力的大小与水力梯度(坡降)成正比,其方向与渗流方向一致

    C. 流网中等势线越密区域,其渗流力越大

    D. 渗流力的存在对土体稳定是不利的

(8) 下列描述正确的是(   )。

    A. 管涌破坏一般有个时间发展过程,是一种渐进性质的破坏

    B. 管涌发生在一定级配的无黏性土中,只发生在渗流溢出处,不发生在土体内部

    C. 管涌破坏通常是一种突变性质的破坏

    D. 流土的临界水力坡降与土的物理性质无关

(9) 对于一般正常黏性土,渗透破坏的形式只有流土而无管涌,原因有(   )。

    A. 由于在自然状态下,其孔隙直径通常小于团粒或颗粒的直径

    B. 粒间有黏聚力,限制了团粒或颗粒移动

    C. 土的浮重度小

    D. 水力坡降小

(10) 在防治渗透变形措施中,不是控制水力坡梯度的措施为(   )。

    A. 上游做垂直防渗帷幕或设水平铺盖

    B. 溢出部位铺设反滤层

    C. 设水平铺盖

    D. 采用井点降水

3. 计算题

(1) 常水头渗透试验中,已知渗透仪直径 $D=75\text{mm}$,在 $L=200\text{mm}$ 渗流路径上的水头损失 $\Delta h=83\text{mm}$,在 60s 时间内的渗水量 $Q=71.6\text{cm}^3$,求土的渗透系数。

(2) 设做变水头渗透试验的黏土试样的截面积为 30cm^2,厚度为 4cm,渗透仪细玻璃管的内径为 0.4cm,试验开始时的水位差为 145cm,经 7min 25s 观察得水位差为 100cm,试验时的水温为 20℃,试求土样的渗透系数。

(3) 图 3-28 所示为某工程地质剖面图,图中虚线为潜水水位线,已知 $h_1=15\text{m}$,$h_2=10\text{m}$,$M=5\text{m}$,$l=50\text{m}$,$k_1=5\text{m/d}$,$k_2=50\text{m/d}$,则通过 1、2 断面之间的单宽(每米)平均水平渗流量为多少?

图 3-28 某工程地质剖面图

（4）某场地冲积砂层内需测定地下水的流向和流速,呈等边三角形布置 3 个钻孔,如图 3-29 所示。钻孔孔距为 60.0m,测得 A、B、C 三孔的地下水位标高分别为 28.0m、24.0m、24.0m,地层的渗透系数为 1.8×10^{-3} cm/s,则地下水的流速为多少?

（5）止水帷幕如图 3-30 所示,上游土中最高水位 0.000m,下游地面为 -8.000m,土的天然重度 $\gamma = 18$kN/m³,稳定安全系数为 2.0,则止水帷幕应设置的合理深度为多少?

图 3-29　钻孔布置图　　　　　图 3-30　止水帷幕示意图

（6）小型均质土石坝的蓄水高度为 16m,流网如图 3-31 所示,流网中等势线数量 $M = 22$,从下游算起等势线编号如图中所示,土坝中 G 点处于第 20 条等势线上,其位置在地面以上 11.5m,则 G 点的孔隙水压力为多少?

图 3-31　土石坝流网示意图

（7）资料同例题 3.1,试计算:①图 3-22 中位于地面下 10m 处的 b 点的孔隙水压力;②网格 5678 的平均渗径长度 $l = 4$m,地面 5—6 处是否会发生流土破坏?

（8）如图 3-32 所示,某场地为砂土,地下水位位于地面下 2m,计算静水状态下的总应力、孔隙水压力和有效应力。

（9）如图 3-33 所示,某场地为砂土,地下水位位于地面下 2m,水自上而下渗流时(从 1 点流向 2 点),产生渗流力,使得 1 点和 2 点存在 0.5m 的水头差,计算各点的总应力、孔隙水压力和有效应力。

图 3-32　静水状态　　　　　图 3-33　渗流状态

（10）如图 3-34 所示，某场地为粉土，地下水位位于地面下 2m，毛细水上升区为 $h_c=$ 0.5m，计算各点的总应力、孔隙水压力和有效应力。

（11）某场地地下水位如图 3-35 所示，密实黏土视为不透水层，砂层中承压水头 $h_w=$ 15m（由砂层顶面起算），计算各点的总应力、孔隙水压力和有效应力。

图 3-34 毛细水状态

图 3-35 有密实黏土层的渗流状态

本章习题答案

本章工程案例分析

第 4 章 土的压缩性与地基沉降

4.1 概　述

　　土压缩变形的快慢与土的渗透性有关。在荷载作用下,透水性大的饱和无黏性土,其压缩过程所需时间短,建筑物施工完毕时,可认为其压缩变形已基本完成;而透水性小的饱和黏土,其压缩过程所需时间长,十几年甚至几十年压缩变形才稳定。土体在外力作用下,压缩随时间增长的过程,称为土的固结。对于饱和黏土来说,土的固结是在压力作用下,孔隙水不断排出的过程,因此固结问题非常重要。

　　计算地基沉降时,必须取得土的压缩性指标,压缩性指标需要通过室内试验或原位测试来测定,为了计算值能接近于实测值,应力试验条件与土的天然应力状态及其在外荷载作用下的实际应力条件相适应。

　　地基最终沉降量是指地基在建筑物附加荷载作用下,不断产生压缩,直至压缩稳定后地基表面的沉降量。通常认为,地基土层在自重作用下压缩已稳定,因此地基沉降的外因主要是建筑物附加荷载在地基中产生的附加应力,内因是在附加应力作用下土层的孔隙发生压缩变形。

4.2　土的压缩性

　　土的压缩性是指土体在压力作用下体积缩小的特性。土的压缩通常由三部分组成:
①固体土颗粒被压缩;②土中孔隙水和气体被压缩;③土中孔隙水和气体被挤出。试验研究表明,在一般压力(100～600kPa)作用下,固体土颗粒和孔隙水的压缩量还不到土体总压缩量的1/400,完全可以忽略不计,孔隙中气体只有以封闭气泡出现时才能产生压缩变形,它的压缩量在土体总压缩量中所占的比重也可忽略不计。目前在研究土的压缩性时,均认为土的压缩完全是由于孔隙中水和气体被挤出而引起的。

　　土的压缩和固结与土本身的结构密切相关。无黏性土基本上呈单粒结构,在外力作用下,颗粒间发生滑动或滚动,最后达到较密实的稳定平衡状态,其压缩主要取决于颗粒的重新排列;黏土多为絮凝结构与分散结构,在外力作用下,孔隙中的水产生超静孔隙水压力,随着排水固结,超静孔隙水压力逐渐减小,粒间应力增大,土发生压缩。

　　孔隙中水和气体向外排出需要时间,故土的压缩要经过一段时间才能完成,把与时间有关的压缩过程称为固结。对于饱和土体而言,固结就是孔隙中的水逐渐向外排出,孔隙体积逐渐减小的过程。对于饱和砂土,其透水性强,在外力作用下,孔隙中的水易于排出,固结很快就能完成;对于饱和黏土,其透水性弱,在外力作用下,孔隙中的水不能迅速排出,固结需要很长时间才能完成。

4.2.1 室内压缩试验

1. 压缩试验及压缩曲线

室内压缩试验的主要仪器为侧限压缩仪(固结仪),如图 4-1 所示。试验时,用金属环刀切取保持天然结构的原状土样或人工饱和后的土样,置于刚性护环内,土样上下各放一块透水石,在竖向荷载作用下,土样受压,孔隙水双向排出。由于金属环刀和刚性护环的限制,土样只可能发生竖向压缩,而无侧向变形。

(a)   (b)

图 4-1 侧限压缩试验示意图

1—水槽;2—护环;3—竖固圈;4—环刀;5—透水石;6—加压上差;7—量表导杆;8—量表架

假定试样中土粒本身体积不变,土的压缩仅指孔隙体积的减小,因此土的压缩变形常用孔隙比 e 的变化来表示。

土样在天然状态下或经过人工饱和后(地下水位以下的土样),进行逐级加压,测定各级压力 p_i 作用下竖向变形稳定后的孔隙比 e_i,从而绘制 e-p 或 e-$\lg p$ 曲线。

设土样的初始高度为 H_0,受压后土样的高度为 H_i,则 $H_i = H_0 - \Delta H_i$,ΔH_i 为压力 p_i 作用下土样的稳定压缩量,如图 4-2 所示。

(a)   (b)

图 4-2 侧限条件下土样原始孔隙比的变化

由于压力作用下,土粒体积不变,故令 $V_s=1$,则 $e=V_v/V_s=V_v$,即受压前 $V_v=e_0$,受压后 $V_v=e_i$。又根据侧限条件(土样受压前后的横截面面积不变),故受压前土粒的初始高度 $H_0/(1+e_0)$ 等于受压后土粒的高度 $H_i/(1+e_i)$,得出:

$$\frac{\Delta H_i}{H_0}=\frac{e_i-e_0}{1+e_0} \tag{4-1}$$

则

$$e_i=e_0-\frac{\Delta H_i}{H_0}(1+e_0) \tag{4-2}$$

式中 e_0——初始孔隙比,$e_0=d_s(1+w_0)(\rho_w/\rho_0)-1$,其中 d_s、w_0、ρ_0、ρ_w 分别为土粒相对密度、土样初始含水量、土样初始密度和水的密度。

因此,只要测定土样在各级压力 p_i 作用下的稳定压缩量 ΔH_i,就可按式(4-2)计算出相应的孔隙比 e_i。

压缩曲线可按以下两种方式绘制。

(1)采用直角坐标系,以孔隙比 e 为纵坐标,以有效应力 p 为横坐标,绘制 $e\text{-}p$ 曲线,如图 4-3(a)所示。

(2)若研究土在高压下的变形特性,p 的取值较大,可采用半对数直角坐标系,以 e 为纵坐标,以 $\lg p$ 为横坐标,绘制 $e\text{-}\lg p$ 曲线,如图 4-3(b)所示。

由图 4-3(a)可知,①$e\text{-}p$ 曲线初始段较陡,土的压缩量较大,而后曲线逐渐平缓,土的压缩量也随之减小,这是因为随着孔隙比的减小,土的密实度增加一定程度后,土粒移动越来越趋于困难,压缩量也就减小。②不同的土类,压缩曲线的形态不同,密实砂土的 $e\text{-}p$ 曲线比较平稳,而软黏土的 $e\text{-}p$ 曲线较陡,因而其压缩性更高。

图 4-3 土的压缩曲线

2. 压缩性指标及压缩性判断

1)压缩系数 a

可以用曲线上任一点的切线斜率 a 表示相应于压力 p 作用下土的压缩性,即

$$a=-\frac{\mathrm{d}e}{\mathrm{d}p} \tag{4-3}$$

式中 ——随着压力 p 的增加,孔隙比 e 逐渐减小。

由于 e-p 曲线呈非线性,其上各点的斜率随着 p 的增加而逐渐变小,即曲线上每一点的切线斜率 a 值都不相同,在工程应用中很不方便。因此,在实际应用中,一般选取 p_1—p_2 荷载段的割线来表示压缩性,p_1 表示土中某点的初始压力(如自重应力),p_2 表示外荷载作用下的土中总压力(如自重应力与附加应力之和)。

如图 4-4 所示,设应力由 p_1 增加到 p_2,相应的孔隙比由 e_1 减小到 e_2,则与压力增量 $\Delta p = p_2 - p_1$ 相对应的孔隙比变化为 $\Delta e = e_1 - e_2$。此时,土的压缩性可用图中割线 $M_1 M_2$ 的斜率表示。即

$$a = \frac{\Delta e}{\Delta p} = \frac{e_1 - e_2}{p_2 - p_1} \qquad (4\text{-}4)$$

图 4-4 压缩系数 a 的确定

式中 a——土的压缩系数(MPa^{-1});

p_1——地基某深度处土中(竖向)自重应力(MPa);

p_2——地基某深度处土中(竖向)自重应力与(竖向)附加应力之和(MPa);

e_1、e_2——相应于 p_1、p_2 作用下压缩稳定后的孔隙比。

压缩系数 a 的定义是土体在侧限条件下,孔隙比减小量与有效压力增量的比值。a 的物理意义是单位有效压力变化时孔隙比的变化,是评价地基土压缩性高低的重要指标之一。e-p 曲线越陡,说明同一压力段内,土孔隙比的减小越显著,a 值就越大,土的压缩性越高。但即使是同一个试样,由 e-p 曲线看出,不同压力段的割线斜率也有所不同,即压缩系数 a 不是常量,它不仅与所取的起始压力 p_1 有关,而且与压力变化范围 $\Delta p = p_2 - p_1$ 有关。

为统一标准方便比较,我国《建筑地基基础设计规范》规定:采用压力间隔段 $p_1 = 0.1\text{MPa}(100\text{kPa})$ 至 $p_2 = 0.2\text{MPa}(200\text{kPa})$ 范围的压缩系数 a_{1-2} 来衡量土的压缩性高低。

当 $a_{1-2} < 0.1\text{MPa}^{-1}$ 时,为低压缩性土;当 $0.1\text{MPa}^{-1} \leqslant a_{1-2} < 0.5\text{MPa}^{-1}$ 时,为中压缩性土;当 $a_{1-2} \geqslant 0.5\text{MPa}^{-1}$ 时,为高压缩性土。

2)压缩模量 E_s

在侧限条件下,土体的竖向应力与应变之比称为土的压缩模量 E_s,单位为 kPa 或 MPa,其大小反映了土体在单向压缩条件下对压缩变形的抵抗能力。

图 4-5(a)所示为实际土体在自重应力 p_1 作用下的情况(即压缩前),图 4-5(b)所示为自重应力与附加应力之和 p_2 作用下的情况(即压缩后),e_1、e_2 为相应于 p_1、p_2 作用下压缩稳定后的孔隙比。

$$E_s = \frac{\sigma_z}{\varepsilon_z} = \frac{\Delta p}{\varepsilon_z} \qquad (4\text{-}5)$$

由于

$$\varepsilon_z = \frac{\Delta V}{V_1} = \frac{\Delta H A}{H_1 A} = \frac{(e_1 - e_2) V_s}{(1 + e_1) V_s} = \frac{\Delta e}{1 + e_1} \quad \text{和} \quad a = \frac{\Delta e}{\Delta p}$$

所以

图 4-5　侧限条件下压力增量所引起的土样高度变化

$$E_s = \frac{\Delta p}{\varepsilon_z} = \frac{\Delta p}{\Delta H / H_1} = \frac{\Delta p}{\Delta e / (1 + e_1)} = \frac{1 + e_1}{a} \qquad (4\text{-}6)$$

由式(4-6)可知,土的压缩模量 E_s 与压缩系数 a 成反比,压缩系数 a 越大,土的压缩模量 E_s 越小,土的压缩性越高。同压缩系数 a 一样,压缩模量 E_s 也不是常数,是随着压力大小而变化的。一般采用压力间隔段 $p_1 = 0.1\text{MPa}(100\text{kPa})$ 至 $p_2 = 0.2\text{MPa}(200\text{kPa})$ 范围内的 E_s 评价,则 $E_s < 4\text{MPa}$ 时,为高压缩性土;$4\text{MPa} \leqslant E_s \leqslant 15\text{MPa}$ 时,为中压缩性土;$E_s > 15\text{MPa}$ 时,为低压缩性土。

3) 体积压缩系数 m_v

在侧限条件下,土体在单位压力增量作用下引起的单位体积压缩量称为土的体积压缩系数 m_v,单位为 kPa^{-1} 或 MPa^{-1},它与土的压缩模量互为倒数。

$$m_v = \frac{\Delta H / H_1}{\Delta p} = \frac{a}{1 + e_1} = \frac{1}{E_s} \qquad (4\text{-}7)$$

由式(4-7)可知,体积压缩系数 m_v 值越大,土的压缩性越高。

4) 压缩指数 C_c

研究土在高压下的变形特性时,p 的取值较大,可采用半对数直角坐标系,绘制 $e\text{-}\lg p$ 曲线。如图 4-6 所示,$e\text{-}\lg p$ 曲线前半段呈平缓曲线,后半段(在较高的压力范围内)近似为一条较陡直线,说明当压力超过某值时,土才会发生较显著的压缩。这是因为土在其沉积历史过程中已在上覆土压力或其他荷载作用下经历过压缩或固结,当土样从地基中取出时,原有应力释放,土样膨胀。因此,压缩试验时,当施加荷载小于土

图 4-6　压缩指数 C_c 的确定

样在地基中所受的原有压力,土样的压缩量较小;只有当施加荷载大于原有压力,土样才会产生新的压缩,压缩量较大。该直线段反映了正常固结黏土的变形特性。因此,可取直线段的斜率为土的压缩指数 C_c 来反映土的压缩性(见图 4-6)。

$$C_c = \frac{e_1 - e_2}{\lg p_2 - \lg p_1} = \frac{\Delta e}{\lg \left(\dfrac{p_2}{p_1} \right)} = \frac{\Delta e}{\lg \left(\dfrac{p_1 + \Delta p}{p_1} \right)} \qquad (4\text{-}8)$$

压缩指数 C_c 的定义是指土体在侧限条件下孔隙比减小量与有效压力常用对数值增量的比值。$e\text{-}\lg p$ 曲线越陡，C_c 值就越大，土的压缩性越高。

一般认为，$C_c < 0.2$ 时，属低压缩性土；$0.2 \leqslant C_c \leqslant 0.4$ 时，属中压缩性土；$C_c > 0.4$ 时，属高压缩性土。

压缩系数 a 和压缩指数 C_c 都是土的压缩性指标，两者既有联系又有区别。两者的关系为 $C_c = \dfrac{a(p_2 - p_1)}{\lg p_2 - \lg p_1}$。区别在于，对同一种土，用 $e\text{-}p$ 曲线得到的 a 是变量且有量纲，如果假定其为常量进行沉降计算，虽然简单，但会带来较大的误差；用 $e\text{-}\lg p$ 曲线，C_c 是无量纲的常数，且 $e\text{-}\lg p$ 曲线的后半段接近直线，便于建立解析关系，计算沉降时也很方便，$e\text{-}\lg p$ 曲线能反映土的压缩性与其沉积和加荷历史的密切关系，国内外广泛采用 $e\text{-}\lg p$ 曲线来分析研究应力历史对土压缩性的影响。

【例题 4.1】 采用内径为 79.8mm、高 20mm 的环刀切取未扰动饱和黏土试样，相对密度 $d_s = 2.70$，含水量 $w = 38\%$，湿土质量 184g，进行室内侧限压缩试验，在压力 100kPa 和 200kPa 作用下，试样总压缩量分别为 $s_1 = 1.4$mm 和 $s_2 = 2.0$mm，求：

（1）土样的初始孔隙比 e_0 和 p_1、p_2 对应的孔隙比 e_1、e_2。

（2）压缩系数 a_{1-2} 和压缩模量 $E_{s_{1-2}}$。

（3）评价土的压缩性。

【解】

（1）$e_0 = \dfrac{(1+w)d_s\rho_w}{\rho} - 1 = \dfrac{(1+0.38) \times 2.7 \times 1.0}{184/(\pi \times 7.98^2 \times 2.0/4)} - 1 = 1.026$

由 $\dfrac{H_0}{1+e_0} = \dfrac{H_0 - s}{1+e}$，得 $e = e_0 - \dfrac{s}{H_0}(1+e_0)$ 或 $\dfrac{s}{H_0} = \dfrac{e_0 - e}{1+e_0}$。

$$e_1 = e_0 - \frac{1+e_0}{H_0}s_1 = 1.026 - \frac{1+1.026}{20} \times 1.4 = 0.8842$$

$$e_2 = e_0 - \frac{1+e_0}{H_0}s_2 = 1.026 - \frac{1+1.026}{20} \times 2.0 = 0.8234$$

（2）压缩系数

$$a_{1-2} = \frac{e_1 - e_2}{p_2 - p_1} = \frac{0.8842 - 0.8234}{0.200 - 0.100} = 0.61\text{MPa}^{-1}$$

$$E_{s_{1-2}} = \frac{1+e_1}{a_{1-2}} = \frac{1+0.8842}{0.61} = 3.09\text{MPa}$$

（3）由 $a_{1-2} = 0.61\text{MPa}^{-1}$ 可知，此土样为高压缩性土。

【例题 4.2】 已知某地区淤泥土标准固结试验 $e\text{-}\lg p$ 曲线上直线段起点在 $50 \sim 100$kPa 之间。该地区某淤泥土样测得 $100 \sim 200$kPa 压力段压缩系数 $a_{1-2} = 1.66\text{MPa}^{-1}$，试问其压缩指数 C_c 值为多少？

【解】 土层的压缩系数

$$a_{1-2} = \frac{e_1 - e_2}{p_2 - p_1} = \frac{e_1 - e_2}{200 - 100} = 1.66(\text{MPa}^{-1})$$

$$C_c = \frac{e_i - e_{i+1}}{\lg p_{i+1} - \lg p_i} = \frac{(200 - 100) \times 1.66 \times 10^{-3}}{\lg 200 - \lg 100} = 0.55$$

4.2.2 现场载荷试验

土的室内侧限压缩试验操作简单,是目前测定地基土压缩性的常用方法,但由于受到土样扰动、人为因素和周围环境的影响,并不能真实反映土的压缩状态。下列情况时,侧限压缩试验就不适用了。

(1)地基土为粉土、细砂、软土,取原状土样困难。

(2)国家一级工程、规模大或建筑物对沉降有严格要求的工程。

(3)土层不均匀,土试样尺寸小,代表性差。

针对上述情况,可采用原位测试加以解决。建筑工程中土的压缩性原位测试方法包括载荷试验、旁压试验、静力触探试验等。

1. 载荷试验装置

载荷试验可用于测定承压板下应力主要影响范围内岩土的承载力和变形模量。试验包括加荷、反力和沉降量观测三部分。加荷装置包括承压板、垫块及千斤顶等。反力装置包括地锚系统和堆重系统两类,地锚系统是将千斤顶的反力通过地锚传至地基中,如图 4-7(a)所示;堆重系统是通过堆重来平衡千斤顶的反力,如图 4-7(b)所示。沉降量观测装置包括百分表和基准短桩、基准梁等。

(a) 地锚系统 (b) 堆重系统

图 4-7 竖向静载试验示意图与对应现场图

2. 载荷试验类型

载荷试验类型分为浅层平板载荷试验、深层平板载荷试验和螺旋板载荷试验。

浅层平板载荷试验适用于浅层地基土。试坑宽度或直径不应小于承压板宽度或直径的 3 倍,试验宜采用圆形刚性承压板,承压板面积不应小于 0.25m²,对软土和粒径较大的填土不应小于 0.5m²。

深层平板载荷试验适用于深层地基土和大直径桩的桩端土层,试验深度不应小于 5m。试坑直径应等于承压板直径,如试坑直径大于承压板直径时,紧靠承压板周围土的高度不应小于承压板直径。承压板面积宜选用 0.5m²。

螺旋板载荷试验适用于深层地基土或地下水位以下的地基土。

3. 载荷试验结果

载荷试验一般在试坑内进行。先在现场试坑中竖立载荷架,通过承压板将对地基土分级施加压力 p,观测记录每级荷载作用下沉降随时间的发展以及稳定时的沉降量 s,然后采用适当的比例绘制成 p-s 曲线,如图 4-8 所示。

4. 变形模量 E_0

土的变形模量表示土体在无侧限条件下,在受力方向的应力与应变之比。应根据 p-s 曲线的初始直线段,按均质各向同性半无限弹性介质的弹性理论计算。

图 4-8 p-s 曲线

根据弹性力学理论公式,当集中力 P 作用在弹性半无限空间的表面,引起地表任意点的沉降为

$$s = \frac{P(1-\mu^2)}{\pi E_0 r} \tag{4-9}$$

式中　E_0——地基土的变形模量(MPa);

μ——地基土的泊松比(碎石土取 0.27,砂土取 0.30,粉土取 0.35,粉质黏土取 0.38,黏土取 0.42);

r——地表任意点至竖向集中力 P 作用点的距离 $r = \sqrt{x^2 + y^2}$。

对式(4-9)进行积分,可得均布荷载作用下地基沉降公式:

$$s = \frac{I_0 p d (1-\mu^2)}{E_0} \tag{4-10}$$

式中　s——地基沉降量(mm);

p——荷载板的压应力(kPa);

d——圆形荷载的直径或矩形荷载的短边(m);

I_0——刚性承压板的形状系数:圆形承压板取 0.785;方形承压板取 0.886。

在载荷试验第一阶段,当荷载较小时,p-s 曲线段呈线性关系。用此阶段实测的沉降值 s,利用公式(4-10)即可反算地基土的变形模量 E_0,即

$$E_0 = \frac{I_0(1-\mu^2)dp_1}{s_1} \tag{4-11}$$

式中　p_1——载荷试验 p-s 曲线上线性段的压力(kPa);

s_1——p-s 曲线上与 p_1 对应的沉降量(mm)。

式(4-11)是浅层平板载荷试验的变形模量 E_0 表达式。

对于深层平板载荷试验和螺旋板载荷试验,其试验深度较大,变形模量 E_0 按式(4-12)

计算：

$$E_0 = \frac{\omega d p_1}{s_1} \tag{4-12}$$

式中　ω——与试验深度和土类有关的系数，可按表 4-1 选用。

表 4-1　深层平板载荷试验计算系数 ω

$\dfrac{d}{z}$　土类	碎石土	砂土	粉土	粉质黏土	黏土
0.30	0.477	0.489	0.194	0.515	0.524
0.25	0.469	0.480	0.482	0.506	0.514
0.20	0.460	0.471	0.474	0.497	0.505
0.15	0.444	0.454	0.457	0.479	0.487
0.10	0.435	0.446	0.448	0.470	0.478
0.05	0.427	0.437	0.439	0.461	0.468
0.01	0.418	0.429	0.431	0.452	0.459

注：$\dfrac{d}{z}$ 为承压板直径和承压板底面深度之比。

4.2.3　关于三种模量的讨论

1. 弹性模量 E

土的弹性模量是指土体在无侧限条件下瞬时压缩的应力—应变模量，是正应力与弹性正应变的比值。弹性模量常用于根据弹性理论公式估算建筑物的初始瞬时沉降。

确定弹性模量的方法有静力法和动力法两大类。静力法是用静三轴仪测定，即采用静三轴仪进行三轴压缩试验或无侧限压缩仪进行单轴压缩试验，如图 4-9 所示，根据应力—应变关系曲线所确定初始切线模量 E_i 或相当于现场载荷条件下的再加荷模量 E_r 就是静弹性模量，一般用 E 表示；动力法采用动三轴仪，测得的是动弹性模量 E_d。

图 4-9　采用静三轴仪进行三轴压缩试验确定土的弹性模量

土的弹性模量也能与不排水三轴压缩试验所得到的强度联系起来，从而间接地估算出：

$$E = (250 \sim 500)(\sigma_1 - \sigma_3)_f \tag{4-13}$$

式中 $(\sigma_1 - \sigma_3)_f$——不排水三轴压缩试验土样破坏时的主应力差。

2. 压缩模量与变形模量之间的关系

土的变形模量 E_0 是在现场测试获得的,是土体在无侧限压缩过程中的应力与应变的比值;而压缩模量 E_s 是通过室内压缩试验换算求得,是土体在完全侧限条件压缩过程中的应力与应变的比值。理论上,E_0 与 E_s 是完全可以换算的。

现从侧向不允许膨胀的固结试验土样中取一微单元体进行分析(见图 4-10)。受到三向应力作用 σ_x、σ_y、σ_z,在 z 轴方向的压力作用下,试样中的竖向正应力为 σ_z,由于试样的受力条件属于轴对称问题,所以相应的水平向正应力:

$$\sigma_x = \sigma_y = \sigma_z K_0 \qquad (4\text{-}14)$$

图 4-10 微单元体

式中 K_0——土的侧压力系数,可通过侧限条件下的试验测定,也可在特定的三轴压缩仪中进行 K_0 固结试验测定。当无试验条件时,可取经验值。

先分析沿 x 轴方向的应变 ε_x,根据广义胡克定律,可知:

$$\varepsilon_x = \frac{1}{E_0}(\sigma_x - \mu\sigma_y - \mu\sigma_z) \qquad (4\text{-}15)$$

由于土样是在不允许侧向膨胀条件下进行试验的,所以

$$\varepsilon_x = \varepsilon_y = 0 \qquad (4\text{-}16)$$

将式(4-14)和式(4-16)代入式(4-15),可得出土的侧压力系数 K_0 与泊松比 μ 的关系:

$$K_0 = \frac{\mu}{1-\mu} \qquad (4\text{-}17)$$

再分析沿 z 轴方向的应变 ε_z,根据广义胡克定律,可知:

$$\varepsilon_z = \frac{1}{E_0}(\sigma_z - \mu\sigma_x - \mu\sigma_y) = \frac{\sigma_z}{E_0}(1 - 2\mu K_0) \qquad (4\text{-}18)$$

根据侧限条件 $E_s = \dfrac{\sigma_z}{\varepsilon_z}$,则

$$E_0 = (1 - 2\mu K_0)E_s = \left(1 - \frac{2\mu^2}{1-\mu}\right)E_s = \beta E_s \qquad (4\text{-}19)$$

必须指出,上式只是 E_0 与 E_s 之间的理论关系,是基于线弹性假定得到的。实际上,土体不是完全弹性体,而且,由于现场载荷试验测定 E_0 和室内压缩试验测定 E_s 时,各有些无法考虑到的因素,使得上式不能准确反映 E_0 与 E_s 之间的实际关系。这些因素主要包括:压缩试验的土样容易受到扰动(尤其是低压缩性土);载荷试验与压缩试验的加荷速率、压缩稳定的标准都不一样;μ 值不易精确确定等。根据统计资料,E_0 值可能是 βE_s 值的几倍,一般来说,土越坚硬,则倍数越大,而软土的 E_0 值与 βE_s 值比较接近。

3. 三种模量的应用

由于土并非理想弹性体,它的变形包括了可恢复的弹性变形和不可恢复的残余变形两部分,由三种模量的定义可知,弹性模量的应变只包含弹性应变;压缩模量和变形模量的应变既包含弹性应变,又包含残余应变。土的弹性模量要比变形模量、压缩模量大得多,可能是它们的几十倍或者更大。

对于只有弹性变形的情况下,则要采用弹性模量来计算,如动荷载(车辆荷载、风荷载、地

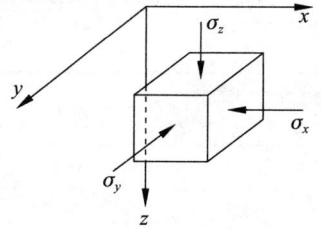

震荷载)作用下,由于冲击荷载或反复荷载每次作用时间短暂,此时土体中的孔隙水来不及或不完全排出,只发生土骨架的弹性变形,部分土中水排出、封闭土中气的压缩变形,这些都是可恢复的弹性变形,而没有发生不可恢复的残余变形。此时应采用土的弹性模量来计算。

在静荷载作用下计算土的变形时,所采用的变形参数为压缩模量或变形模量,在侧限条件假设下,计算地基最终沉降量的分层总和法和应力面积法都采用压缩模量;变形模量则用于弹性理论法,以估算最终沉降量。

4.3　地基最终沉降量计算

地基受建筑物荷载作用后的沉降曲线如图 4-11 所示。为计算方便,常按时间先后人为地将沉降分为三部分,可认为地基总沉降量是由下面三部分组成的,即

$$s = s_d + s_c = s_s \qquad (4\text{-}20)$$

式中　s——总沉降;

　　　s_d——瞬时沉降(初始沉降);

　　　s_c——固结沉降(主固结沉降);

　　　s_s——次固结沉降。

1. 瞬时沉降 s_d

瞬时沉降是指在加荷的瞬时由土体产生的剪切变形

图 4-11　加荷历时与沉降关系曲线

(形状变形)所引起的沉降,加荷瞬时地基土不产生压缩变形(体积变形)。瞬时沉降 s_d 是在加荷瞬时地基土在不排水条件下产生的沉降。

2. 固结沉降(主固结沉降)s_c

在荷载作用下,饱和土体中随着孔隙水的逐渐排出,孔隙体积相应减小,土体逐渐压密而产生的沉降,称为主固结沉降。这部分沉降量是地基沉降的主要部分。

在此期间,孔隙水应力逐渐消散,有效应力逐渐增加,当孔隙水应力消散为零,有效应力最终达到一个稳定值时,主固结沉降完成。

3. 次固结沉降 s_s

在主固结沉降完成(即孔隙水应力消散为零,有效应力不变)之后,土体还会随时间增长进一步产生的沉降,称为次固结沉降。次固结沉降被认为与土的骨架蠕变有关。

上述三种沉降量实际上是相互搭接,无法截然分开的,只不过某时段以一种沉降量为主。对于无黏性土,如砂土,瞬时沉降是主要的;对于饱和无机粉土与黏土,固结沉降所占比重最大;对于高塑性软黏土、高有机质土(如胶态腐殖质等)及泥炭等,次固结沉降是比较重要的,不容忽视。

一般情况下可不计次固结沉降;当地基为单向压缩时,对于饱和土,加荷瞬间孔隙中的水尚未排出,土体的体积还来不及发生变化,瞬时沉降为零。

地基最终沉降量就是指(主)固结沉降量,其计算方法有很多,可分为四大类:弹性理论法、现场试验法、数值计算法和工程实用法。

弹性理论法将土体视为弹性体,测定其弹性常数,再用弹性理论计算土体中的应力与土

的变形量。虽然在某些符合弹性理论基本假设的理想条件下可以采用,但对于一般地基,由于土的压缩特性随处变化,边界条件复杂,且土体变形随时间而变化,故这类方法应用较少。

现场试验法大多是利用现场测试结果,借助经验关系式,求得土的压缩性指标,再代入理论公式求解。多用于取原状土样进行室内试验有困难的无黏性土(如砂土等)。

数值计算法以有限元法为主,主要以弹性理论为依据,利用计算机作为运算手段,借助有限单元法离散化的特点,计算复杂的几何与边界条件、施工与加荷载过程、土的应力—应变关系的非线性(包括各种本构关系)以及应力状态进入塑性阶段等情况,计算结果的可信性取决于输入指标的正确性与所用模型的代表性。

工程实用法是应用最多的方法,尤其是其中的单向压缩分层总和法及《建筑地基基础设计规范》(GB 50007—2011)推荐的方法,这类方法是按弹性理论计算土体中的竖直应力,土的应力—应变关系曲线采用压缩曲线 e-p 或 e-$\lg p$(可考虑土的应力历史),不考虑土体侧向变形,只计算地基的垂直方向压缩量。通过试验提供各项变形参数,利用分层叠加原理,可以方便地考虑土层的非均质、应力—应变关系的非线性及地下水位变动等实际存在的复杂因素。

4.3.1 分层总和法

1. 基本假设

(1) 地基土为均匀、各向同性的半无限空间弹性体。可应用弹性理论方法计算地基中的附加应力。

(2) 采用基底中心点下的地基附加应力计算各土层竖向压缩变形。

(3) 荷载作用下,地基土层只发生竖向压缩变形,不发生侧向变形。可利用室内压缩试验成果计算各土层竖向压缩变形。

(4) 地基的最终沉降量为各分层土的竖向沉降量之和。

如图 4-12 所示,将基底下土分为 n 层,则第 i 层的最终沉降量为

$$s_i = \varepsilon_i h_i = \frac{e_{1i} - e_{2i}}{1 + e_{1i}} h_i \tag{4-21}$$

根据压缩系数 $a = \dfrac{e_1 - e_2}{p_2 - p_1}$ 及 $E_s = \dfrac{1 + e_1}{a}$,上式可变为

$$s_i = \frac{a_i}{1 + e_{1i}} (p_{2i} - p_{1i}) h_i = \frac{\bar{\sigma}_{zi}}{E_{si}} h_i \tag{4-22}$$

$$s = \sum_{i=1}^{n} s_i = \frac{e_{1i} - e_{2i}}{1 + e_{1i}} h_i = \sum_{i=1}^{n} \frac{\bar{\sigma}_{zi}}{E_{si}} h_i \tag{4-23}$$

式中　ε_i——第 i 分层土的压缩应变;

　　　E_{si}——第 i 层土的压缩模量(kPa);

　　　h_i——第 i 层土的计算厚度(m);

　　　a_i——第 i 层土的压缩系数(kPa^{-1});

　　　n——地基沉降计算深度范围内的土层数;

p_{1i}——作用在第 i 层土上的平均自重应力 $\bar{\sigma}_{ci}$；

p_{2i}——作用在第 i 层土上的平均自重应力 $\bar{\sigma}_{ci}$ 与平均附加应力之和 $\bar{\sigma}_{zi}$，$p_{2i}=\bar{\sigma}_{ci}+\bar{\sigma}_{zi}$；

e_{1i}——压缩曲线 e-p 中与 p_{1i} 相应的孔隙比；

e_{2i}——压缩曲线 e-p 中与 p_{2i} 相应的孔隙比。

图 4-12 基础最终沉降量计算的分层总和法

2. 计算步骤

（1）地基土分层。分层原则：①天然土层面及地下水位处都应作为薄层的分界面；②薄层厚度 $h_i \leqslant 0.4b$（b 为基础宽度）。

（2）计算基底中心点下各分层面上土的自重应力 σ_{ci} 和附加应力 σ_{zi}，并按一定比例绘制自重应力和附加应力分布曲线图。

（3）确定地基沉降计算深度 z_n。附加应力随深度而减小，自重应力随深度而增加，到一定深度后，附加应力比自重应力小很多，引起的压缩变形可忽略不计。一般土根据 $\sigma_{zn}/\sigma_{cn} \leqslant 0.2$ 确定沉降计算深度，如该深度以下有较高压缩性土层，则根据 $\sigma_{zn}/\sigma_{cn} \leqslant 0.1$ 来确定沉降计算深度。

（4）计算各分层土的平均自重应力 $\bar{\sigma}_{ci}=[\sigma_{c(i-1)}+\sigma_{ci}]/2$ 和平均附加应力 $\bar{\sigma}_{zi}=[\sigma_{z(i-1)}+\sigma_{zi}]/2$。

（5）令 $p_{1i}=\bar{\sigma}_{ci}$，$p_{2i}=\bar{\sigma}_{ci}+\bar{\sigma}_{zi}$，从该土层的 e-p 压缩曲线中的 p_{1i} 和 p_{2i} 查出相应的 e_{1i} 和 e_{2i}。

（6）计算每一薄层的沉降量 $s_i=\varepsilon_i h_i=\dfrac{e_{1i}-e_{2i}}{1+e_{1i}}h_i$。

（7）计算地基最终沉降量 $s=\sum\limits_{i=1}^{n} s_i$。

3. 简单讨论

（1）分层总和法假定土层只在竖向发生压缩，侧向不产生变形，只有压缩土层厚度同基底荷载分布面积相比很薄时才较接近。如当可压缩土层（持力层）厚度 $H \leqslant 0.5b$（b 为基底宽度),下卧不可压缩层时,由于基底和不可压缩层顶面的摩阻力对可压缩土层的限制作用,土层压缩时只出现少量的侧向变形,接近单向压缩。

(2)采用基底中心点下的地基附加应力计算地基变形,可以弥补采用侧限条件的压缩性指标计算结果偏小的缺点(中心点下的附加应力最大)。

(3)当存在相邻荷载时,采用角点法,将相邻荷载在基底中心点引起的附加应力进行叠加,计算相邻荷载引起的地基变形。

(4)当基坑开挖面积较大、较深及暴露时间较长时,导致地基土产生足够的回弹量,在施加基础荷载后,不仅附加压力会引起沉降,地基土恢复到原自重应力状态也会发生要压缩沉降。简化处理时,一般用 $p_0 = p - \alpha\sigma_{cd}$ 来计算附加应力,其中 α 为考虑基坑回弹和再压缩影响的系数,$0 \leqslant \alpha \leqslant 1$。对于小基坑,$\alpha=1$;宽度达 10m 以上的大基坑,$\alpha=0$。

【例题 4.3】 某正常固结土层厚度 2.0m,平均自重应力 $p_{cz}=150$kPa,室内压缩试验数据如表 4-2 所示,建筑物平均附加应力 $p_z=200$kPa,问该土层最终沉降量约为多少?

表 4-2 室内压缩试验数据

压力 p/kPa	0	50	100	200	300	400
孔隙比 e	0.984	0.900	0.828	0.752	0.710	0.680

【解】 土层自重应力为 $p_{cz}=150$kPa,附加应力 $p_z=200$kPa,建筑物在附加荷载下的沉降量即相应于固结试验压力 p 从 150kPa 增加至 350kPa 的压缩量。

压力 150kPa 时,土的孔隙比 $e = 0.828 - \dfrac{150-100}{200-100} \times (0.828-0.752) = 0.790$

压力 350kPa 时,土的孔隙比 $e = 0.710 - \dfrac{350-300}{400-300} \times (0.710-0.680) = 0.695$

所以沉降量 s

$$s = \sum_{i=1}^{n} \frac{e_{0i} - e_{1i}}{1 + e_{0i}} h_i = \frac{0.790 - 0.695}{1 + 0.790} \times 2 = 0.106 \text{(m)}$$

或

$$s = \sum_{i=1}^{n} \frac{\Delta p_i}{E_{si}} h_i = \frac{200 \times 2}{(1+0.79)/[(0.79-0.695)/200]} = 0.106 \text{(m)}$$

【例题 4.4】 某矩形基底尺寸 4m×4m,自重应力和附加应力分布图如图 4-13 所示,第 1、2 层土的天然孔隙比为 0.97,压缩系数为 0.3。第 3、4 层土的天然孔隙比为 0.90,压缩系数为 0.2,计算基础中点的沉降量。

【解】

(1)地基分层,按照地基分层原则,此处取层厚 $h_i = 0.4b = 0.4 \times 4 = 1.6 \text{(m)}$。

(2)确定沉降深度 z_n。

取 $z_n = 6.4$m,得 $\sigma_c = 85$kPa,$\sigma_z = 16$kPa,$\sigma_z < 0.2\sigma_c$,满足要求。

(3)地基沉降计算,如表 4-3 所示。

(4)基础中点最终沉降量 s

$$s = \sum_{i=1}^{4} \Delta s_i = 21.67 + 17.17 + 7.49 + 4.04 = 50.37 \text{(mm)}$$

图 4-13　自重应力和附加应力分布图

表 4-3　地基沉降计算表

土层编号	土层厚度/m	土的压缩系数/MPa⁻¹	孔隙比	压缩模量/MPa	平均附加应力/kPa	沉降量 Δs_i/mm
1	1.60	0.3	0.97	6.57	$\dfrac{94+84}{2}=89.0$	21.67
2	1.60	0.3	0.97	6.57	$\dfrac{84+57}{2}=70.5$	17.17
3	1.60	0.2	0.90	9.50	$\dfrac{57+32}{2}=44.5$	7.49
4	1.60	0.2	0.90	9.50	$\dfrac{32+16}{2}=24.0$	4.04

4.3.2　《建筑地基基础设计规范》(GB 50007—2011)推荐方法

《建筑地基基础设计规范》(GB 50007—2011)推荐的地基最终沉降量计算方法对分层总和法进行了修正,其引入了平均附加应力系数的概念,并在总结了我国建筑工程中大量实践经验的前提下,重新规定地基变形计算深度的标准,还提出了沉降计算经验系数对计算结果进行修正,使计算结果与基础实际沉降更趋于一致;同时由于采用了"应力面积"的概念,一般可以按地基土的天然层面分层,使计算工作得以简化。

1. 计算公式

如图 4-14 所示,若基底下 $z_{i-1} \sim z_i$ 深度范围第 i 土层的压缩模量为 E_{si},则第 i 土层的压缩量为

$$\Delta s' = \int_{z_{i-1}}^{z_i} \varepsilon_z \mathrm{d}z = \int_{z_{i-1}}^{z_i} \frac{\sigma_z}{E_{si}} \mathrm{d}z = \frac{1}{E_{si}} \int_{z_{i-1}}^{z_i} \sigma_z \mathrm{d}z = \frac{1}{E_{si}} \left(\int_0^{z_i} \sigma_z \mathrm{d}z - \int_0^{z_{i-1}} \sigma_z \mathrm{d}z \right) \quad (4\text{-}24)$$

式中　ε_z——土的压缩应变，$\varepsilon_z = \dfrac{\sigma_z}{E_s}$；

$\qquad \sigma_z$——地基附加应力，$\sigma_z = \alpha p_0$，p_0 为基底附加压力，α 为地基竖向附加应力系数。

令 $A = \displaystyle\int_0^z \sigma_z \mathrm{d}z = \int_0^z \alpha p_0 \mathrm{d}z = p_0 \int_0^z \alpha \mathrm{d}z$，则 A 为基底中心点下至任意深度 z 范围内的附加

应力面积。为了便于计算，引入地基平均附加应力系数 $\bar{\alpha}$，$\bar{\alpha} = \dfrac{\displaystyle\int_0^z \alpha \mathrm{d}z}{z}$，则 $A = p_0 \bar{\alpha} z$。

图 4-14　分层变形量的计算原理

如图 4-14 所示，第 i 层的附加应力面积 ΔA_i，实际上是图形 3456 的面积 A_{3456}，则

$$\Delta A_i = A_i - A_{i-1}$$

即

$$A_{3456} = A_{1234} - A_{1256}$$

令

$$A_{1234} = \bar{\alpha}_i z_i p_0, \quad A_{1256} = \bar{\alpha}_{i-1} z_{i-1} p_0$$

则成层地基中第 i 层的竖向变形量计算公式：

$$\Delta s'_i = \frac{A_i - A_{i-1}}{E_{si}} = \frac{\Delta A_i}{E_{si}} = \frac{p_0}{E_{si}} (z_i \bar{\alpha}_i - z_{i-1} \bar{\alpha}_{i-1}) \tag{4-25}$$

式中　$\bar{\alpha}_i$、$\bar{\alpha}_{i-1}$——分别为 z_i 和 z_{i-1} 范围内竖向平均附加应力系数。

则按分层总和法计算的地基变形量 s'（基础沉降量）公式如下：

$$s' = \sum_{i=1}^n \Delta s'_i = \sum_{i=1}^n \frac{p_0}{E_{si}} (z_i \bar{\alpha}_i - z_{i-1} \bar{\alpha}_{i-1}) \tag{4-26}$$

2. 沉降计算经验系数 ψ_s

由于推导 s' 时作了近似假定，而且对某些复杂因素也难以综合反映，因此将其计算结果与大量沉降观测资料结果比较发现：低压缩性的地基土，s' 计算值偏大；高压缩性的地基土，s' 计算值偏小。因此引入沉降计算经验系数 ψ_s，其定义为

$$\psi_s = \frac{s_\infty}{s'} \tag{4-27}$$

式中 s_∞——利用基础沉降观测资料推算的最终沉降量。

利用经验系数 ψ_s 对式(4-26)进行修正,即得到计算地基最终沉降量 s 的分层总和法规范修正公式:

$$s = \psi_s s' = \psi_s \sum_{i=1}^{n} \frac{p_0}{E_{si}} (z_i \bar{\alpha}_i - z_{i-1} \bar{\alpha}_{i-1}) \quad (4-28)$$

式中 s——地基最终沉降量(mm);

s'——按分层总和法计算的地基沉降量(mm);

ψ_s——沉降计算经验系数,根据地区沉降观测资料及经验确定,无地区经验时可采用表 4-4 的数值;

n——地基变形计算深度范围内所划分的土层数,天然层面和地下水位面是天然的分层面,为提高 E_{si} 取值的精确度,分层厚度不应大于 2m;

p_0——对于荷载效应准永久组合时的基底处的附加应力(kPa);

E_{si}——基底第 i 层土的压缩模量(MPa),应取土的自重应力至土的自重应力与附加应力之和的压力段计算;

z_i, z_{i-1}——分别为基底至第 i 层土、第 $i-1$ 层土底面的距离(m);

$\bar{\alpha}_i, \bar{\alpha}_{i-1}$——分别为基底至第 i 层土、第 $i-1$ 层土底面范围内的平均附加应力系数,对于均布矩形基础按角点法查表 4-5 可得,条形基础可取 $l/b = 10$,l 和 b 分别为基础的长边和短边。对于三角形分布的矩形荷载按角点法查表 4-6 可得。

表 4-4 沉降计算经验系数 ψ_s

E_s/MPa 基底附加应力	2.5	4.0	7.0	15.0	20.0
$p_0 \geq f_{ak}$	1.4	1.3	1.0	0.4	2.0
$p_0 \leq 0.75 f_{ak}$	1.1	1.0	0.7	0.4	2.0

注:表列数值可内插;$\bar{E}_s$ 为变形计算深度范围内压缩模量的当量值,应按下式计算:

$$\bar{E}_s = \sum \Delta A_i \Big/ \sum \frac{\Delta A_i}{E_{si}}$$

式中 ΔA_i——第 i 层附加应力系数沿土层厚度的积分值。

表 4-5 矩形面积上均布荷载作用下角点的平均附加应力系数 $\bar{\alpha}$

l/b z/b	1.0	1.2	1.4	1.6	1.8	2.0	2.4	2.8	3.2	3.6	4.0	5.0	10.0
0.0	0.2500	0.2500	0.2500	0.2500	0.2500	0.2500	0.2500	0.2500	0.2500	0.2500	0.2500	0.2500	0.2500
0.2	0.2496	0.2497	0.2497	0.2498	0.2498	0.2498	0.2498	0.2498	0.2498	0.2498	0.2498	0.2498	0.2498
0.4	0.2474	0.2479	0.2481	0.2483	0.2483	0.2484	0.2485	0.2485	0.2485	0.2485	0.2485	0.2485	0.2485
0.6	0.2423	0.2437	0.2444	0.2448	0.2451	0.2452	0.2454	0.2455	0.2455	0.2455	0.2455	0.2455	0.2466
0.8	0.2346	0.2372	0.2387	0.2395	0.2400	0.2403	0.2407	0.2408	0.2409	0.2409	0.2410	0.2410	0.2410
1.0	0.2252	0.2291	0.2313	0.2326	0.2335	0.2340	0.2346	0.2349	0.2351	0.2352	0.2352	0.2353	0.2353

续表

z/b \ l/b	1.0	1.2	1.4	1.6	1.8	2.0	2.4	2.8	3.2	3.6	4.0	5.0	10.0
1.2	0.2149	0.2199	0.2229	0.2248	0.2260	0.2268	0.2278	0.2282	0.2285	0.2286	0.2287	0.2288	0.2289
1.4	0.2043	0.2102	0.2140	0.2164	0.2180	0.2191	0.2204	0.2211	0.2215	0.2217	0.2218	0.2220	0.2221
1.6	0.1939	0.2006	0.2049	0.2079	0.2099	0.2113	0.2130	0.2138	0.2143	0.2146	0.2148	0.2150	0.2152
1.8	0.1840	0.1912	0.1960	0.1994	0.2018	0.2034	0.2055	0.2066	0.2073	0.2077	0.2079	0.2082	0.2084
2.0	0.1746	0.1822	0.1875	0.1912	0.1938	0.1958	0.1982	0.1996	0.2004	0.2009	0.2012	0.2015	0.2018
2.2	0.1659	0.1737	0.1793	0.1833	0.1862	0.1883	0.1911	0.1927	0.1937	0.1943	0.1947	0.1952	0.1955
2.4	0.1578	0.1657	0.1715	0.1757	0.1789	0.1812	0.1843	0.1862	0.1873	0.1880	0.1885	0.1890	0.1895
2.6	0.1503	0.1583	0.1642	0.1686	0.1719	0.1745	0.1779	0.1799	0.1812	0.1820	0.1825	0.1832	0.1838
2.8	0.1433	0.1514	0.1574	0.1619	0.1654	0.1680	0.1717	0.1739	0.1753	0.1763	0.1769	0.1777	0.1784
3.0	0.1369	0.1449	0.1510	0.1556	0.1592	0.1619	0.1658	0.1682	0.1698	0.1708	0.1715	0.1725	0.1733
3.2	0.1310	0.1390	0.1450	0.1497	0.1533	0.1562	0.1602	0.1628	0.1645	0.1657	0.1664	0.1675	0.1685
3.4	0.1256	0.1334	0.1394	0.1441	0.1478	0.1508	0.1550	0.1577	0.1595	0.1607	0.1616	0.1628	0.1639
3.6	0.1205	0.1282	0.1342	0.1389	0.1427	0.1456	0.1500	0.1528	0.1548	0.1561	0.1570	0.1583	0.1595
3.8	0.1158	0.1234	0.1293	0.1340	0.1378	0.1408	0.1452	0.1482	0.1502	0.1516	0.1526	0.1541	0.1554
4.0	0.1114	0.1189	0.1248	0.1294	0.1332	0.1362	0.1408	0.1438	0.1459	0.1474	0.1485	0.1500	0.1516
4.2	0.1073	0.1147	0.1205	0.1251	0.1289	0.1319	0.1365	0.1396	0.1418	0.1434	0.1445	0.1462	0.1479
4.4	0.1035	0.1107	0.1164	0.1210	0.1248	0.1279	0.1325	0.1357	0.1379	0.1396	0.1407	0.1425	0.1444
4.6	0.1000	0.1070	0.1127	0.1172	0.1209	0.1240	0.1287	0.1319	0.1342	0.1359	0.1371	0.1390	0.1410
4.8	0.0967	0.1036	0.1091	0.1136	0.1173	0.1204	0.1250	0.1283	0.1307	0.1324	0.1337	0.1357	0.1379
5.0	0.0935	0.1003	0.1057	0.1102	0.1139	0.1169	0.1216	0.1249	0.1273	0.1291	0.1304	0.1325	0.1348
5.2	0.0906	0.0972	0.1026	0.1070	0.1106	0.1136	0.1183	0.1217	0.1241	0.1259	0.1273	0.1295	0.1320
5.4	0.0878	0.0943	0.0996	0.1039	0.1075	0.1105	0.1152	0.1186	0.1211	0.1229	0.1243	0.1265	0.1292
5.6	0.0852	0.0916	0.0968	0.1010	0.1046	0.1076	0.1122	0.1156	0.1181	0.1200	0.1215	0.1238	0.1266
5.8	0.0828	0.0890	0.0941	0.0983	0.1018	0.1047	0.1094	0.1128	0.1153	0.1172	0.1187	0.1211	0.1240
6.0	0.0805	0.0866	0.0916	0.0957	0.0991	0.1021	0.1067	0.1101	0.1126	0.1146	0.1161	0.1185	0.1216
6.2	0.0783	0.0842	0.0891	0.0932	0.0966	0.0995	0.1041	0.1075	0.1101	0.1120	0.1136	0.1161	0.1193
6.4	0.0762	0.0820	0.0869	0.0909	0.0942	0.0971	0.1016	0.1050	0.1076	0.1096	0.1111	0.1137	0.1171

续表

z/b＼l/b	1.0	1.2	1.4	1.6	1.8	2.0	2.4	2.8	3.2	3.6	4.0	5.0	10.0
6.6	0.0742	0.0799	0.0847	0.0886	0.0919	0.0948	0.0993	0.1027	0.1053	0.1073	0.1088	0.1114	0.1149
6.8	0.0723	0.0779	0.0826	0.0865	0.0898	0.0926	0.0970	0.1004	0.1030	0.1050	0.1066	0.1092	0.1129
7.0	0.0705	0.0761	0.0806	0.0844	0.0877	0.0904	0.0949	0.0982	0.1008	0.1028	0.1044	0.1071	0.1109
7.2	0.0688	0.0742	0.0787	0.0825	0.0857	0.0884	0.0928	0.0962	0.0987	0.1008	0.1023	0.1051	0.1090
7.4	0.0672	0.0725	0.0769	0.0806	0.0838	0.0865	0.0908	0.0942	0.0967	0.0988	0.1004	0.1031	0.1071
7.6	0.0656	0.0709	0.0752	0.0789	0.0820	0.0846	0.0889	0.0922	0.0948	0.0968	0.0984	0.1012	0.1054
7.8	0.0642	0.0693	0.0736	0.0771	0.0802	0.0828	0.0871	0.0904	0.0929	0.0950	0.0966	0.0984	0.1036
8.0	0.0627	0.0678	0.0720	0.0755	0.0785	0.0811	0.0853	0.0886	0.0912	0.0932	0.0948	0.0976	0.1020
8.2	0.0614	0.0663	0.0705	0.0739	0.0769	0.0795	0.0837	0.0869	0.0894	0.0914	0.0931	0.0959	0.1004
8.4	0.0601	0.0649	0.0690	0.0724	0.0754	0.0779	0.0820	0.0852	0.0878	0.0893	0.0914	0.0943	0.0938
8.6	0.0588	0.0636	0.0676	0.0710	0.0739	0.0764	0.0805	0.0836	0.0862	0.0882	0.0898	0.0927	0.0973
8.8	0.0576	0.0623	0.0663	0.0696	0.0724	0.0749	0.0790	0.0821	0.0846	0.0866	0.0882	0.0912	0.0959
9.2	0.0554	0.0599	0.0637	0.0670	0.0697	0.0721	0.0761	0.0792	0.0817	0.0837	0.0853	0.0882	0.0931
9.6	0.0533	0.0577	0.0614	0.0645	0.0672	0.0696	0.0734	0.0765	0.0789	0.0809	0.0825	0.0855	0.0905
10.0	0.0514	0.0556	0.0592	0.022	0.0649	0.0672	0.0710	0.0739	0.0763	0.0783	0.0799	0.0839	0.0880
10.4	0.0496	0.0537	0.0572	0.0601	0.0627	0.0649	0.0686	0.0716	0.0739	0.0759	0.0755	0.0804	0.0857
10.8	0.0479	0.0519	0.0553	0.0581	0.0606	0.0628	0.0664	0.0693	0.0717	0.0736	0.0751	0.0781	0.0834
11.2	0.0463	0.0502	0.0535	0.0563	0.0587	0.0609	0.0644	0.0672	0.0695	0.0714	0.0730	0.0759	0.0813
11.6	0.0448	0.0486	0.0518	0.0545	0.0569	0.0590	0.0625	0.0652	0.0675	0.0694	0.0709	0.0738	0.0793
12.0	0.0435	0.0471	0.0502	0.0529	0.0552	0.0573	0.0606	0.0634	0.0656	0.0674	0.0690	0.0719	0.0774
12.8	0.0409	0.0444	0.0474	0.0499	0.0521	0.0541	0.0573	0.0599	0.0621	0.0639	0.0654	0.0682	0.0739
13.6	0.0687	0.0420	0.0448	0.0472	0.0493	0.0512	0.0543	0.0568	0.0589	0.0607	0.0621	0.0649	0.0707
14.4	0.0367	0.0398	0.0425	0.0448	0.0468	0.0486	0.0516	0.0540	0.0561	0.0577	0.0592	0.0619	0.0677
15.2	0.0349	0.0379	0.0404	0.0426	0.0445	0.0463	0.0492	0.0515	0.0532	0.0551	0.0565	0.0592	0.0650
16.0	0.0332	0.0361	0.0385	0.0407	0.0425	0.0442	0.0469	0.0492	0.0511	0.0527	0.0540	0.0567	0.0625
18.0	0.0297	0.0323	0.0345	0.0364	0.0381	0.0396	0.0422	0.0442	0.0460	0.0475	0.0487	0.0512	0.0570
20.0	0.0269	0.0292	0.0312	0.0330	0.0345	0.0359	0.0382	0.0402	0.0418	0.0432	0.0444	0.0468	0.0524

表 4-6 三角形分布的矩形荷载角点下的竖向平均附加应力系数 $\bar{\alpha}$

l/b	0.2		0.4		0.6		0.8		1.0		1.2		1.4		1.6	
点 z/b	1	2	1	2	1	2	1	2	1	2	1	2	1	2	1	2
0.0	0.0000	0.2500	0.0000	0.2500	0.0000	0.2500	0.0000	0.2500	0.0000	0.2500	0.0000	0.2500	0.0000	0.2500	0.0000	0.2500
0.2	0.0112	0.2161	0.0140	0.2308	0.0148	0.2333	0.0151	0.2339	0.0152	0.2341	0.0153	0.2342	0.0153	0.2343	0.0153	0.2343
0.4	0.0179	0.1810	0.0245	0.2084	0.0270	0.2153	0.0280	0.2175	0.0285	0.2184	0.0288	0.2187	0.0289	0.2189	0.0290	0.2190
0.6	0.0207	0.1505	0.0308	0.1851	0.0355	0.1966	0.0376	0.2011	0.0388	0.2030	0.0394	0.2039	0.0397	0.2043	0.0399	0.2046
0.8	0.0217	0.1277	0.0340	0.1640	0.0405	0.1787	0.0440	0.1852	0.0459	0.1883	0.0470	0.1899	0.0476	0.1907	0.0480	0.1912
1.0	0.0217	0.1104	0.0351	0.1461	0.0430	0.1624	0.0476	0.1704	0.0502	0.1746	0.0518	0.1769	0.0528	0.1781	0.0534	0.1789
1.2	0.0212	0.0970	0.0351	0.1312	0.0439	0.1480	0.0492	0.1571	0.0525	0.1621	0.0546	0.1649	0.0560	0.1666	0.0568	0.1678
1.4	0.0204	0.0865	0.0344	0.1187	0.0436	0.1356	0.0495	0.1451	0.0534	0.1507	0.0559	0.1541	0.0575	0.1562	0.0586	0.1576
1.6	0.0195	0.0779	0.0333	0.1082	0.0427	0.1247	0.0490	0.1345	0.0533	0.1405	0.0561	0.1443	0.0580	0.1467	0.0594	0.1484
1.8	0.0186	0.0709	0.0321	0.0993	0.0415	0.1153	0.0480	0.1252	0.0525	0.1313	0.0556	0.1354	0.0578	0.1381	0.0593	0.1400
2.0	0.0178	0.0650	0.0308	0.0917	0.0401	0.1071	0.0467	0.1169	0.0513	0.1232	0.0547	0.1274	0.0570	0.1303	0.0587	0.1324
2.5	0.0157	0.0538	0.0276	0.0769	0.0365	0.0908	0.0429	0.1000	0.0478	0.1063	0.0513	0.1107	0.0540	0.1139	0.0560	0.1163
3.0	0.0140	0.0458	0.0248	0.0661	0.0330	0.0786	0.0392	0.0871	0.0439	0.0931	0.0476	0.0976	0.0503	0.1008	0.0525	0.1033
5.0	0.0097	0.0289	0.0175	0.0424	0.0236	0.0476	0.0285	0.0576	0.0324	0.0624	0.0356	0.0661	0.0382	0.0690	0.0403	0.0714
7.0	0.0073	0.0211	0.0133	0.0311	0.0180	0.0352	0.0219	0.0427	0.0251	0.0465	0.0277	0.0496	0.0299	0.0520	0.0318	0.0541
10.0	0.0053	0.0150	0.0097	0.0222	0.0133	0.0253	0.0162	0.0308	0.0186	0.0336	0.0207	0.0359	0.0224	0.0379	0.0239	0.0395

续表

z/b	l/b 1.8 点1	1.8 点2	2.0 点1	2.0 点2	3.0 点1	3.0 点2	4.0 点1	4.0 点2	6.0 点1	6.0 点2	8.0 点1	8.0 点2	10.0 点1	10.0 点2
0.0	0.0000	0.2500	0.0000	0.2500	0.0000	0.2500	0.0000	0.2500	0.0000	0.2500	0.0000	0.2500	0.0000	0.2500
0.2	0.0153	0.2343	0.0153	0.2343	0.0153	0.2343	0.0153	0.2343	0.0153	0.2343	0.0153	0.2343	0.0153	0.2343
0.4	0.0290	0.2190	0.0290	0.2191	0.0290	0.2192	0.0291	0.2192	0.0291	0.2192	0.0291	0.2192	0.0291	0.2192
0.6	0.0400	0.2047	0.0401	0.2048	0.0402	0.2050	0.0402	0.2050	0.0402	0.2050	0.0402	0.2050	0.0402	0.2050
0.8	0.0482	0.1915	0.0483	0.1917	0.0486	0.1920	0.0487	0.1920	0.0487	0.1920	0.0487	0.1920	0.0487	0.1920
1.0	0.0538	0.1794	0.0540	0.1797	0.0545	0.1803	0.0546	0.1803	0.0546	0.1804	0.0546	0.1804	0.0546	0.1804
1.2	0.0574	0.1684	0.0577	0.1689	0.0584	0.1697	0.0586	0.1699	0.0587	0.1700	0.0587	0.1700	0.0587	0.1700
1.4	0.0594	0.1585	0.0599	0.1591	0.0609	0.1603	0.0612	0.1605	0.0613	0.1606	0.0613	0.1606	0.0613	0.1606
1.6	0.0603	0.1494	0.0609	0.1502	0.0623	0.1517	0.0626	0.1521	0.0628	0.1523	0.0628	0.1523	0.0628	0.1523
1.8	0.0604	0.1413	0.0611	0.1422	0.0628	0.1441	0.0633	0.1445	0.0635	0.1447	0.0635	0.1448	0.0635	0.1448
2.0	0.0599	0.1338	0.0608	0.1348	0.0629	0.1371	0.0634	0.1377	0.0637	0.1380	0.0638	0.1380	0.0638	0.1380
2.5	0.0575	0.1180	0.0586	0.1193	0.0614	0.1223	0.0623	0.1233	0.0627	0.1237	0.0628	0.1238	0.0628	0.1239
3.0	0.0541	0.1052	0.0554	0.1067	0.0589	0.1104	0.0600	0.1116	0.0607	0.1123	0.0609	0.1124	0.0609	0.1125
5.0	0.0421	0.0734	0.0435	0.0749	0.0480	0.0797	0.0500	0.0817	0.0515	0.0833	0.0519	0.0837	0.0521	0.0839
7.0	0.0333	0.0558	0.0347	0.0572	0.0391	0.0619	0.0414	0.0642	0.0435	0.0663	0.0442	0.0671	0.0445	0.0674
10.0	0.0252	0.0409	0.0263	0.0403	0.0302	0.0462	0.0325	0.0485	0.0340	0.0509	0.0359	0.0520	0.0364	0.0526

3. 地基沉降计算深度 z_n

规范采用"变形比"替代传统的"应力比"来确定地基沉降计算深度。

$$\Delta s'_n \leqslant 0.025 \sum_{i=1}^{n} \Delta s'_i \tag{4-29}$$

式中　$\Delta s'_i$——在计算深度范围内,第 i 层土的计算变形值;

　　　$\Delta s'_n$——在计算深度 z_n 处向上取厚度为 Δz 的土层计算变形值(见图 4-14),Δz 按表 4-7 确定。

表 4-7　计算厚度 Δz 值

b/m	$b \leqslant 2$	$2 < b \leqslant 4$	$4 < b \leqslant 8$	$b > 8$
$\Delta z/\text{mm}$	0.3	0.6	0.8	1.0

如按上式确定的计算深度下部有较软弱土层时,应向下继续计算,直至软弱土层中所取规定厚度 Δz 的计算变形值满足上式为止。

当无相邻荷载影响、基础宽度在 $1 \sim 30 \text{m}$ 范围内时,基础中点的地基变形计算深度也可按下列简化公式计算:

$$z_n = b(2.5 - 0.4 \ln b) \tag{4-30}$$

式中　b——基础宽度(m)。

在计算深度范围内存在基岩时,z_n 可取至基岩表面;当存在较厚的坚硬黏土层,其孔隙比小于 0.5、压缩模量大于 50MPa,或存在较厚的密实砂卵石层,其压缩模量大于 80MPa 时,z_n 可取至该层土表面。

4. 与分层总和法的比较

与分层总和法相比,应力面积法主要有以下三个特点。

(1) 由于附加应力沿深度的分布是非线性的,因此分层总和法的层厚较小,层数较多;应力面积法一般可按天然层面分层,简化了计算工作。

(2) 地基沉降计算深度 z_n 的确定方法更合理。

(3) 采用了沉降计算经验系数 ψ_s,ψ_s 是从大量的工程实际沉降观测资料中经数理统计分析得出的,综合反映了多种因素的影响,因此更接近于实际情况。

应力面积法与分层总和法的假设一致,它实质上是一种简化并修正的分层总和法。

【例题 4.5】　试以分层总和法单向压缩基本公式和分层总和法规范修正公式计算例题 2.3 中基础甲的最终沉降量(并应考虑左右相邻基础乙的影响),计算资料如图 4-15 和图 4-16 所示。

【解】

1) 分层总和法单向压缩基本公式计算

(1) 地基的分层。基底下第一层粉质黏土厚 4m,地下水位分层面以上厚 2m,所以分层厚度均可取为 1m。

(2) 地基(竖向)自重应力 σ_c 的计算。基底中心轴线下各分层层面处的 σ_c 计算结果如图 4-15 和表 4-8 所示。举例如下。

图 4-15 土的自重应力和附加应力分布图

表 4-8 分层总和法单向压缩基本公式的计算

点	深度 z_i/m	自重应力 σ_c/kPa	附加应力 $\sigma_z+\sigma_z'$ /kPa	层厚 h_i/m	自重应力平均值 $\dfrac{\sigma_{c(i-1)}+\sigma_{ci}}{2}$ /kPa	附加应力平均值 $\dfrac{\sigma_{z(i-1)}+\sigma_{zi}}{2}$ /kPa	自重应力加附加应力 /kPa	压缩曲线	受压前孔隙比 e_{1i}	受压后孔隙比 e_{2i}	$\dfrac{e_{1i}-e_{2i}}{1+e_{1i}}$	$\Delta s_i'=$ $10^3\times$ $\dfrac{e_{1i}-e_{2i}}{1+e_{1i}}$ h_i/mm
0	0	27	100									
1	1.0	47	94	1.0	37	97	134	土样 4—1	0.819	0.752	0.037	37
2	2.0	66	77	1.0	57	86	143		0.801	0.748	0.029	29
3	3.0	76	59	1.0	71	68	139		0.790	0.750	0.022	22
4	4.0	85	46	1.0	81	53	134		0.784	0.752	0.018	18
5	5.0	95	37	1.0	90	42	132	土样 4—2	0.904	0.873	0.016	16
6	6.0	105	31	1.0	100	34	134		0.896	0.872	0.013	13
7	7.0	115	27	1.0	110	29	139		0.888	0.870	0.010	10
8	8.0	125	23	1.0	120	25	145		0.882	0.867	0.008	8

注：σ_z' 为由相邻荷载引起的附加应力。

① 0 点，$\sigma_c=18\times1.5=27$(kPa)。

② 2 点，$\sigma_c=27+19.5\times2=66$(kPa)。

③ 4 点，$\sigma_c=66+(19.5-10)\times2=85$(kPa)。

（3）地基(竖向)附加应力 σ_z 计算。在基础甲底面中心轴线下各分层界面各点的 σ_z(包括相邻影响)的计算成果详见例题 2.3，现抄录于图 4-16 和表 4-8 中。

（4）地基各分层土的自重应力平均值和附加应力平均值的计算。各分层的计算结果列于表 4-8。以 0—1 分层为例：$p_{1i}=[\sigma_{c(i-1)}+\sigma_{ci}]/2=(27+47)/2=37(kPa)$，$p_{2i}=p_{1i}+[\sigma_{z(i-1)}+\sigma_{zi}]/2=37+(100+94)/2=134(kPa)$。

（5）地基各分层土的孔隙比变化值的确定。按各分层的 p_{1i} 及 p_{2i} 值从土样 4—1（粉质黏土）或土样 4—2（黏土）的压缩曲线查得相应的孔隙比，如图 4-16 所示。例如，0—1 分层：按 $p_{1i}=37kPa$ 和 $p_{2i}=134kPa$ 从土样 4—1 的压缩曲线上得 $e_{1i}=0.819$ 和 $e_{2i}=0.752$，其余各分层的确定结果列于表 4-8。

$$土样4—1：a_{1-2}=\frac{0.771-0.728}{0.2-0.1}=0.43MPa^{-1}$$

$$土样4—2：a_{1-2}=\frac{0.896-0.845}{0.2-0.1}=0.51MPa^{-1}$$

图 4-16 土样的 e-p 曲线

（6）地基压缩层深度的确定。按 $\sigma_z=0.2\sigma_c$ 确定深度的下限：7m 深处，$0.2\sigma_c=0.2\times115=23(kPa)$，$\sigma_z=27kPa$（不够）；8m 深处，$0.2\sigma_c=0.2\times125=25(kPa)$，$\sigma_z=23kPa$（可以）。

（7）计算地基各分层压缩量。各分层的计算结果列于表 4-8，以 0—1 分层为例：

$$\Delta s_i=\varepsilon_i h_i=\frac{e_{1i}-e_{2i}}{1+e_{1i}}h_i=\frac{0.819-0.752}{1+0.819}\times10^3=37(mm)$$

（8）从表 4-8 中得出基础甲的最终沉降量如下：

$$s=\sum_{i=1}^{8}\Delta s_i=37+29+22+18+16+13+10+8=153(mm)$$

2）分层总和法规范修正公式计算

（1）计算 p_0。

见例题 2.3，$p_0=100kPa$。

（2）计算 E_{si}（分层厚度取 2m）

利用表 4-8，摘取点 1、3、5、7 处所计算的自重应力 p_{1i}、附加应力 Δp_i（包括考虑相邻基础影响）各值，再计算自重应力加附加应力值 $p_{2i}=p_{1i}+\Delta p_i$，即可利用图 4-16 分别查得 e_{1i} 和 e_{2i} 各值，各分层的计算结果列于表 4-9。

表 4-9　分层压缩模量的计算

分层深度 z_i/m	自重应力平均值 p_{1i}/kPa	附加应力平均值 Δp_i/kPa	自重应力+附加应力 p_{2i}/kPa	分层厚度/m	压缩曲线编号	受压前孔隙比 e_{1i}	受压后孔隙比 e_{2i}	$E_{si}=(1+e_{1i})\times\dfrac{p_{2i}-p_{1i}}{e_{1i}-e_{2i}}$ $\times10^{-3}$/MPa
0～2	47	94	141	2.0	土样 4—1	0.810	0.749	2.79
2～4	76	59	135	2.0		0.787	0.751	2.93
4～6	95	37	132	2.0	土样 4—2	0.900	0.873	2.60
6～8	115	27	142	2.0		0.885	0.869	3.18
8～10	135	18	153	2.0		0.872	0.861	3.06

（3）计算 $\bar{\alpha}$（分层厚度取 2m）

当 $z=0$ 时，$\bar{\alpha}$ 虽不为零（查表 4-5），但 $z\bar{\alpha}=0$。

计算 $z=2$m 范围内的 $\bar{\alpha}$。

① 柱基甲（荷载面积为 $Oabc\times4$）。

对荷载面积 $Oabc$，$l/b=2.5/2=1.25$，$z/b=2/2=1$，查表 4-5 中有：

$l/b=1.2$，$z/b=1$，得 $\bar{\alpha}=0.2291$；

$l/b=1.4$，$z/b=1$，得 $\bar{\alpha}=0.2313$。

当 $l/b=1.25$，$z/b=1$ 时，内插得

$$\bar{\alpha}=0.2291+(0.2313-0.2291)\times(1.25-1.2)/(1.4-1.2)=0.2297$$

柱基甲基底下 $z=2$m 范围内的 $\bar{\alpha}=4\times0.2297=0.9188$。

② 两相邻柱基乙的影响［荷载面积 $(Oafg-Oaed)\times2\times2$］。

对荷载面积 $Oafg$，$l/b=8/2.5=3.2$，$z/b=2/2.5=0.8$，查表 4-5 得 $\bar{\alpha}=0.2409$；

对荷载面积 $Oaed$，$l/b=4/2.5=1.6$，$z/b=2/2.5=0.8$，$\bar{\alpha}=0.2395$；

由于两相邻柱基乙的影响，在 $z=2$m 范围内 $\bar{\alpha}=2\times2\times(0.2409-0.2395)=0.0056$。

③ 考虑两相邻柱基乙的影响后，基础甲在 $z=2$m 范围内的 $\bar{\alpha}=0.9188+0.0056=0.9244$。

按表 4-7 规定，当 $b=4$m 时，确定沉降计算深度处向上取计算厚度 $\Delta z=0.6$m，分别计算 $z=4$m、6m、8m、8.4m、9m 深度范围内的 $\bar{\alpha}$ 值，列于表 4-10。

（4）计算 $\Delta s_i'$

$z=0\sim2$m（粉质黏土层位于地下水位以上）：

$$\Delta s_i'=\frac{p_0}{E_{si}}(z_i\bar{\alpha}_i-z_{i-1}\bar{\alpha}_{i-1})=\frac{100}{2.79}\times(2\times0.9244-0\times1)=66\text{(mm)}$$

$z=2\sim4$m（粉质黏土层位于地下水位以下）：

$$\Delta s_i'=\frac{p_0}{E_{si}}(z_i\bar{\alpha}_i-z_{i-1}\bar{\alpha}_{i-1})=\frac{100}{2.93}\times(4\times0.7596-2\times0.9244)=41\text{(mm)}$$

其余详见表 4-10。

表 4-10 分层总和法规范修正公式的计算

| z/m | 基础甲 | | | 两相邻基础乙对基础甲的影响 | | | 考虑影响后的基础甲 $\bar{\alpha}$ | $\overline{z_i\alpha}$ | $z_i\overline{\alpha}_i - z_{i-1}\overline{\alpha}_{i-1}$ | E_{si}/MPa | $\Delta s_i'/\text{mm}$ | $\sum \Delta s_i'/\text{mm}$ |
	l/b	z/b	$\bar{\alpha}$	l/b	z/b	$\bar{\alpha}$						
0	$2.5/2=1.25$	0	4×0.2500 $=1.0000$	$8/2.5=3.2$ $4/2.5=1.6$	0 0	$4\times(0.2500-0.2500)$ $=0$	1.0000	0				
2	1.25	$2/2=1$	4×0.2297 $=0.9188$	3.2 1.6	$2/2.5=0.8$ 0.8	$4\times(0.2409-0.2395)$ $=0.0056$	0.9244	1.849	1.849	2.79	66	66
4	1.25	$4/2=2$	4×0.1835 $=0.7340$	3.2 1.6	$4/2.5=1.6$ 1.6	$4\times(0.2143-0.2079)$ $=0.0256$	0.7596	3.038	1.189	2.93	41	107
6	1.25	$6/3=2$	4×0.1464 $=0.5856$	3.2 1.6	$6/2.5=2.4$ 2.4	$4\times(0.1873-0.1757)$ $=0.0464$	0.6320	3.792	0.754	2.60	29	136
8	1.25	$8/2=4$	4×0.1024 $=0.4816$	3.2 1.6	$8/2.5=3.2$ 3.2	$4\times(0.1645-0.1497)$ $=0.592$	0.5408	4.326	0.534	3.18	17	153
8.4	1.25	$8.4/2=4.2$	4×0.1162 $=0.4648$	3.2 1.6	$8.4/2.5=3.36$ 3.36	$4\times(0.1605-0.1452)$ $=0.0612$	0.5260	4.418	0.092	3.06	3	156
9	1.25	$9/2=4.5$	4×0.1102 $=0.4408$	3.2 1.6	$9/2.5=3.6$ 3.6	$4\times(0.1548-0.1389)$ $=0.0636$	0.5044	4.540	0.122	3.06	$4=0.025\times$ 160 满足 要求	160

（5）确定 z_n

由表 4-10 知，$z=9\mathrm{m}$ 深度范围内的计算变形量 $\sum \Delta s'_i = 160\mathrm{mm}$，相应于 $z=8.4\sim9\mathrm{m}$（按表 4-7 规定为向上取 $0.6\mathrm{m}$）土层的计算变形量 $\Delta s' = 4\mathrm{mm} \leqslant 0.025 \times 160\mathrm{mm}$，满足要求，因此确定地基变形计算深度 $z_n = 9\mathrm{m}$。注意，$z=8\sim8.4\mathrm{m}(<0.6\mathrm{m})$ 土层的 $\Delta s'_i$ 值不能验算沉降计算深度。

（6）确定 ψ_s

计算 z_n 深度范围内压缩模量的当量值 $\overline{E}_s$：

$$\overline{E}_s = \sum \Delta A_i \Big/ \sum \frac{\Delta A_i}{E_{si}}$$

$$= \cfrac{p_0(z_n\overline{\alpha}_n - 0 \times \overline{\alpha}_0)}{\cfrac{p_0(z_1\overline{\alpha}_1 - 0 \times \overline{\alpha}_0)}{E_{s1}} + \cfrac{p_0(z_2\overline{\alpha}_2 - z_1\overline{\alpha}_1)}{E_{s2}} + \cdots + \cfrac{p_0(z_n\overline{\alpha}_n - z_{n-1}\overline{\alpha}_{n-1})}{E_{sn}}}$$

$$= \cfrac{p_0 \times 4.540}{p_0\left(\cfrac{1.849}{2.79} + \cfrac{1.189}{2.93} + \cfrac{0.754}{2.60} + \cfrac{0.534}{3.18} + \cfrac{0.092}{3.06} + \cfrac{0.122}{3.06}\right)} = 2.84\,(\mathrm{MPa})$$

查表 4-4（当 $p_0 = 0.75 f_{ak}$），得 $\psi_s = 1.08$。

（7）计算地基最终变形量（基础最终沉降量）

$$s = \psi_s s' = \psi_s \sum_{i=1}^{n} \Delta s'_i = 1.08 \times 160 = 173\,(\mathrm{mm})$$

4.3.3 考虑应力历史影响的地基最终沉降量计算

1. 土的回弹再压缩曲线与应力历史

在室内压缩试验过程中，当压力加到某一数值 p_i，图 4-17(a) 中 e-p 曲线的 b 点后，逐级卸压至零，土样将发生回弹，土体膨胀，孔隙比增大。若测得在各卸荷等级下土样回弹稳定后的高度，换算得到相应的孔隙比，则可绘制卸荷阶段的孔隙比与压力的关系曲线，如图 4-17(a) 中的虚线 bc，该曲线称为回弹曲线（或膨胀曲线）。

图 4-17 土的回弹再压缩曲线

当荷载全部卸除为零后，若再重新逐级加压，则可测得土的再压缩曲线，如图 4-17(a) 中

cdf 段所示,其中 df 段就像是 ab 段的延续,犹如其间没有经过卸压和再加压过程一样,在半对数曲线上,如图 4-17(b)所示,也同样可以看到这种现象。

如图 4-17 所示,试样回弹不是沿初始压缩曲线,说明土体受压缩发生变形,卸压回弹,但变形不能全部恢复,其中可恢复的部分称为弹性变形,不能恢复的称为塑性变形,而土的压缩变形以塑性变形为主。再压缩曲线的斜率比原压缩曲线的斜率小,说明土经过压缩卸荷再压缩,其压缩性明显降低。

对于高层建筑基础,往往其基底和埋深都较大,开挖深基坑后,地基受到较大的减压(压力解除)作用,因而发生土的膨胀,造成坑底回弹。因此,在预估基础沉降时,应适当考虑这种影响,进行土的回弹再压缩试验,其压力的施加与地基中某点实际的加荷、卸荷与再加荷状况一致。

1)回弹指数(再压缩指数)C_e。

卸荷段和再压缩段的平均斜率称为回弹指数(也称再压缩指数)C_e,一般黏土的 $C_e \approx (0.1 \sim 0.2)C_c$。

2)回弹模量

它是土体在侧限条件下卸荷或再加荷时竖向应力与竖向应变的比值。计算地基土的回弹量时,应根据回弹、再压缩曲线确定回弹模量。

3)回弹变形量

高层建筑由于基础埋深大,地基回弹再压缩变形在最终变形量中占重要部分,甚至某些高层建筑设置 3~4 层地下室时,总荷载有可能等于或小于该深度土的自重压力。因此,当建筑物地下室基础埋置较深时,地基土的回弹变形量可按下式计算:

$$s_c = \psi_s \sum_{i=1}^{n} \frac{p_c}{E_{ci}} (z_i \bar{\alpha}_i - z_{i-1} \bar{\alpha}_{i-1}) \qquad (4\text{-}31)$$

式中　s_c——地基的回弹变形量(mm);

　　　ψ_s——回弹量计算经验系数,无地区经验时可取 1.0;

　　　p_c——基坑底面以上土的自重压力(kPa),地下水位以下应扣除浮力;

　　　E_{ci}——土的回弹模量(kPa),按固结试验中回弹曲线的不同应力段计算。

2. 先期固结压力 p_c

固结压力(或固结应力)是指使土体产生固结或压缩的应力,对地基土而言,主要有两种:一是指土的自重应力;二是指附加应力。对于新近沉积土或人工吹填土,起初土粒尚处于悬浮状态,土的自重应力由孔隙水承担,有效应力为零;随着时间的推移,土在自重作用下逐渐固结,最终自重应力全部转化为有效应力,故这类土的自重应力就是固结压力。对于大多数天然土,经历了漫长的地质年代,在自重作用下已完全固结,能够进一步使土层产生固结的,只有外荷载引起的附加应力了,此时的固结压力是指附加应力。

天然土层历史上曾经承受过的最大有效固结压力称为先期固结压力 p_c,它是了解土层应力历史的重要指标。比较土的先期固结压力 p_c 与现在所承受的自重压力 p_1,可将天然土层划分为三种固结状态,如图 4-18 所示。将先期固结压力与现有覆盖土重之比定义为超固结比,即 $OCR = p_c / p_1 (p_1 = \gamma z$ 即自重压力)。土的 OCR 越大,土所受超固结作用越强,在其他条件相同时,其压缩性越低。

(1)正常固结土($OCR = 1$),如图 4-18(a)所示,是指土的自重应力就是该土层历史上受

图 4-18 天然土层的三种固结状态

到的最大有效应力 p_c,即 $p_c=p_1=\gamma z$。大多数建筑物场地土层均属于正常固结土。

(2) 超固结土($OCR>1$),如图 4-18(b)所示,是指天然土层在地质历史上受到过的固结压力 p_c 大于目前的上覆压力 p_1。上覆压力由 p_c 减小至 p_1,可能是由于地面上升或自然力(流水、冰川等地质作用的剥蚀)和人工开挖等,将其上部的一部分土体剥蚀掉;或古冰川下的土层曾经受过冰荷载(荷载强度为 p_c)的压缩,后遇气候转暖、冰川融化,导致上覆压力减小等;如黏土风化过程的结构变化、土粒间的化学胶结、土层的地质时代变老,以及土的干缩等作用,均可能使黏土层的密实程度超过正常沉积情况下相对应的密度,而呈现一种超固结的性状;或在现场堆载预压作用等,都可能使土层成为超固结土。

(3) 欠固结土($OCR<1$),如图 4-18(c)所示,是指土层在自重作用下的固结尚未完成。如新近沉积的黏土和粉土、海滨淤泥以及年代不久的人工填土等,由于沉积时间短,其自重固结作用尚未完成。图 4-18(c)中虚线表示将来固结完成后的地表,即 p_c(这里 $p_c=\gamma h_c$,h_c 为固结完成后地面下的计算点深度)还小于现有的土自重应力 $p_1=\gamma z$。

确定先期固结压力 p_c 的方法很多,应用最广是美国学者卡萨格兰德建议的经验作图法。具体步骤如下(见图 4-19)。

(1) 从 e-$\lg p$ 曲线上找出曲率半径最小的 A 点,过 A 点作水平线 $A1$ 和切线 $A2$。

(2) 作 $\angle 1A2$ 的平分线 $A3$,与 e-$\lg p$ 曲线中的直线段的延长线交于 B 点。

(3) B 点所对应的有效应力就是先期固结压力 p_c。

图 4-19 先期固结压力确定的经验作图法

该法适用于 e-$\lg p$ 曲线曲率变化明显的土层,采用这种简易的经验作图法,对取土质量要求较高,e-$\lg p$ 曲线的曲率随 e 轴坐标的比例的变化而改变,选用合适的比例才能找到 A 点,同时还应结合现场的调查资料、场地的地质情况、土层的沉积历史、自然地理环境变化等各种因素综合分析确定。

3. 现场原始压缩曲线的推求

一般情况下,e-$\lg p$ 曲线是由室内压缩试验得到的,但由于目前钻探取样的技术条件不够理想、土样取出地面后应力的释放、室内试验时切土人工扰动等因素的影响,室内的压缩曲线已经不能代表地基中现场原始压缩曲线（即原位土层承受建筑物荷载后的 $e\text{-}\lg p$ 曲线）。即使试样的扰动很小，保持土的原位孔隙比基本不变，但应力释放仍是无法完全避免的，所以，室内压缩曲线的起始段实际上已是一条再压缩曲线。

在计算地基的固结沉降时，必须弄清楚土层的应力历史，是处于正常固结或超固结，还是欠固结状态，从而由原始压缩曲线确定其压缩性指标值。

要根据室内压缩曲线推求现场原始压缩曲线，一方面要从理论上找出现场原始压缩曲线的特征；另一方面找出室内压缩曲线的特征，建立室内压缩曲线和现场原始压缩曲线的关系。

1）室内压缩曲线的特征

图 4-20 所示是取自现场的原状试样的室内压缩、回弹和再压缩曲线。图 4-21 显示了初始孔隙比相同，但扰动程度不同（由不同的试样厚度来反映）的试样的室内压缩曲线。由图可见，当把压缩试验结果用 $e\text{-}\lg p$ 曲线表示时，该曲线具有以下特征。

图 4-20　原状试样的室内压缩、
回弹、再压缩曲线

（1）室内压缩曲线开始时比较平缓，随着压力的增大，明显地向下弯曲，当压力接近先期固结应力时，出现曲率最大点 A，曲线急剧变陡，继而近似直线向下延伸，如图 4-20 所示。

（2）从图 4-20 可以看出，卸荷 B 点在再压缩曲线曲率最大的 A 点右下侧。

（3）从图 4-21 可以看出，不管试样的扰动程度如何，当压力较大时，它们的压缩曲线都近乎直线，且大致交于 C 点，而 C 点的纵坐标约为 $0.42e_0$，e_0 为试样的初始孔隙比。

图 4-21　扰动程度不同的试样的室内压缩曲线

（4）从图 4-21 可以看出,扰动越剧烈,压缩曲线越低,曲率越小。

2）现场原始压缩曲线的推求

（1）正常固结土（$p_c = p_1$）的现场原始压缩曲线

假定:

① 取样过程中,试样不发生体积变化。即实验室测定的试样初始孔隙比 e_0 就是取土深度处的天然孔隙比。先期固结压力等于取土深度处的土的自重应力,故（p_1, e_0）点应位于原状土的原始压缩曲线上,此点即为土在现场压缩的起点。

② $e = 0.42e_0$ 时,土样不受到扰动影响。

现场原始压缩曲线的推求如下（见图 4-22）。

① 确定先期固结压力 p_c。

② 先作 b 点,其纵坐标为 e_0,横坐标为 $p_c = p_1$。由假定①知,$b(p_1, e_0)$ 点必然位于原状土的原始压缩曲线上。

③ 再作 c 点,室内压缩曲线上纵坐标 $e = 0.42e_0$ 的点就是 c 点。根据前面的室内压缩曲线特征,可以推论:室内压缩曲线和现场原始压缩曲线也通过 c 点。

④ 然后作 bc 直线,这线段就是原始压缩曲线的直线段,于是可按该线段的斜率确定正常固结土的压缩指数 C_c,$C_c = \Delta e / \lg(p_2/p_1)$。

（2）超固结土（$p_c > p_1$）的现场原始压缩曲线

假定:

① 取样过程中,试样不发生体积变化。故（p_1, e_0）点应位于原始再压缩曲线上。

② 回弹指数 C_e 为常数,等于室内回弹曲线与再压缩曲线的平均斜率。

③ $e = 0.42e_0$ 时,土样不受到扰动影响。

现场原始压缩曲线的推求如下（见图 4-23）。

图 4-22　正常固结土的原始压缩曲线　　图 4-23　超固结土的原始压缩和原始再压缩曲线

由于超固结土由先期固结应力 p_c 减至现有有效应力 p_1 期间曾在原位经历了回弹。因此,当超固结土后来受到外荷载引起的附加应力 Δp 时,它将开始沿着现场再压缩曲线压缩。如果 Δp 较大,超过 $p_c - p_0$,它才会沿现场原始压缩曲线压缩。为了推求这条现场原始压缩曲线,应改变压缩试验的程序,并在试验过程中随时绘制 e-$\lg p$ 曲线,待压缩出现急剧转折之后,立即逐级卸荷至 p_1,让回弹稳定,再分级加荷。

① 确定先期固结压力 p_c。

② 先作 b_1 点,其纵坐标为 e_0,横坐标为 p_1。由假定①知,$b_1(p_1,e_0)$ 点必然位于原状土的再压缩曲线上。

③ 过 b_1 点作斜率为 C_e 的直线,该直线与通过 B 点的垂线(其横坐标为 p_c)交于 b 点,b_1b 就作为原始再压缩曲线。

④ 再作 c 点,室内压缩曲线上纵坐标 $e=0.42e_0$ 的点就是 c 点。

⑤ 然后连接 bc 直线,这条线段就是原始压缩曲线的直线段,该线段的斜率就是超固结土的压缩指数 C_c,$C_c=\Delta e/\lg(p_2/p_1)$。

(3) 欠固结土($p_c<p_1$)的现场原始压缩曲线

对于欠固结土,由于自重作用下的压缩尚未稳定,实际上属于正常固结土的一种特例,只能近似地按与正常固结土相同的方法求得原始压缩曲线,从而确定压缩指数 C_c 值,但压缩的起始点较高。

4. 最终沉降量计算

分层总和法和应力面积法进行沉降计算采用的压缩指标是根据 e-p 曲线确定的,如果考虑应力历史对沉降的影响,则压缩指标需要采用 e-$\lg p$ 曲线修正后的现场原始压缩曲线来确定。其基本方法与分层总和法相似,所不同的是:①三类固结土的压缩性指标用 e-$\lg p$ 曲线确定,即从原始压缩曲线或原始再压缩曲线中确定;②初始孔隙比用 e_0;③对不同应力历史的土层,需要用不同的方法来计算,即对正常固结土、超固结土和欠固结土的计算公式在形式上稍有不同。

计算步骤如下。

(1) 选择沉降计算断面和计算点,确定基底压力。

(2) 将地基分层。

(3) 计算地基中各分层面的自重应力及土层平均自重应力。

(4) 计算地基中各分层面的竖向附加应力及土层平均附加应力。

(5) 用卡萨格兰德的方法,根据室内压缩曲线确定先期固结应力;判定土层是属于正常固结土、超固结土或欠固结土;推求现场原始压缩曲线。

(6) 对正常固结土、超固结土和欠固结土,分别用不同的方法求各分层的压缩量,然后,将各分层的压缩量累加得最终沉降量。

1) 正常固结土($p_c=p_1$)的沉降计算

计算正常固结土的沉降时,由原始压缩曲线确定压缩指数 C_c 后(见图 4-24),按下列公式计算固结沉降量:

$$s_c=\sum_{i=1}^{n}\frac{\Delta e_i}{1+e_{0i}}h_i=\sum_{i=1}^{n}\frac{h_i}{1+e_{0i}}\left(C_{ci}\lg\frac{p_{1i}+\Delta p_i}{p_{1i}}\right)$$

(4-32)

式中　Δe_i——由原始压缩曲线确定的第 i 层土的孔隙比的变化;

图 4-24　正常固结土的孔隙比变化

Δp_i——第 i 层土附加应力的平均值（有效应力增量），$\Delta p_i = [\sigma_{zi} + \sigma_{z(i-1)}]/2$；

p_{1i}——第 i 层土自重应力的平均值，$p_{1i} = [\sigma_{ci} + \sigma_{c(i-1)}]/2$；

e_{0i}——第 i 层土的初始孔隙比；

C_{ci}——由原始压缩曲线确定的第 i 层土的压缩指数。

【例题 4.6】　大面积填海造地工程平均海水深约 2.0m，淤泥层平均厚度为 10.0m，重度为 $15kN/m^3$，采用 $e\text{-}\lg p$ 曲线计算该淤泥层固结沉降，已知淤泥层属正常固结土，压缩指数 $C_c = 0.8$，天然孔隙比 $e_0 = 2.33$，上覆填土在淤泥层中产生的附加应力按 120kPa 计算，该淤泥层固结沉降量为多少？

【解】　对正常固结土，沉降量为

$$s = \sum_{i=1}^{n} \frac{h_i}{1+e_{0i}} \left[C_{ci} \lg\left(\frac{p_{cz} + p_z}{p_{cz}}\right)_i \right]$$

$$= \frac{10}{1+2.33} \times 0.8 \times \lg\left[\frac{(15-10) \times 10/2 + 120}{(15-10) \times 10/2}\right]$$

$$= 1.834\,(\text{m})$$

2）欠固结土（$p_c < p_1$）的沉降计算

欠固结土的沉降量包括两部分：由土的自重应力作用下继续固结引起的沉降和由附加应力产生的沉降。可近似按与正常固结土同样的方法得到原始压缩曲线来计算 Δe_i。Δe_i 包括两部分：一部分是从 p_{ci} 至 p_{1i} 引起的孔隙比变化；另一部分是从 p_{1i} 至 $p_{1i} + \Delta p_i$ 引起的孔隙比变化。

$$s = \sum_{i=1}^{n} \frac{h_i}{1+e_{0i}} C_{ci} \lg \frac{p_{1i} + \Delta p_i}{p_{ci}} \tag{4-33}$$

式中　p_{ci}——第 i 层土的实际有效应力，小于土的自重应力 p_{1i}。

可见，若按正常固结土层计算欠固结土的沉降，所得结果可能远小于实际观测的沉降量。

3）超固结土（$p_c > p_1$）的沉降计算

计算超固结土的沉降时，由原始压缩曲线和原始再压缩曲线分别确定土的压缩指数 C_c 和回弹指数 C_e。

对于超固结土地基，由于原始压缩曲线和原始再压缩曲线的斜率不同，因此其沉降的计算应针对分层土的有效应力增量 Δp_i 大小而分为两种情况。

（1）当 $\Delta p_i > (p_{ci} - p_{1i})$ 时，第 i 层的土层在 Δp_i 作用下，孔隙比将先沿着原始再压缩曲线 $b_1 b$ 段减小 $\Delta e_i'$，然后沿着原始压缩曲线 bc 段减小 $\Delta e_i''$，如图 4-25（a）所示，即相应于 Δp_i 的孔隙比变化为 $\Delta e_i = \Delta e_i' + \Delta e_i''$。

第一部分 $\Delta e_i'$（相应的有效应力由现有的土自重压力 p_{1i} 增大到先期固结压力 p_{ci}）：

$$\Delta e_i' = C_{ei} \lg\left(\frac{p_{ci}}{p_{1i}}\right) \tag{4-34}$$

式中　C_{ei}——回弹指数，其值等于原始再压缩曲线的斜率。

第二部分 $\Delta e_i''$（相应的有效应力由先期固结压力 p_{ci} 增大到 $p_{1i} + \Delta p_i$）：

$$\Delta e_i'' = C_{ci} \lg\left(\frac{p_{1i} + \Delta p_i}{p_{ci}}\right) \tag{4-35}$$

图 4-25　超固结土的孔隙比变化

式中　C_{ci}——压缩指数,其值等于原始压缩曲线的斜率。

于是,孔隙比的总改变量为

$$\Delta e_i = \Delta e_i' + \Delta e_i'' = C_{ei} \lg \left(\frac{p_{ci}}{p_{1i}} \right) + C_{ci} \lg \left(\frac{p_{1i} + \Delta p_i}{p_{ci}} \right) \tag{4-36}$$

因此,即可得到第 i 分层的压缩量 s_{ci} 为

$$s_{ci} = \frac{\Delta e_i}{1 + e_{0i}} h_i = \frac{h_i}{1 + e_{0i}} \left[C_{ei} \lg \left(\frac{p_{ci}}{p_{1i}} \right) + C_{ci} \lg \left(\frac{p_{1i} + \Delta p_i}{p_{ci}} \right) \right] \tag{4-37}$$

各分层的总固结沉降量为

$$s_{cn} = \sum_{i=1}^{n} s_i = \sum_{i=1}^{n} \frac{h_i}{1 + e_{0i}} \left(C_{ei} \lg \frac{p_{ci}}{p_{1i}} + C_{ci} \lg \frac{p_{1i} + \Delta p_i}{p_{ci}} \right) \tag{4-38}$$

式中　n——分层计算沉降时,压缩土层中有效应力增量 $\Delta p > (p_c - p_1)$ 的分层数;

　　　p_{ci}——第 i 层土的先期固结压力;

　　　h_i——第 i 层土的厚度。

（2）当 $\Delta p_i \leqslant (p_{ci} - p_{1i})$ 时,第 i 层的土在 Δp_i 作用下,其孔隙比将只沿着原始再压缩曲线 b_1b 段减小 Δe_i,如图 4-25(b) 所示,其大小为

$$\Delta e_i = C_{ei} \lg \left(\frac{p_{1i} + \Delta p_i}{p_{1i}} \right) \tag{4-39}$$

则第 i 分层的压缩量 s_{ci} 为

$$s_{ci} = \frac{\Delta e_i}{1 + e_{0i}} h_i = \frac{h_i}{1 + e_{0i}} C_{ei} \lg \left(\frac{p_{1i} + \Delta p_i}{p_{1i}} \right) \tag{4-40}$$

各分层的总固结沉降量为

$$s_{cm} = \sum_{i=1}^{m} s_{ci} = \sum_{i=1}^{m} \frac{h_i}{1 + e_{0i}} C_{ei} \lg \frac{p_{1i} + \Delta p_i}{p_{1i}} \tag{4-41}$$

式中　m——分层计算沉降时,压缩土层中有效应力增量 $\Delta p \leqslant (p_c - p_1)$ 的分层数。

总地基固结沉降为以上两部分之和,即

$$s_c = s_{cn} + s_{cm} \tag{4-42}$$

【例题 4.7】 某场地土层分布为：$0 \sim 4\text{m}$ 淤泥质黏土，$\gamma = 16.8\text{kN/m}^3$；$4 \sim 11\text{m}$ 黏土，$\gamma_{\text{sat}} = 19.7\text{kN/m}^3$，固结系数 $C_v = 1.6 \times 10^{-3}\text{cm}^2/\text{s}$，回弹指数 $C_e = 0.05$，压缩指数 $C_c = 0.2$，初始孔隙比 $e_0 = 0.72$；$11 \sim 15\text{m}$ 为砂卵石，地下水位为 -4m。假设各土层完成固结后开挖一个深度为 4m 的大面积基坑，待坑底土层充分回弹后建造建筑物，基础中心点以下附加应力近似为梯形分布，基底附加压力为 120kPa，黏土层底面的附加压力为 60kPa，忽略砂卵石层的压缩，计算基底的沉降量。

【解】 由于土层已完成固结，则基底与黏土层底面的先期固结压力为该点处的原自重压力。

基底处：

$$p_{c1} = 16.8 \times 4 = 67.2 (\text{kPa})$$

黏土底：

$$p_{c2} = 67.2 + (19.7 - 10) \times (11 - 4) = 135.1 (\text{kPa}),$$
$$p_c = (67.2 + 135.1) \div 2 = 101.2 (\text{kPa})$$

基坑开挖后的自重压力如下。

基底处：

$$p_{cz1} = 0\text{kPa}$$

黏土底：

$$p_{cz2} = (19.7 - 10) \times (11 - 4) = 67.9 (\text{kPa}), \quad p_{cz} = 67.9 \div 2 = 34 (\text{kPa})$$

由于 $p_c > p_{cz}$，则属于超固结土，黏土层的平均附加压力

$$p_z = (120 + 60) \div 2 = 90 (\text{kPa})$$
$$p_z + p_{cz} = 90 + 34 = 124 (\text{kPa}) > p_c = 101.2 (\text{kPa})$$

总沉降量为

$$s = \sum_{i=1}^{n} \frac{h_i}{1 + e_{0i}} \left[C_{ei} \lg \left(\frac{p_c}{p_{cz}} \right)_i + C_{ci} \lg \left(\frac{p_{cz} + p_z}{p_c} \right)_i \right]$$
$$= \frac{7}{1 + 0.72} \times \left[0.05 \times \lg \left(\frac{101.2}{34} \right) + 0.2 \times \lg \left(\frac{30 + 90}{101.2} \right) \right]$$
$$= 0.17 (\text{m})$$

4.4 饱和黏土的一维固结理论

沉降主要包括最终沉降量和沉降过程两部分内容。最终沉降量是指在上部荷载产生的附加应力作用下，地基土体发生压缩达到稳定的沉降量。工程实践中有时需要计算建筑物在施工期间和使用期间的地基沉降量，掌握地基沉降与时间的关系，以便设计预留建筑物有关部分之间的净空，考虑连接方法，组织施工顺序，控制施工进度，以及作为采取必要措施的依据；尤其对发生裂缝、倾斜等事故的建筑物，更需要了解当时的沉降与今后沉降的发展，作为确定事故处理方案的重要依据。采用堆载预压方法处理地基时，也需要考虑地基变形与时间的关系。

对于不同的地基土体要达到压缩稳定的时间不同。对于砂土和碎石土地基，因压缩性

较小、透水性较大，一般在施工完成时，地基的变形已基本稳定；对于黏土，特别是饱和黏土地基，因压缩性大、透水性小，其地基土的固结变形通常延续数年才能完成。地基土的压缩性越大，透水性越小，则完成固结也就是压缩稳定的时间越长。低压缩性黏土，施工期间一般可完成最终沉降量的 $50\% \sim 80\%$；中压缩性黏土，施工期间一般可完成最终沉降量的 $20\% \sim 50\%$；高压缩性黏土，施工期间一般可完成最终沉降量的 $5\% \sim 20\%$；淤泥质黏土渗透性低、压缩性大，对于层厚较大的饱和淤泥质黏土地基，沉降有时需要几十年施加达到稳定。对于这类固结较慢的地基，在设计时，不仅要计算基础的最终沉降量，有时还需了解地基沉降与时间的关系。

4.4.1 一维固结模型

饱和土体的孔隙中全部充满水，在荷载作用下，饱和土体压缩时，要使孔隙减小，就必须挤出土中的水。把土孔隙中的自由水随着时间推移缓慢渗出，土的体积逐渐减小的过程，称为饱和土的渗流固结。因此，饱和土体加荷产生压缩的过程包括：①土体孔隙中自由水逐渐排出；②土体孔隙体积逐渐减小；③孔隙水和土骨架之间压力的转移。

下面用一个弹簧活塞力学模型（见图 4-26）模拟饱和土体中某点的渗流固结过程。在一个盛满水的圆桶中，弹簧一端连接桶底，另一端连接一个带细小排水孔的活塞。其中弹簧表示土的固体颗粒骨架，容器内的水表示土孔隙中的自由水，整个模型表示饱和土体，由于模型中只有固、液两相介质，所以对于外荷载 $\sigma_z A$ 的作用只能是由水和土骨架（弹簧）共同承担。设弹簧承担的压力为 $\sigma' A$，圆桶中的水（土孔隙水）承担的压力为 uA，根据有效应力原理 $\sigma' + u = \sigma_z$ 可知：

（1）当 $t=0$ 时，即在荷载 σ_z 施加的瞬间，如图 4-26(a)所示，由于活塞上孔细小，容器中的水来不及排出，水的侧限压缩模量远大于弹簧的压缩系数，因此弹簧来不及变形，所以弹簧基本没有受力，有效应力 $\sigma'=0$，作用在活塞上的荷载 σ_z 全部由水来承担，孔隙水压力 $u=\sigma_z$。此时可以根据从测压管量得水柱高 h 而算出 $u=\gamma_w h$。

图 4-26 饱和土渗流固结模型

（2）当 $t>0$ 时[见图 4-26(b)]，随着荷载作用时间的延长，水压力增大，桶中水开始从活塞排水孔排出，活塞下降，弹簧开始受到压缩，承受压力 σ'。随着容器中水的不断排出，

u 逐渐减小,活塞继续下降,σ' 逐渐增大,满足 $\sigma'+u=\sigma_z$。

（3）当 $t\to\infty$ 时[代表"最终"时间,见图 4-26(c)],桶中水完全排出,孔隙水压力完全消散（$u=0$）,活塞便不再下降,外荷载全部由弹簧承担 $\sigma'=\sigma_z$,固结变形完全稳定,饱和土的渗透固结完成。

上述过程总结如表 4-11 所示。

表 4-11　饱和土渗透固结的模拟过程

时间	弹簧—活塞模型（饱和土）				
	活塞	桶中水（孔隙水）	弹簧变形（土骨架变形）	孔隙水压力	有效应力
$t=0$	不动	不排出	无	$u=\sigma_z$	$\sigma'=0$
$0<t<\infty$	逐渐下降	逐渐排出	逐渐增加	逐渐减小	逐渐增大
$t\to\infty$	不动	停止排出	不变	$u=0$	$\sigma'=\sigma_z$

可以看出,在一定压力作用下,饱和土的渗透固结就是土体中孔隙水压力 u 向有效应力 σ' 转化的过程,或者说是孔隙水压力逐渐消减与有效应力逐渐增长的过程。只有有效应力才能使土体产生压缩和固结,土体中某点有效应力的增长程度反映该点土的固结完成程度。

4.4.2　一维固结理论

为了求得饱和黏土层在渗透固结过程中任意时间的变形,通常采用太沙基提出的一维固结理论进行计算。

1. 一维固结理论的基本假定

为了便于分析和求解固结过程,太沙基做了如下简化假定。

（1）土层是均质、各向同性和完全饱和的。

（2）土粒和孔隙水都是不可压缩的。

（3）土中水的渗流和土的压缩只沿竖向发生,水平方向不排水,不发生压缩。

（4）土中水的渗流服从达西定律,且渗透系数 k 保持不变。

（5）在固结过程中,压缩系数 a 保持不变。

（6）外荷载一次瞬时施加,在固结过程中保持不变,且沿土层深度呈均匀分布。

（7）土体变形完全是由土层中有效应力增加引起的。

以上假设将实际情况理想化,近似地反映了实际情况。例如:当地面上的加荷面积比压缩土层厚度大很多,或压缩土层埋藏比较深时,侧向变形和渗流量就较小;土骨架的结构黏滞性小时,主固结占主要成分;施工期短且土的渗透系数较小时,可认为是瞬时加荷等。

在天然土层中,常遇到厚度不大的饱和软黏土层,当受到较大的均布荷载作用时,只要底面或顶面有透水矿层,则孔隙水主要沿竖向发生,可认为是单向固结情况。对于堤坝及其地基,孔隙水主要沿两个方向渗流,属于二维固结问题;对于高层建筑,则应考虑三维固结问题。

2. 一维固结微分方程的建立

设厚度为 H 的饱和黏土层,顶面是透水层,底面是不透水的不可压缩层。假设该饱和土层在自重应力作用下的固结已经完成,现在顶面受到一次骤然施加的无限均布荷载 p 作用。由于土层厚度远小于荷载面积,故附加应力不随深度变化 $\sigma_z = p$,而孔隙水压力 u 和有效应力 σ' 均为深度 z 和时间 t 的函数,当 $t=0$ 时,$u=\sigma_z=p$,$\sigma'=0$。当 $t>0$ 时,由于土层下部边界不透水,孔隙水向上流出,上部边界的孔隙水压力 u 首先全部消散,而有效应力 σ' 开始全部增长,向下形成增长曲线,随着时间的延长,u 逐渐减小,σ' 逐渐增大。

现从饱和土层顶面下深度为 z 处取一微单元体进行分析。设微单元体断面为 $\mathrm{d}x\mathrm{d}y$,厚度为 $\mathrm{d}z$,如图 4-27 所示。令 $V_s=1$。

图 4-27　饱和土的一维固结过程

1) 单元体的渗流条件

由于渗流自下而上进行,设在外荷载施加后某时刻 t 流入单元体的水量为 $q'=q\mathrm{d}t$,流出单元体的水量为 $q''=\left(q+\dfrac{\partial q}{\partial z}\mathrm{d}z\right)\mathrm{d}t$,所以在 $\mathrm{d}t$ 时间内流经该单元体的水量变化为

$$\Delta q = q'' - q' = \left(q + \frac{\partial q}{\partial z}\mathrm{d}z\right)\mathrm{d}t - q\mathrm{d}t = \frac{\partial q}{\partial z}\mathrm{d}z\mathrm{d}t \tag{4-43}$$

根据达西定律,可知

$$q = kiA = k\frac{\partial h}{\partial z}\mathrm{d}x\mathrm{d}y = \frac{k}{\gamma_w}\cdot\frac{\partial u}{\partial z}\mathrm{d}x\mathrm{d}y \tag{4-44}$$

式中　k——z 方向土的渗透系数(cm/s);

　　　i——水力梯度;

　　　A——土单元体的过水面积(cm^2),$A=\mathrm{d}x\mathrm{d}y$;

　　　h——孔隙水压力的水头(cm),$u=\gamma_w h$,即 $h=\dfrac{u}{\gamma_w}$。

代入式(4-37)得

$$\Delta q = \frac{k}{\gamma_w}\frac{\partial^2 u}{\partial z^2}\mathrm{d}x\mathrm{d}y\mathrm{d}z\mathrm{d}t \tag{4-45}$$

2) 单元体的变形条件

微单元体体积为 $\mathrm{d}x\mathrm{d}y\mathrm{d}z$,其中孔隙体积 $V_v = nV = \dfrac{e}{1+e}\mathrm{d}x\mathrm{d}y\mathrm{d}z$,土粒体积为 $V_s=$

$\frac{1}{1+e}\mathrm{d}x\mathrm{d}y\mathrm{d}z$,在固结过程中 V_s 为常数。

在 $\mathrm{d}t$ 时间内,单元体孔隙体积 V_v 的压缩量为

$$\Delta V = \frac{\partial V_v}{\partial t}\mathrm{d}t = \frac{\partial}{\partial t}\left(\frac{e}{1+e}\right)\mathrm{d}x\mathrm{d}y\mathrm{d}z\mathrm{d}t \tag{4-46}$$

由于 $\frac{1}{1+e}\mathrm{d}x\mathrm{d}y\mathrm{d}z$ 为常量,所以

$$\Delta V = \frac{1}{1+e}\mathrm{d}x\mathrm{d}y\mathrm{d}z\,\frac{\partial e}{\partial t}\mathrm{d}t \tag{4-47}$$

根据压缩系数的定义,知 $-\frac{\mathrm{d}e}{\mathrm{d}p}=a$,则 $\mathrm{d}e=-a\mathrm{d}p=-a\mathrm{d}\sigma'=-a\mathrm{d}(\sigma_z-u)=a\mathrm{d}u$。可得到

$$\frac{\partial e}{\partial t}=a\,\frac{\partial u}{\partial t} \tag{4-48}$$

将式(4-42)代入式(4-41)可得

$$\Delta V = \frac{a}{1+e}\,\frac{\partial u}{\partial t}\mathrm{d}x\mathrm{d}y\mathrm{d}z\mathrm{d}t \tag{4-49}$$

3) 单元体的固结渗流连续条件

对饱和土体,单元体在某时间 $\mathrm{d}t$ 内,渗水量的变化应等于同一时间该单元土体中孔隙体积的变化,即 $\Delta q=\Delta V$,故由式(4-45)和式(4-49)可得到:

$$\frac{k}{\gamma_w}\,\frac{\partial^2 u}{\partial z^2}\mathrm{d}x\mathrm{d}y\mathrm{d}z\mathrm{d}t = \frac{a}{1+e}\,\frac{\partial u}{\partial t}\mathrm{d}x\mathrm{d}y\mathrm{d}z\mathrm{d}t$$

化简后得

$$\frac{\partial u}{\partial t}=\left(\frac{k}{\gamma_w}\,\frac{1+e}{a}\right)\frac{\partial^2 u}{\partial z^2}$$

令

$$C_v = \frac{k(1+e)}{\gamma_w a}$$

得

$$\frac{\partial u}{\partial t}=C_v\,\frac{\partial^2 u}{\partial z^2} \tag{4-50}$$

式中 C_v——土的竖向固结系数($\mathrm{cm^2/s}$),它是土的渗透系数 k、压缩系数 a 和天然孔隙比 e 的函数,一般通过固结试验直接测定。

式(4-44)是饱和土的一维固结微分方程,其中 k、a、e 均假定为常数,实际上,它们随有效应力的增加而略有变化。为简化计算,常取土样固结前后的平均值。这一方程不仅适用于假设单面排水的边界条件,也可用于双面排水的边界条件。

3. 一维固结微分方程的解答

根据初始条件(开始固结时的附加应力分布情况)和边界条件(可压缩土层顶底面的排水条件)可得到微分方程的解答。

对于单面排水,排水面受到一次骤然施加的无限均布荷载 $\sigma_z=p$ 作用时,初始条件和边界条件如表 4-12 所示,采用分离变量法,可求得公式(4-50)的解为

$$u_{z,t} = \frac{4p}{\pi}\sum_{m=1}^{\infty}\frac{1}{m}\sin\frac{m\pi z}{2H}\mathrm{e}^{-\frac{m^2\pi^2}{4}T_v} \tag{4-51}$$

式中 $u_{z,t}$——深度 z 处某一时刻 t 的超静孔隙水压力;

m——为正奇整数,即 $1,3,5,\cdots,m$;

表 4-12　单面排水的初始条件和边界条件

时　　间	坐　　标	已知条件
$t=0$	$0 \leqslant z \leqslant H$	$u=\sigma_z=p$
$0<t<\infty$	$z=0$（透水面）	$u=0$
$0<t<\infty$	$z=H$（不透水面）	$\dfrac{\partial u}{\partial z}=0$
$t \to \infty$	$0 \leqslant z \leqslant H$	$u=0$

H——压缩土层最远的排水距离（m），若为单面排水，H 为土层的厚度；若为双面排水，水由土层中心分别向上下两方向排出，此时 H 为土层厚度的一半；

T_v——竖向固结时间因子，无因次，$T_v = \dfrac{C_v}{H^2}t = \dfrac{k(1+e)t}{a\gamma_w H^2}$；

t——固结历时（s）。

利用式（4-51）可绘制超静孔隙水压力的变化曲线，如图 4-27 所示。

4.4.3　地基固结度及应用

1. 地基固结度的概念

为了研究土层中超静水压力的消散程度，常应用固结度的概念。地基固结度是指在外荷载作用下地基土在任一深度 z 处，经历时间 t 后的超静孔隙水压力的消散程度，常用 $U_{z,t}$ 表示，即

$$U_{z,t} = \frac{u_0 - u_{z,t}}{u_0} = \frac{\sigma'_{z,t}}{\sigma_z} \tag{4-52}$$

式中　u_0——初始孔隙水压力，$u_0 = \sigma_z = p$；

　　　$u_{z,t}$——深度 z 处某一时刻 t 的孔隙水压力。

由图 4-27 可知，同一时刻，地基中不同深度处各点的超静孔隙水压力（或有效应力）不等，因而各点的固结度也不等，因此，引入某一土层的平均固结度 $\overline{U}_{z,t}$ 的概念，平均固结度对于工程更有实用意义。

土层的平均固结度 $\overline{U}_{z,t}$ 指在外荷载作用下，经历时间 t 的固结沉降量 s_{ct} 与最终沉降量 s_c 之比，见式（4-53）；也可以把土层在某一时间 t 的有效应力图面积与总附加应力图面积之比称为平均固结度 $\overline{U}_{z,t}$，见式（4-54）。

$$\overline{U}_{z,t} = \frac{s_{ct}}{s_c} \tag{4-53}$$

$$\overline{U}_{z,t} = \frac{s_{ct}}{s_c} = \frac{\int_0^H \sigma'_{z,t}\,\mathrm{d}z / E_s}{\int_0^H \sigma_z\,\mathrm{d}z / E_s} = \frac{\int_0^H \sigma'_{z,t}\,\mathrm{d}z}{\int_0^H \sigma_z\,\mathrm{d}z}$$

$$\overline{U}_{z,t} = \frac{A_{\sigma'}}{A_{\sigma_z}} = \frac{A_{\sigma_z} - A_u}{A_{\sigma_z}} = 1 - \frac{A_u}{A_{\sigma_z}} = 1 - \frac{\int_0^H u_{z,t}\,\mathrm{d}z}{\int_0^H \sigma_z\,\mathrm{d}z} \tag{4-54}$$

式中 $A_{\sigma z}$——全部固结完成后的附加应力面积, $A_{\sigma z}=\int_0^H \sigma_z \mathrm{d}z$ (kN/m);

$A_{\sigma'}$——有效应力的分布面积, $A_{\sigma'}=\int_0^H \sigma'_{z,t} \mathrm{d}z$ (kN/m);

A_u——孔隙应力的分布面积, $A_u=\int_0^H u_{z,t} \mathrm{d}z$ (kN/m);

$u_{z,t}$——深度 z 处某一时刻 t 的孔隙水压力(kPa);

σ_z——深度 z 处的竖向附加应力(kPa);

H——压缩土层最大的排水距离(m)。

2. 荷载一次瞬时施加情况的地基平均固结度 $\overline{U}_{z,t}$

1) 单面排水

对于在连续均布荷载 p 作用下,起始超静孔隙水压力分布图形为矩形,即 $\alpha=1$("0"型),此时 $\int_0^H \sigma_z \mathrm{d}z=pH$,将式(4-51)代入式(4-54),则土层任一时刻的固结度为

$$\overline{U}_{z,t}=1-\frac{\int_0^H u_{z,t}\mathrm{d}z}{\int_0^H \sigma_z \mathrm{d}z}=1-\frac{\int_0^H \frac{4p}{\pi}\sum_{m=1}^{\infty}\frac{1}{m}\sin\frac{m\pi z}{2H}e^{-\frac{m^2\pi^2}{4}T_v}\mathrm{d}z}{pH}$$

$$=1-\frac{8}{\pi^2}\left(e^{-\frac{\pi^2}{4}T_v}+\frac{1}{9}e^{-\frac{9\pi^2}{4}T_v}+\frac{1}{25}e^{-\frac{25\pi^2}{4}T_v}+\cdots\right)$$

在实用中常取第 1 项,则有

$$\overline{U}_{z,t}=1-\frac{8}{\pi^2}e^{-\frac{\pi^2}{4}T_v} \tag{4-55}$$

式中 $T_v=\frac{C_v}{H^2}t$ 中的 H 取土层厚度。

在实际工程中,起始超静孔隙水压力(附加应力)有多种分布情况,假定起始超静孔隙水压力沿深度为线性分布,如图 4-28 所示。

令

$$\alpha=\frac{排水面的起始超静孔隙水压力}{不排水面的起始超静孔隙水压力}=\frac{p_1}{p_2}$$

图 4-28 单面排水条件下超静孔隙水压力的消散

工程中,起始超静孔隙水压力的实际分布主要有 5 种情况,如图 4-29(a)所示。为了便于计算分析,将图 4-29(a)简化成为 4-29(b)。表 4-13 对起始超静孔隙水压力分布的适用工

程进行了简单描述。

(a) 实际分布图

(b) 简化分布图

图 4-29　起始超静孔隙水压力的分布情况

表 4-13　起始超静孔隙水压力分布

简化图形	α	类型	起始超静孔隙水压力分布图形	适 用 工 程
情况 1	1	"0"型	矩形	土层已在自重应力作用下固结,基底面积较大的薄压缩层地基
情况 2	0	"1"型	三角形	大面积新填土层(饱和时)由于本土层自重应力引起的固结或者土层由于地下水大幅度下降,在地下水变化范围内,自重应力随深度增加
情况 3	∞	"2"型	倒三角形	适用于基底面积小,土层较厚,土层底面附加应力已接近零
情况 4	<1	"0—1"型	正梯形(上小下大)	适用于土层在自重应力作用下尚未固结,又在其上修建建筑物基础
情况 5	>1	"0—2"型	倒梯形(上大下小)	适用于基底面积较小,即土层厚度 $h>b/2$(b 为基础宽度),附加应力随深度增加而减小,但传至压缩层底面的附加应力不接近零

$\alpha=0$ 时,即"1"型,起始超静孔隙水压力分布图形为三角形,代入式(4-54)得

$$\overline{U}_{z,t} = 1 - \frac{32}{\pi^3}e^{-\frac{\pi^2}{4}T_v} \tag{4-56}$$

不同 α 值时的平均固结度不同,为方便查用,表 4-14 给出了不同 α 值时 $\overline{U}_{z,t} \sim T_v$ 的关系。

2) 双面排水

不管起始超静孔隙水压力(附加应力)分布图形如何,一律取 $\alpha=1$,任一时刻土层固结度采用式(4-55)。注意 $T_v = \frac{C_v}{H^2}t$ 中的 H 取土层厚度的一半。

表 4-14 单面排水,不同 $\alpha = \dfrac{p_1}{p_2}$ 时 $\overline{U}_{z,t} \sim T_v$ 的关系

α	固结度 $\overline{U}_{z,t}$											类型
	0.0	0.1	0.2	0.3	0.4	0.5	0.6	0.7	0.8	0.9	1.0	
0.0	0.0	0.049	0.100	0.154	0.217	0.29	0.38	0.50	0.66	0.95	∞	"1"
0.2	0.0	0.027	0.073	0.126	0.186	0.26	0.35	0.46	0.63	0.92	∞	"0—1"
0.4	0.0	0.016	0.056	0.106	0.164	0.24	0.33	0.44	0.60	0.90	∞	
0.6	0.0	0.012	0.042	0.092	0.148	0.22	0.31	0.42	0.58	0.88	∞	
0.8	0.0	0.010	0.036	0.079	0.134	0.20	0.29	0.41	0.57	0.86	∞	
1.0	0.0	0.008	0.031	0.071	0.126	0.20	0.29	0.40	0.57	0.85	∞	"0"
1.5	0.0	0.008	0.024	0.058	0.107	0.17	0.26	0.38	0.54	0.83	∞	
2.0	0.0	0.006	0.019	0.050	0.095	0.16	0.24	0.36	0.52	0.81	∞	
3.0	0.0	0.005	0.016	0.041	0.082	0.14	0.22	0.34	0.50	0.79	∞	
4.0	0.0	0.004	0.014	0.040	0.080	0.13	0.21	0.33	0.49	0.78	∞	
5.0	0.0	0.004	0.013	0.034	0.069	0.12	0.20	0.32	0.48	0.77	∞	"0—2"
7.0	0.0	0.003	0.012	0.030	0.065	0.12	0.19	0.31	0.47	0.76	∞	
10.0	0.0	0.003	0.011	0.028	0.060	0.11	0.18	0.30	0.46	0.75	∞	
20.0	0.0	0.003	0.010	0.026	0.060	0.11	0.17	0.29	0.45	0.74	∞	
∞	0.0	0.002	0.009	0.024	0.048	0.09	0.16	0.23	0.44	0.73	∞	"2"

3. 荷载一级或多级等速施加情况的地基平均固结度 $\overline{U}_{z,t}$

上述一次瞬时加荷情况计算的地基平均固结度结果偏大,因为在实际工程中多为一级或多级等速加荷情况,如图 4-30 所示,当固结时间为 t 时,对应于累加荷载 $\sum \Delta p$ 的地基平均固结度可按下式计算:

$$\overline{U}_{z,t} = \sum_{i=1}^{n} \frac{\dot{q}_i}{\sum \Delta p} \left[(T_i - T_{i-1}) - \frac{\alpha}{\beta} (e^{\beta T_i} - e^{\beta T_{i-1}}) e^{-\beta t} \right] \tag{4-57}$$

式中 $\overline{U}_{z,t}$ ——深度 z 处时间 t 的平均固结度;

$\dot{q}_i$ ——第 i 级荷载的加荷速率(kPa/天),$\dot{q}_i = \Delta p_i / (T_i - T_{i-1})$;

$\sum \Delta p$ ——与一级或多级等速加荷历时 t 相对应的累加荷载(kPa);

T_i、T_{i-1} ——第 i 级荷载加荷的起始和终止时间(从零点起算)(天),当计算第 i 级荷载加荷过程中某时间 t 的平均固结度时,T_i 改为 t;

α、β ——两个参数,根据地基土的排水条件确定。对于天然地基的竖向排水固结条件,$\alpha = 8/\pi^2$,$\beta = \pi^2 C_v / 4H^2$。

4. 固结度计算的讨论

从固结度的计算公式可以看出,平均固结度 $\overline{U}_{z,t}$ 仅为时间因数 T_v 的函数,时间因数 T_v

图 4-30 多级等速加荷图

越大,固结度越大,土层的沉降越接近于最终沉降量。

由于 $T_{v}=\dfrac{C_{v}}{H^{2}}t=\dfrac{k(1+e)t}{a\gamma_{w}H^{2}}$,因此只要土层的渗透系数 k、压缩系数 a、初始孔隙比 e、土层厚度 H、时间 t 及排水边界条件已知,$\overline{U}_{z,t}\sim T_{v}$ 关系就可求得。

(1) 渗透系数 k 越大,越易固结,因为孔隙水易排出。

(2) $\dfrac{1+e_{1}}{a}=E_{s}$ 越大,即土的压缩性越小,越易固结。因为土骨架发生较小的压缩变形就能分担较大的外荷载,因此孔隙体积无须变化太大(不需排较多的水)。

(3) 时间 t 越长,固结越充分。

(4) 渗流路径 H 越大,孔隙水越难排出土层,越难固结。

4.4.4 地基沉降与时间的关系

1. 地基沉降与时间关系的理论计算法

1) 求某特定时间 t 的沉降量

(1) 计算地基最终沉降量 s_{c}。用分层总和法 $s=\displaystyle\sum_{i=1}^{n}s_{i}=\sum_{i=1}^{n}\dfrac{e_{1i}-e_{2i}}{1+e_{1i}}h_{i}=\sum_{i=1}^{n}\dfrac{\overline{\sigma}_{zi}}{E_{si}}h_{i}$ 或《建筑地基基础设计规范》推荐的方法 $s'=\displaystyle\sum_{i=1}^{n}\Delta s'_{i}=\sum_{i=1}^{n}\dfrac{p_{0}}{E_{si}}(z_{i}\overline{\alpha}_{i}-z_{i-1}\overline{\alpha}_{i-1})$ 进行计算。

(2) 根据土层的性质指标,确定土的固结系数 $C_{v}=\dfrac{k(1+e)}{\gamma_{w}a}$。

(3) 确定 T_{v} 值。由 $T_{v}=\dfrac{C_{v}}{H^{2}}t$ 来确定。

(4) 确定 $\overline{U}_{z,t}$ 值。根据平均固结度 $\overline{U}_{z,t}$ 与时间因数 T_{v} 的关系(见表 4-14),确定 $\overline{U}_{z,t}$ 值。

(5) 计算时间 t 的沉降量 $s_{ct}=\overline{U}_{z,t}s_{c}$。

2) 当土层达到一定沉降量 s_{ct} 时所需时间 t

(1) 计算地基最终沉降量 s_{c},用分层总和法或《建筑地基基础设计规范》推荐的方法进行计算。

(2) 确定 $\overline{U}_{z,t}$ 值,$\overline{U}_{z,t}=\dfrac{s_{ct}}{s_{c}}$。

（3）确定时间因数 T_v 值。根据平均固结度 $\overline{U}_{z,t}$ 与时间因数 T_v 的关系（见表 4-14），确定 T_v 值。

（4）根据土层的性质指标，确定土的固结系数 $C_v = \dfrac{k(1+e)}{\gamma_w a}$。

（5）确定时间 t 值，由 $T_v = \dfrac{C_v}{H^2}t$ 可得 $t = \dfrac{T_v H^2}{C_v}$。

【例题 4.8】 某饱和黏土层的厚度为 $10\mathrm{m}$，在大面积荷载 $p_0 = 120\mathrm{kPa}$ 作用下，设该土层的初始孔隙比 $e_0 = 1$，压缩系数 $a = 0.3\mathrm{MPa^{-1}}$，压缩模量 $E_s = 6.0\mathrm{MPa}$，渗透系数 $k = 5.7 \times 10^{-8}\mathrm{cm/s}$。对黏土层在单面排水或双面排水条件下分别求：（1）加荷后一年时的变形量；（2）变形量达 $156\mathrm{mm}$ 所需的时间。

【解】

（1）求 $t = 1$ 年时地基的沉降量。

黏土层中附加应力沿深度是均匀分布的，$\sigma_z = p_0 = 120\mathrm{kPa}$。

黏土层的最终沉降量

$$s = \frac{\sigma_z}{E_s}H = \frac{120}{6000} \times 10^4 = 200(\mathrm{mm})$$

黏土层的竖向固结系数：

$$C_v = \frac{k(1+e_0)}{\gamma_w a} = \frac{5.7 \times 10^{-8} \times (1+1)}{10 \times 10^{-6} \times 3} = 3.8 \times 10^{-3}(\mathrm{cm^2/s}) = 1.2 \times 10^5(\mathrm{cm^2/年})$$

对于单面排水条件下：

竖向固结的时间因数

$$T_v = \frac{C_v t}{H^2} = \frac{1.2 \times 10^5 \times 1}{1000^2} = 0.12$$

根据式（4-53）得

$$\overline{U}_{z,t} = 1 - \frac{8}{\pi^2}e^{-\frac{\pi^2}{4}T_v} = 0.39$$

则得到 $t = 1$ 年时的沉降量

$$s_{ct} = \overline{U}_{z,t}s_c = 0.39 \times 200 = 78(\mathrm{mm})$$

对于双面排水条件下：

竖向固结的时间因数

$$T_v = \frac{C_v t}{H^2} = \frac{1.2 \times 10^5 \times 1}{\left(\frac{1000}{2}\right)^2} = 0.48 \text{（} H \text{ 取土层厚度的一半）}$$

根据式（4-53）得

$$\overline{U}_{z,t} = 1 - \frac{8}{\pi^2}e^{-\frac{\pi^2}{4}T_v} = 0.75$$

则得到 $t = 1$ 年时的沉降量

$$s_{ct} = \overline{U}_{z,t}s_c = 0.75 \times 200 = 150(\mathrm{mm})$$

（2）求变形量达 $156\mathrm{mm}$ 所需要的时间。

$$\overline{U}_{z,t} = \frac{s_{ct}}{s_c} = \frac{156}{200} = 0.78$$

查表 4-8,此时 $\alpha=1$,采用内插法,得 $T_v=0.51$。

按公式 $t=\dfrac{H^2 T_v}{C_v}$ 计算所需时间。

在单向排水条件下:

$$t=\frac{H^2 T_v}{C_v}=\frac{1000^2\times0.51}{1.2\times10^5}=4.4(年)$$

在双向排水条件下:

$$t=\frac{H^2 T_v}{C_v}=\frac{\left(\dfrac{1000}{2}\right)^2\times0.51}{1.2\times10^5}=1.1(年)$$

【例题 4.9】 设某一软土地基上的路堤工程,软土层厚度为 16m,下卧坚硬黏土层(可视为不可压缩的不透水层)。经勘探实验得到地基土的竖向固结系数 $C_v=1.5\times10^{-3}$ cm²/s。路堤填筑荷载分三级等速施加,$\Delta p_1=80$kPa、$\Delta p_2=80$kPa、$\Delta p_3=40$kPa,各级累加荷载分别为 80kPa、160kPa、200kPa;填筑时间 T_0、T_1、T_2、T_3、T_4、T_5 分别为 0d、30d、50d、80d、120d、140d;则三级加荷速率 q_1、q_2、q_3 分别为 2.67kPa/d、2.67kPa/d、1.0kPa/d。试求历时 150d 的地基平均固结度。

【解】 根据已知 C_v 值、$H=1600$cm(单面排水),即可计算参数 $\alpha=8/\pi^2$,$\beta=\pi^2 C_v/4H$,$\beta=\pi^2\times1.5\times10^{-3}\times60\times60\times24\div(4\times1600^2)=1.249\times10^{-4}(1/d)$,$\alpha/\beta=6.489\times10^3$。

本路堤在三级等速加荷条件下历时 150d 累加荷载为 200kPa,由式(4-59)计算天然地基平均固结度为

$$\begin{aligned}
\overline{U}_{z,t}&=\frac{2.67}{200}\times\left[(30-0)-6.489\times10^3\times\frac{(e^{0.000125\times30}-1)}{e^{0.000125\times150}}\right]\\
&+\frac{2.67}{200}\times\left[(80-50)-6.489\times10^3\times\frac{(e^{0.000125\times80}-e^{0.000125\times50})}{e^{0.000125\times150}}\right]\\
&+\frac{1}{200}\times\left[(140-100)-6.489\times10^3\times\frac{(e^{0.000125\times140}-e^{0.000125\times100})}{e^{0.000125\times150}}\right]\\
&=(0.081+0.079+0.038)\times100\%=19.8\%
\end{aligned}$$

上述计算结果表明,在 16m 厚的软土层上填筑路堤 150d 时,天然地基的平均固结度仅接近 20%,需要采用打入砂井或塑料排水板等地基处理方案,以提高软土层的平均固结度。

2. 地基沉降与时间关系的经验估算法

上述固结理论,由于做了各种简化假设,其结果往往与实测成果不完全符合,因为基础沉降多属于三维课题且实际情况很复杂,因此,利用建筑物施工后沉降观测资料推算后期沉降(包括最终沉降量)有重要的实际意义。根据实测的沉降与时间资料表明,饱和黏土的地基沉降与时间的实测关系大多呈双曲线或对数曲线,因此下面介绍常用的两种经验方法即对数曲线法(三点法)或双曲线法(二点法)。

1) 对数曲线法

由 $\overline{U}_{z,t}=1-\dfrac{8}{\pi^2}e^{-\frac{\pi^2}{4}T_v}=1-\dfrac{8}{\pi^2}e^{-\frac{\pi^2 C_v}{4H^2}t}$ 可知,不同条件的平均固结度可以用一个普通表达式来概括:

$$\overline{U}_{z,t}=1-Ae^{-Bt} \tag{4-58}$$

或
$$\frac{s_t}{s_\infty} = 1 - Ae^{-Bt} \qquad (4-59)$$

式中 A、B 是两个参数,将式(4-58)与式(4-55)比较可见,$A = \dfrac{8}{\pi^2}$ 为常数,$B = \dfrac{\pi^2 C_v}{4H^2}$,若把 A、B 作为实测的 s_t-t 关系曲线中的参数,则其值是待定的。

为了求解式(4-59)中的 A、B 和 s_∞ 三个未知数,利用实测的沉降—时间关系曲线(s_t-t 曲线),在曲线的后半段中(荷载停止施加后)任取三组对应的 t、s 值,其中 t_3 应尽可能与曲线末端对应,时间差 $t_2 - t_1$ 和 $t_3 - t_2$ 必须相等且尽量大一些,代入式(4-59)中,可建立三个联立方程,从而解得三个未知数 A、B 和 s_∞。利用式(4-59)即可求出任一时刻 t 的沉降量 s_t,从而得到用对数曲线法推算的后期 s_t-t 关系,如图 4-31 所示。上述时间 t 均应由修正后的零点 o' 算起,如施工期荷载等速增长,则 o' 在加荷期的中点。

2)双曲线法

建筑物的沉降观测资料表明其沉降与时间的关系曲线接近于双曲线(施工期间除外),双曲线经验公式为

$$s_t = \frac{t}{a+t} s_\infty \qquad (4-60)$$

式中 s_∞——推算的地基最终沉降量;

s_t——t 时刻地基实测沉降量。根据修正曲线从施工期的一半算起(假设为一级等速加荷);

a——经验参数,待定。

可将式(4-60)简化为

$$\frac{t}{s_t} = \frac{1}{s_\infty} t + \frac{a}{s_\infty} = mt + n \qquad (4-61)$$

如图 4-32 所示,以 t 为横坐标,以 $\dfrac{t}{s_t}$ 为纵坐标,将已掌握的 s_t-t 实测数据值计算后放在此坐标系中,然后根据这些坐标点作出一回归直线,根据此直线的斜率 $m = \dfrac{1}{s_\infty}$,截距 $n = \dfrac{a}{s_\infty}$ 即可求得 s_∞ 和 a。代入式(4-60)中,即可推算任意 t 时的沉降量 s_t,得到用双曲线法推算的后期 s_t-t 关系。

图 4-31 早期实测沉降与时间(s_t-t)关系曲线

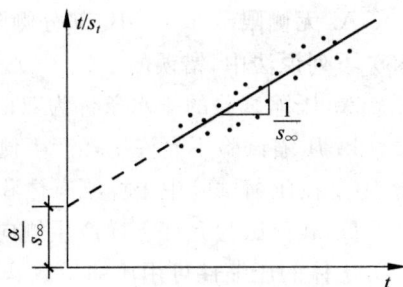

图 4-32 根据 $\dfrac{t}{s_t}$-t 关系推算后期沉降

　　用实测资料推算建筑物沉降与时间关系的关键问题是必须有足够长时间的观测资料，才能得到比较可靠的关系曲线，同时它也提供了一种估算建筑物最终沉降的方法。

习　题

1. 简答题

（1）土的压缩性指标有哪些？如何得到？

（2）如何计算 a_{1-2}？如何评价土的压缩性？

（3）根据应力历史可将土层分为哪三类？试述它们的定义。

（4）为什么要推算现场原始压缩曲线？如何推算？

（5）如何考虑应力历史对土的压缩性的影响？

（6）试比较压缩模量、变形模量和弹性模量定义、计算公式及适用条件。

（7）简述分层总和法的原理和假设。

（8）饱和土的渗透固结模型是什么？该模型说明了什么问题？

（9）同一场地埋深相同的两个矩形底面基础，底面积不同。已知作用于基底的附加压力相等，基础的长宽比相等，试用分层总和法分析哪个基础最终沉降量大？

（10）有一个基础埋置在透水的可压缩土层上，当地下水位发生变化时，对基础沉降有什么影响？当基底为不透水的可压缩土层时，地下水位变化时，对基础沉降又有什么影响？

（11）不同的无限均布荷载骤然作用于某一黏土层，要达到同一固结度，所需的时间有无区别？

2. 单项选择题

（1）下列说法中，错误的是（　　　）。

　　A. 土在压力作用下体积会缩小

　　B. 土的压缩主要是土中孔隙体积减小

　　C. 土的压缩性与土的渗透性有关

　　D. 饱和土的压缩主要是土中气体被挤出

（2）土体压缩性 e-p 曲线是在（　　　）条件下试验得到的。

　　A. 无侧限　　　　　　B. 部分侧限　　　　　　C. 完全侧限

（3）下列说法中，错误的是（　　　）。

　　A. 压缩试验的排水条件为双面排水

　　B. 压缩试验不允许土样产生侧向变形

　　C. 在压缩试验中土样既有体积变形，也有剪切变形

　　D. 载荷试验允许土样产生侧向变形

（4）土体的压缩性可用压缩系数 a 表示，则（　　　）。

　　A. 压缩系数 a 越大，土的压缩性越小

　　B. 压缩系数 a 越大，土的压缩性越大

　　C. 压缩系数 a 的大小与压缩性的大小无关

D. 压缩系数 a 越大，e-p 曲线越平缓

(5) 在土的压缩性指标中(　　)。

　　A. 压缩系数 a 与压缩模量 E_s 成正比

　　B. 压缩系数 a 与压缩模量 E_s 成反比

　　C. 压缩系数越大，土的压缩性越低

　　D. 压缩模量越小，土的压缩性越低

(6) 压缩曲线 e-p 或 e-$\lg p$ 曲线，压力 p 为(　　)。

　　A. 自重应力　　　　B. 有效应力　　　　　C. 总应力　　　　　　D. 孔隙水压力

(7) 土体的压缩性可用压缩指数 C_c 表示，则(　　)。

　　A. 压缩指数 C_c 越大，土的压缩性越小

　　B. 压缩指数 C_c 越大，土的压缩性越大

　　C. 压缩指数 C_c 的大小与压缩性的大小无关

(8) 从工程勘察报告中已知某土层的 $E_{s1-2}=6.3\mathrm{MPa}$，则该土层为(　　)。

　　A. 低压缩性土　　　B. 中压缩性土　　　　C. 高压缩性土　　　D. 非压缩性土

(9) 无侧向变形条件下，土的应力与应变的比值为(　　)。

　　A. 压缩模量　　　　B. 弹性模量　　　　　C. 变形模量　　　　　D. 压缩系数

(10) 理论上弹性模量 E、变形模量 E_0 与压缩模量 E_s 的关系为(　　)。

　　A. $E=E_0=E_s$　　　　　　　　　　B. $E<E_0<E_s$

　　C. $E>E_0>E_s$　　　　　　　　　　D. $E>E_s>E_0$

(11) 当超固结比 OCR<1 时，该土层处于(　　)状态。

　　A. 正常固结　　　　B. 超固结　　　　　　C. 欠固结

(12) 当土为超固结状态时，其先期固结压力 p_c 与目前上覆土重 p_0 的关系为(　　)。

　　A. $p_c>p_0$　　　　　B. $p_c=p_0$　　　　　C. $p_c<p_0$

(13) 超固结土的 e-$\lg p$ 曲线是由一条水平线和两条斜线构成，现有覆土重 p_1 和土的先期固结压力 p_c 之间的斜线斜率为(　　)。

　　A. 压缩系数　　　　B. 压缩指数　　　　　C. 回弹指数

(14) 当地基为高压缩性土时，分层总和法确定地基沉降计算深度的标准是(　　)。

　　A. $\sigma_z\leqslant0.3\sigma_c$　　B. $\sigma_z\leqslant0.2\sigma_c$　　　C. $\sigma_z\leqslant0.1\sigma_c$　　　D. $\sigma_z\leqslant0.05\sigma_c$

(15) 用分层总和法计算地基沉降时，附加应力表示的是(　　)。

　　A. 总应力　　　　　B. 孔隙水压力　　　　C. 有效应力

(16) 有两个条形基础，基底附加应力分布相同，基础宽度相同，埋深也相同，但是基底长度不同，则(　　)。

　　A. 基底长度大的沉降量大

　　B. 基底长度大的沉降量小

　　C. 两基础沉降量相同

(17) 土的固结主要是指(　　)。

　　A. 总应力引起超静孔隙水压力增长的过程

　　B. 超静孔隙水压力消散，有效应力增长的过程

　　C. 总应力不断增加的过程

(18) 饱和黏土层上为粗砂层,下为不透水的基岩,则在固结过程中,有效应力最小的位置在黏土层的( )。

        A. 底部   B. 顶部

        C. 正中间   D. 各处(沿高度均匀分布)

(19) 黏土层的厚度均为 4m,情况之一是双面排水,情况之二是单面排水。当地面瞬时施加一无限均布荷载,两种情况土性相同,达到同一固结度所需要的时间之比是( )。

        A. 2 倍   B. 4 倍   C. 8 倍

(20) 设地基的最终变形量为 100mm,则当变形量为 30mm 时,地基的平均固结度为( )。

        A. 30%   B. 50%   C. 70%

(21) 取饱和黏土土样进行固结试验,试样厚 2cm,30min 后固结度达到 90%。若实际饱和黏土层厚 5m,上、下均为粗砂层,则达到同样固结度所需的时间约为( )。

        A. 14.27 年   B. 3.57 年   C. 1.78 年   D. 0.89 年

(22) 取饱和黏土土样进行固结试验,试样厚 2cm,15min 后固结度达到 90%。若实际饱和黏土层厚 5m,上为粗砂层,下为不透水的基岩,则达到同样固结度所需的时间约为( )。

        A. 7.13 年   B. 3.57 年   C. 1.78 年   D. 0.89 年

3. 计算题

(1) 某饱和黏性土试样的土粒相对密度 $d_s = 2.68$,试样的初始高度为 2cm,面积为 30cm²。在压缩仪上做完试验后,取出试样称重 109.44g,烘干后重 88.44g。试求:①试样的压缩量是多少? ②压缩前后试样的孔隙比改变了多少? ③压缩前后试样的重度改变了多少?

(2) 某原状土压缩试验结果如表 4-15 所示,计算土的压缩系数 a_{1-2}、压缩指数 C_c 和相应侧限压缩模量 E_{s1-2},并评价此土的压缩性。

表 4-15 某原状土压缩试验结果

压应力 p/kPa	50	100	200	300
孔隙比 e	0.962	0.950	0.936	0.924

(3) 设土样厚 3cm,在 100~200kPa 压力段内的压缩系数 $a_{1-2} = 0.2$MPa⁻¹,当压力为 100kPa 时,$e = 0.7$。试求:①该土样的压缩模量;②土样压力由 100kPa 加到 200kPa 时,土样的压缩量 S。

(4) 某土样的固结试验结果如表 4-16 所示,初始孔隙比为 0.656,则该试样在 100~200kPa 的压缩系数和压缩模量为多少?

表 4-16 某土样的固结试验结果

p/kPa	50	100	200
稳定校正后的变形量 Δh_i/mm	0.155	0.263	0.565

(5) 如图 4-33 所示,某黏土层厚度 $h = 4$m,重度 $\gamma = 18.5$kN/m³。试求大面积超载 $p = 50$kPa 作用下该黏土层的最终沉降量。室内压缩试验结果如表 4-17 所示。

图 4-33 计算简图

表 4-17 室内压缩试验结果

p/kPa	25	50	75	100
e	0.97	0.92	0.88	0.85

（6）大面积料场地层分布及参数如图 4-34 所示，②层黏土的压缩试验结果如表 4-18 所示，地表堆载 120kPa，求在此荷载的作用下黏土层的压缩量。

图 4-34 大面积料场地层分布及参数

表 4-18 室内压缩试验结果

p/kPa	0	20	40	60	80	100	120	140	160	180
e	0.900	0.865	0.840	0.825	0.810	0.800	0.791	0.783	0.776	0.771

（7）相邻两座 A、B 楼，由于建 B 楼对 A 楼产生附加沉降，如图 4-35 所示，A 楼的附加沉降量为多少？

（8）有一矩形基础 4m×8m，埋深为 2m，受 4000kN 中心荷载（包括基础自重）的作用。地基为细砂层，其 $\gamma=19$kN/m³，压缩资料如表 4-19 所示。试用分层总和法计算基础的总沉降量。

表 4-19 室内压缩试验结果

p/kPa	50	100	150	200
e	0.680	0.654	0.635	0.620

图 4-35　相邻 A、B 楼计算简图

（9）某矩形基础，底面尺寸为 $2.5m \times 4.0m$，基底附加压力 $p_0 = 200kPa$，基础中心点下地基附加应力曲线如图 4-36 所示，试问：基底中心点下深度 $1.0 \sim 4.5m$ 范围内，附加应力曲线与坐标轴围成的面积 A（图中阴影部分）为多少？（图中尺寸单位为 mm）

图 4-36　基础中心点下地基附加应力曲线

（10）某建筑基础为柱下独立基础，基础平面尺寸为 $5m \times 5m$，基础埋深为 2m，室外地面以下土层参数如表 4-20 所示，假定变形计算深度为卵石层顶面。试问：计算基础中点沉降时，沉降计算深度范围内的压缩模量当量值为多少？

表 4-20　土层参数

土层名称	土层层底埋深/m	重度/(kN·m⁻³)	压缩模量 E_s/MPa
粉质黏土	2.0	19	10
粉土	5.0	18	12
细砂	8.0	18	18
密实卵石	15.0	18	90

(11) 某矩形基础长 3.5m，宽 2.5m，基础深埋 $d=1m$，作用在基础上的荷载 $F_k=900kN$，地基分为上下两层，上层为粉质黏土，厚 7m，重度 $\gamma=18kN/m^3$，$e_1=1.0$，$a=0.4MPa^{-1}$，下层为基岩。用规范法求基础的沉降量(取 $\psi_s=1.0$)。

(12) 某场地土层分布为：$0\sim4m$ 淤泥质黏土，$\gamma=16.8kN/m^3$；$4\sim11m$ 黏土，$\gamma_{sat}=19.7kN/m^3$，固结系数 $C_v=1.6\times10^{-3}cm^2/s$，回弹指数 $C_s=0.05$，压缩指数 $C_c=0.2$，初始孔隙比 $e_0=0.72$；$11\sim15m$ 为砂卵石，地下水位为 $-4m$。假设各土层完成固结后开挖一个深为 4m 的大面积基坑，待坑底土层充分回弹后建造建筑物，基础中心点以下附加应力近似为梯形分布，基底附加压力为 120kPa，黏土层底面的附加压力为 60kPa，忽略砂卵石层的压缩，计算基底的沉降量。

(13) 某饱和黏土厚为 H，承受大面积均布荷载，单面排水。已知其最终沉降量 $s=150mm$；沉降达 $s_1=120mm$ 时所用时间 $t_1=1$ 年。试求其在 $t_2=0.6$ 年时的固结度 U_z。

本章习题答案

本章工程案例分析

第5章 土的抗剪强度

5.1 概　述

　　土是松散颗粒组成的、具有土骨架孔隙特性的三相体,在外荷载作用下,与土颗粒自身压碎破坏相比,土颗粒更容易产生相对滑移,即产生剪切变形,当达到一定强度时称为剪切破坏。土力学中将土体抵抗剪切破坏的极限能力称为土的抗剪强度。土的抗剪强度特性是反映土的孔隙性规律基本内容之一。建筑物地基在外荷载作用下将产生土体剪应力和剪切变形,土体具有抵抗剪应力的潜在能力——剪阻力或抗剪力,它随着剪应力的增加而逐渐发挥作用。当剪阻力完全发挥作用时,土体就处于极限破坏的极限状态,此时剪应力也就到达极限,这个极限值就是土的抗剪强度。土的抗剪强度问题就是土的强度问题。

　　如果土体内某一部分的剪应力达到了抗剪强度,在该部分就出现剪切破坏。随着荷载的增加,剪切破坏的范围逐渐扩大,最终在土体中形成连续的滑动面,而丧失稳定性。土体剪切破坏是土的强度破坏的重要特点。在实际工程中,与土的抗剪强度有关的工程问题主要有三类:第一类是建筑物地基承载力问题,即基础下的地基土体产生整体滑动或因局部剪切破坏而导致过大的地基变形甚至倾覆,如图 5-1(a)所示;第二类是构筑物环境的安全性问题,即土压力问题,如挡土墙、基坑等工程中,墙后土体强度破坏将造成过大的侧向土压力,导致墙体滑动、倾覆或支护结构破坏事故,如图 5-1(b)所示;第三类是土工构筑物的稳定性问题,如土坝、路堤等填方边坡以及天然土坡等,在超载、渗流乃至暴雨作用下引起土体强度破坏后将产生整体失稳边坡滑坡等事故。在对这些工程问题进行计算时,必须选用合适的抗剪强度指标。土的抗剪强度指标不仅与土的种类有关,还与土样的天然结构是否被扰动、室内试验时的排水条件(受剪前固结状况和受剪时排水状况)是否符合现场条件有关,不同的排水条件所测定的抗剪强度指标值有所差别。

(a) 地基承载力破坏　　　　　　　　　　(b) 支护结构失稳破坏

图 5-1　地基承载力破坏和支护结构失稳破坏

土体抗剪强度指标通过室内或现场实验测定,主要试验有:室内的直接剪切试验、三轴压缩试验、无侧限抗压强度试验和现场的十字板剪切试验,除此之外还有室内天然休止角试验(适用于测定无黏性土边坡的抗剪强度指标)和现场大型直接剪切试验(适用于测定堆石料的抗剪强度指标)等。

本章先介绍土的抗剪强度理论,然后介绍几种常用的剪切试验方法,试验结果的运用,分析剪切试验中土的性状,最后讨论强度试验结果在具体工程中的应用。

5.2 土的抗剪强度理论

5.2.1 库仑公式及抗剪强度指标

库仑根据砂土的试验,将土的抗剪强度 τ_f 表达为剪切破坏面上法向总应力 σ 的函数,即

$$\tau_f = \sigma\tan\varphi \tag{5-1}$$

以后又提出了适合黏土的更为普遍的表达式:

$$\tau_f = c + \sigma\tan\varphi \tag{5-2}$$

式中 τ_f——抗剪强度(kPa);

σ——总应力(kPa);

c——土的黏聚力,也称内聚力(kPa);

φ——土的内摩擦角(°)。

式(5-1)和式(5-2)统称为库仑公式,或库仑定律,c、φ 称为抗剪强度指标(参数)。将库仑公式表示在 τ-σ 坐标中为两条直线,如图 5-2 所示,可称之为库仑强度线。由库仑公式可以看出,无黏性土的抗剪强度与剪切面上的法向应力成正比,其本质是由于土粒之间的滑动摩擦以及凹凸面间的镶嵌作用所产生的摩擦阻力,其大小决定于土粒表面的粗糙度、土的密实度以及颗粒级配等因素。黏性土和粉土的抗剪强度由两部分组成:一部分是摩擦阻力(与法向应力成正比);另一部分是土粒之间的黏聚力,它是由于黏土颗粒之间的胶结作用和静电引力效应等因素引起的。

长期的试验研究指出,土的抗剪强度不仅与土的性质有关,还与试验时的排水条件、剪切速率、应力状态和应力历史等许多因素有关,其中最主要的是试验时的排水条件,根据太沙基的有效应力原理,土体内的剪应力只能由土的骨架承担,因此,土的抗剪强度 τ_f 应表示为剪切破坏面上法向有效应力 σ' 的函数,库仑公式应为

$$\left.\begin{array}{l}\tau_f = \sigma'\tan\varphi' \\ \tau_f = c' + \sigma'\tan\varphi'\end{array}\right\} \tag{5-3}$$

图 5-2 抗剪强度曲线规律

式中 σ'——有效应力(kPa);

c'——有效黏聚力(kPa);

φ'——有效内摩擦角(°)。

因此,土的抗剪强度有两种表达方式:一种是以总应力 σ 表示剪切破坏面上的法向应力,称为抗剪强度总应力法,相应的 c、φ 称为总应力强度指标(参数);另一种则以有效应力 σ' 表示剪切破坏面上的法向应力,称为抗剪强度有效应力法,c' 和 φ' 称为有效应力强度指标(参数)。试验研究表明,土的抗剪强度取决于土粒间的有效应力,但是,抗剪强度总应力法在应用上比较方便,许多土工问题的分析方法都建立在总应力概念的基础上,所以在工程上仍沿用至今。

5.2.2   莫尔—库仑强度理论及极限平衡条件

当土体处于三维应力状态,土体中任意一点在某一平面上发生剪切破坏时,该点即处于极限平衡状态,根据德国工程师莫尔的应力圆理论,可得到土体中一点的剪切破坏准则,即土的极限平衡条件。下面仅研究平面应变问题。

在土体中取一微单元,如图 5-3(a)所示,设作用在该单元体上的两个主应力为 σ_1 和 σ_3($\sigma_1 > \sigma_3$),在单元体内与大主应力 σ_1 作用平面成任意角 α 的 mn 平面上有正应力 σ 和剪应力 τ。为了建立 σ、τ 与 σ_1、σ_3 之间的关系,取微棱柱体 abc 为隔离体,如图 5-3(b)所示,设隔离体的斜边边长 ab 为 $\mathrm{d}s$,将各力分别在水平和垂直方向投影,则 $ac = \mathrm{d}s \sin\alpha$,$bc = \mathrm{d}s \cos\alpha$,根据静力平衡条件得

$$\sigma_3 \mathrm{d}s \sin\alpha - \sigma \mathrm{d}s \sin\alpha + \tau \mathrm{d}s \cos\alpha = 0$$
$$\sigma_1 \mathrm{d}s \cos\alpha - \sigma \mathrm{d}s \cos\alpha - \tau \mathrm{d}s \sin\alpha = 0$$

(a) 微单元体上的应力   (b) 隔离体 abc 上的应力   (c) 莫尔圆

图 5-3   土体中任意点的应力

联立求解以上方程,在 mn 平面上的正应力和剪应力为

$$\left.\begin{array}{l} \sigma = \dfrac{1}{2}(\sigma_1 + \sigma_3) + \dfrac{1}{2}(\sigma_1 - \sigma_3)\cos 2\alpha \\[3mm] \tau = \dfrac{1}{2}(\sigma_1 - \sigma_3)\sin 2\alpha \end{array}\right\} \tag{5-4}$$

采用莫尔圆原理,σ、τ 与 σ_1、σ_3 之间的关系可用莫尔应力圆表示,如图 5-3(c)所示,即在 $\sigma\tau$ 直角坐标系中,按一定的比例尺,沿 σ 轴截取 OB 和 OC 分别表示 σ_3 和 σ_1,以 D 点为圆心,$(\sigma_1 - \sigma_3)/2$ 为半径作一圆,从 DC 开始逆时针旋转 2α 角,使 DA 线与圆周交于 A 点,可以证明,A 点的

横坐标即为斜面 mn 上的正应力 σ，纵坐标即为剪应力 τ。这样，莫尔圆就可以表示土体中一点的应力状态，莫尔圆圆周上各点的坐标就表示该点在相应平面上的正应力和剪应力。

如果给定了土的抗剪强度参数 c、φ 以及土中某点的应力状态，则可将抗剪强度包线与莫尔圆画在同一张坐标图上（见图 5-4）。它们之间的关系有以下三种情况：①整个莫尔圆（圆 I）位于抗剪强度包线的下方，说明该点在任何平面上的剪应力都小于土所能发挥的抗剪强度（$\tau < \tau_f$），因此不会发生剪切破坏；②莫尔圆（圆 II）与抗剪强度包线相切，切点为 A，说明在 A 点所

图 5-4　莫尔圆与抗剪强度之间的关系

代表的平面上，剪应力正好等于抗剪强度（$\tau = \tau_f$），该点处于极限平衡状态，此莫尔圆（圆 II）称为极限应力圆；③抗剪强度包线是莫尔圆（圆 III，以虚线表示）的一条割线，实际上这种情况是不可能存在的，因为该点在任何方向上的剪应力都不可能超过土的抗剪强度，即不存在 $\tau > \tau_f$ 的情况，根据极限莫尔圆与库仑强度线相切的几何关系，可建立下面的极限平衡条件，该条件称为莫尔—库仑强度理论。

设在土体中取一微单元体，如图 5-5(a)所示，mn 为破裂面，它与大主应力的作用面成破裂角 α_f。该点处于极限平衡状态时的莫尔圆如图 5-5(b)所示。

(a) 微单元体　　　　　　(b) 极限平衡状态时的莫尔圆

图 5-5　土体中一点达到极限平衡状态时的莫尔圆

将抗剪强度包线反向延长与 σ 轴相交于 R 点，由三角形 ARD 可知 $\overline{AD} = \overline{RD}\sin\alpha$。

因为

$$\overline{AD} = \frac{1}{2}(\sigma_1 - \sigma_3), \quad \overline{RD} = c \cdot \cot\varphi + \frac{1}{2}(\sigma_1 + \sigma_3)$$

所以

$$\sin\varphi = \frac{\sigma_1 - \sigma_3}{\sigma_1 + \sigma_3 + 2c\cot\varphi} \tag{5-5}$$

化简后得

$$\sigma_1 = \sigma_3 \frac{1 + \sin\varphi}{1 - \sin\varphi} + 2c\sqrt{\frac{1 + \sin\varphi}{1 - \sin\varphi}} \tag{5-6}$$

或

$$\sigma_3 = \sigma_1 \frac{1 - \sin\varphi}{1 + \sin\varphi} + 2c\sqrt{\frac{1 - \sin\varphi}{1 + \sin\varphi}} \tag{5-7}$$

由三角函数可以证明：

$$\frac{1 + \sin\varphi}{1 - \sin\varphi} = \tan^2\left(45° + \frac{\varphi}{2}\right)$$

或
$$\frac{1-\sin\varphi}{1+\sin\varphi}=\tan^2\left(45°-\frac{\varphi}{2}\right)$$

代入式(5-6)、式(5-7),得出黏土和粉土的极限平衡条件为

$$\sigma_1=\sigma_3\tan^2\left(45°+\frac{\varphi}{2}\right)+2c\tan\left(45°+\frac{\varphi}{2}\right) \tag{5-8}$$

或
$$\sigma_3=\sigma_1\tan^2\left(45°-\frac{\varphi}{2}\right)-2c\tan\left(45°-\frac{\varphi}{2}\right) \tag{5-9}$$

对于无黏性土,由于 $c=0$,则由式(5-8)和式(5-9)可知,无黏性土的极限平衡条件为

$$\sigma_1=\sigma_3\tan^2\left(45°+\frac{\varphi}{2}\right) \tag{5-10}$$

或
$$\sigma_3=\sigma_1\tan^2\left(45°-\frac{\varphi}{2}\right) \tag{5-11}$$

在图 5-5(b)所示的三角形 ARD 中,由外角与内角的关系可得破裂角为

$$\alpha_f=45°+\frac{\varphi}{2} \tag{5-12}$$

说明破坏面与大主应力 σ_1 作用面的夹角为 $\left(45°+\frac{\varphi}{2}\right)$,或破坏面与小主应力 σ_3 作用面的夹角为 $\left(45°-\frac{\varphi}{2}\right)$。

式(5-8)~式(5-11)即称为莫尔—库仑强度理论。

设 σ_{1f}、σ_{3f} 分别为某一单元土体达到极限平衡状态时所需的大主应力和小主应力,则由上述强度理论可以得出以下结论。

(1) 当 $\sigma_1<\sigma_{1f}$ 或 $\sigma_3>\sigma_{3f}$ 时,土体处于弹性平衡状态。

(2) 当 $\sigma_1=\sigma_{1f}$ 或 $\sigma_3=\sigma_{3f}$ 时,土体处于极限平衡状态。

(3) 当 $\sigma_1>\sigma_{1f}$ 或 $\sigma_3<\sigma_{3f}$ 时,土体处于剪切破坏状态。

【例题 5.1】 地基中某一单元土体上的大主应力为 430kPa,小主应力为 200kPa。通过试验测得土的抗剪强度指标 $c=15$kPa,$\varphi=20°$。试问:①该单元土体处于何种状态? ②该单元土体最大剪应力出现在哪个面上,是否会沿剪应力最大的面发生剪切破坏?

【解】 ①.已知 $\sigma_1=430$kPa,$\sigma_3=200$kPa,$c=15$kPa,$\varphi=20°$。

$$\sigma_{1f}=\sigma_3\tan^2\left(45°+\frac{\varphi}{2}\right)+2c\tan\left(45°+\frac{\varphi}{2}\right)=450.8(\text{kPa})$$

计算结果表明:σ_{1f} 大于该单元土体实际大主应力 σ_1,实际应力圆半径小于极限应力圆半径,所以,该单元土体处于弹性平衡状态;

或者
$$\sigma_{3f}=\sigma_1\tan^2\left(45°-\frac{\varphi}{2}\right)-2c\tan\left(45°-\frac{\varphi}{2}\right)=189.8(\text{kPa})$$

计算结果表明:σ_{3f} 小于该单元土体实际小主应力 σ_3,实际应力圆半径小于极限应力圆半径,所以,该单元土体处于弹性平衡状态;

或者
$$\alpha_f=45°+\frac{\varphi}{2}=55°$$

在剪切面上
$$\sigma=\frac{1}{2}(\sigma_1+\sigma_3)+\frac{1}{2}(\sigma_1-\sigma_3)\cos2\alpha_f=275.7(\text{kPa})$$

根据库仑定律　　　　　　　$\tau_f = c + \sigma\tan\varphi = 115.3(\text{kPa})$

由于 $\tau < \tau_f$，所以该单元土体处于弹性平衡状态。

② 最大剪应力与主应力作用面成 $45°$，故

$$\tau_{\max} = \frac{1}{2}(\sigma_1 - \sigma_3)\sin 90° = 115(\text{kPa})$$

最大剪应力面上的法向应力为

$$\sigma = \frac{1}{2}(\sigma_1 + \sigma_3) + \frac{1}{2}(\sigma_1 - \sigma_3)\cos 90° = 315(\text{kPa})$$

根据库仑定律　　　　　　　$\tau_f = c + \sigma\tan\varphi = 129.7(\text{kPa})$

由于最大剪应力面上 $\tau < \tau_f$，所以不会沿剪应力最大的面发生破坏。

5.3　土的抗剪强度试验

本节将介绍室内的直接剪切试验、三轴压缩试验、无侧限抗压强度试验和十字板剪切试验。表 5-1 为这四种常用剪切试验的原理、试验方法、强度参数求取方法及基本特点。

表 5-1　剪切试验的种类及说明

项目	直接剪切	三轴压缩	无侧限抗压强度	十字板剪切
剪切原理				
试验方法	将试样放入上、下分离的剪切盒中，在垂直应力 σ 作用下，通过水平向顶推或张拉剪切盒的方式使试样剪切。在 3 个以上不同 σ 下测得剪切应力的峰值 τ_f	圆柱形试样用橡皮膜包裹，周围压力 σ_3 一定，逐渐增大竖向应力 σ_1 至试样破坏。在 3 个以上不同 σ_3 下测定竖向应力 σ_1 的峰值，即 σ_{1f}，也可同时测定孔压并得到有效应力参数	圆柱形试样不用橡皮膜包裹，在不加周围压力的情况下竖向压缩试样直至破坏，测定无侧限抗压强度 q_u，同时可据此推算不排水强度 q_u	将十字板剪切仪插入土层内，在上端施加扭力矩，使板头内的土体与周围土体产生相对扭剪，直至剪切破坏，测出相应的最大扭力矩 $M_{\max}$
强度参数 c、φ 求取方法				计算原位不排水强度 $$\tau_f = \frac{2M_{\max}}{\pi D^2\left(H + \dfrac{D}{3}\right)}$$
基本特点	适用于各种土质；试样用土量较少、简单易操作；但试样受约束大，剪切面水平固定，排水控制困难	适用于各种土质；理论上最为合理，可控制排水条件，但操作复杂	仅适用于能够自立的黏土；操作最为简单	适用于黏土（特别是饱和黏土）；不用取样，直接在现场进行

5.3.1 直接剪切试验

直接剪切仪(以下简称直剪仪)分为应变控制式和应力控制式两种,前者是控制试样产生一定位移,如量力环中量表指针不再前进,表示试样已剪损,测定其相应的水平剪应力;后者则是通过对试样分级施加一定的水平剪应力,如相应的位移不断增加,从而判定试样已剪损。目前我国普遍采用的是应变控制式直剪仪,如图 5-6 所示。该仪器的主要部件由固定的上盒和活动的下盒组成,试样放在上下盒内上下两块透水石之间。试验时,由杠杆系统通过加压活塞和上透水石对试样施加某一垂直压力,然后等速转动手轮对下盒施加水平推力,使试样在上下盒之间的水平接触面上产生剪切变形,直至破坏。剪应力的大小可借助上盒接触的量力环的变形值计算确定。在剪切过程中,随着上下盒相对剪切变形的发展,土样中的抗剪强度逐渐发挥出来,直到剪应力等于土的抗剪强度时,土样剪切被破坏,所以土样的抗剪强度是用剪切破坏时的剪应力进行度量的。

(a) 直剪仪

(b) 直剪仪各部分名称

图 5-6 应变控制式直剪仪

图 5-7(a)表示剪切过程中剪应力 τ 与剪切位移 δ 之间关系,通常可取峰值或稳定值作为破坏点,如图中箭头所示。对同一种土(重度和含水量相同)至少取 4 个试样,分别在不同垂直压力 σ 下剪切破坏,一般可取垂直压力为 100kPa、200kPa、300kPa、400kPa,将试验结果绘制成如图 5-7(b)所示的抗剪强度 τ_f 和垂直压力 σ 之间关系。试验结果表明,对于黏土和粉土,τ_f-σ 关系曲线基本呈直线关系,该直线与横轴的夹角为内摩擦角 φ,在纵轴上的截距为黏聚力 c,直线方程可用库仑公式(5-2)表示。对于无黏性土,τ_f 与 σ 之间关系则是通过原点的一条直线,可用式(5-1)表示。

(a) 剪应力—剪切位移关系   (b) 抗剪强度—垂直压力关系

图 5-7 直接剪切试验结果

为了近似模拟土体在现场受剪的排水条件,直接剪切试验可分为快剪、固结快剪和慢剪三种方法。快剪试验是在试样施加竖向压力 σ 后,立即快速(0.02mm/min)施加水平剪应力使试样剪切。固结快剪试验是允许试样在竖向压力下排水,待固结稳定后,再快速施加水平剪应力使试样剪切破坏。慢剪试验也是允许试样在竖向压力下排水,待固结稳定后,则以缓慢的速率施加水平剪应力使试样剪切。

直剪仪具有构造简单、操作方便等优点,但它存在一些缺点,主要有以下几个方面:①剪切面限定在上下盒之间的平面,而不是沿土样最薄弱面剪切破坏;②剪切面上剪应力分布不均匀,土样剪切破坏时先从边缘开始,在边缘发生剪应力破坏现象;③在剪切过程中,土样剪切面逐渐缩小,而在计算抗剪强度时却是按土样的原截面积计算的;④试验时不能严格控制排水条件,不能量测孔隙水压力,在进行不排水剪切时,试样仍有可能排水,因此快剪试验和固结快剪试验仅适用于渗透系数小于 $10^{-6}\,\mathrm{cm/s}$ 的细粒土。

为了克服直剪仪试样应力分布不均匀、不能严格控制排水条件及剪切面限定等缺点,不同结构形式的单剪仪问世。试样置于单剪仪有侧限的容器中,施加垂直压力后,在试样顶部和底部借透水石表面摩擦力阻力施加剪应力直至剪切损坏。

5.3.2 三轴压缩试验及其孔隙压力系数

1. 三轴压缩试验

用三轴压缩试验测定土的抗剪强度是一种较为完善的方法。三轴压缩仪由压力室、轴向加荷系统、周围压力系统、孔隙水压力量测系统等组成,如图 5-8 所示。压力室是三轴压缩仪的主要组成部分,它是一个由金属上盖、底座和透明有机玻璃圆筒组成的密闭容器。

常规试验方法的主要步骤如下:将土切成圆柱体套在橡胶膜内,放在密封的压力室中,向压力室内充水,使试样在各向受到周围压力 σ_3,并使液压在整个试验过程中保持不变,这时试样内各向的三个主应力都相等,因此不产生剪应力,如图 5-9(a)所示。然后通过传力杆对试样施加竖向压力,这样,竖向主应力就大于水平主应力,当水平主应力保持不变,而竖向主应力逐渐增大时,试样受剪切而破坏,如图 5-9(b)所示。设剪切破坏时由传力杆加在试样上的竖向压应力增量为 $\Delta\sigma_1$,则试样上的大主应力为 $\sigma_1=\sigma_3+\Delta\sigma_1$,而小主应力为 σ_3,以 $(\sigma_1-\sigma_3)$ 为直径可画出一个极限应力圆,如图 5-9(c)所示中的圆 A。用同一种土样的若干个试样(三个及以上)按上述方法分别进行试验,每个试样施加不同的周围压力 σ_3,可分别得出剪切破坏时的大主应力 σ_1,将这些结果绘制成一组极限应力圆,如图 5-9(c)所示

(a) 三轴压缩仪

(b) 三轴压缩仪构造示意图

图 5-8　三轴压缩仪

中的圆 A、B 和 C。由于这些试样都是剪切破坏,根据莫尔—库仑理论,做一组极限应力圆的公切线,称为土的抗剪强度包线,通常近似取为一条直线,该直线与横坐标的夹角为土的内摩擦角 φ,直线与纵坐标的截距为土的黏聚力 c。

(a) 试样受周围压力　　(b) 破坏时试样上的主应力　　(c) 莫尔破坏包线

图 5-9　三轴压缩试验原理

如果量测试验过程中的孔隙水压力,可以打开孔隙水压力阀,在试样上施加压力以后,由于土中孔隙水压力增加迫使零位指示器的水银面下降。为量测孔隙水压力,可用调压筒调整零位指示器的水银面始终保持原来的位置,这样,孔隙水压力表中的读数就是孔隙水压力值。如要量测试验过程中的排水量,可以打开排水阀门,让试样中的水排入量水管中,根据量水管中水位的变化即可计算出在试验过程中的排水量。

对应于直接剪切试验的快剪、固结快剪和慢剪试验,三轴压缩试验按剪切前受到周围压力 σ_3 的固结状态和剪切时的排水条件,分为以下三种方法。

(1)不固结不排水三轴试验,简称不排水试验。试样在施加周围压力和随后施加竖向压力直至剪切破坏的整个过程中都不允许排水,试验自始至终关闭排水阀门。

(2)固结不排水三轴试验,简称固结不排水试验。试样在施加周围压力 σ_3 时打开排水阀门,允许固结排水,待固结稳定后关闭排水阀门,再施加竖向压力,使试验在不排水的条件下剪切破坏。

(3)固结排水三轴试验,简称排水试验。试样在施加周围压力 σ_3 时允许固结排水,待固结稳定后,再在排水条件下施加竖向压力至试样剪切破坏。

三轴压缩仪的突出优点是可以较为严格地控制排水条件以及可以量测试样中孔隙水压力的变化。此外,试样中的应力状态也比较明确,破裂面是在最弱处,而不像直剪仪那样限定在上下盒之间。三轴压缩仪还可用来测定土的其他力学性质,如土的弹性模量,因此它是土工试验不可缺少的设备。三轴压缩试验的缺点是试样中的主应力 $\sigma_2 = \sigma_3$,而实际上土体的受力状态未必都属于这类轴对称情况。已经问世的各种真三轴压缩仪中的试样可在不同的三个主应力($\sigma_1 \neq \sigma_2 \neq \sigma_3$)作用下进行试验。

2. 三轴压缩试验中的孔隙压力系数

根据有效应力原理,给出土中总应力后,求取有效应力的问题在于孔隙压力。为此,斯肯普顿提出以孔隙压力系数表示孔隙水压力的发展和变化。根据三轴试验结果,引用孔隙压力系数 A 和 B,建立了轴对称应力状态下土中孔隙压力与大、小主应力之间的关系。图 5-10 表示在三轴压缩试验的单元土体中孔隙压力的发展。设一土单元在各向相等的有效应力 σ_c' 作用下固结,初始孔隙水压力 $u_0 = 0$,意图是模拟试样的原位应力状态;如果受到各向相等的周围压力 $\Delta\sigma_3$ 的作用,孔隙压力增量为 Δu_3,有效应力增量为

$$\Delta\sigma_3' = \Delta\sigma_3 - \Delta u_3 \tag{5-13}$$

图 5-10 孔隙压力的变化

根据弹性理论,如果弹性材料的弹性模量和泊松比分别为 E 和 μ,在各向应力相等且无剪应力的情况下,土体积的变化为

$$\Delta V = \frac{3(1-2\mu)}{E} V \Delta\sigma_3'$$

将式(5-13)代入上式得

$$\Delta V = C_{\mathrm{S}} V (\Delta\sigma_3 - \Delta u_3) \tag{5-14}$$

式中 C_S——土骨架的三向体积压缩系数,$C_S=3(1-2\mu)/E$,它是土样在三轴压缩试验中骨架体积应变 $\Delta V/V$ 与三向有效应力增量$(\Delta\sigma_3-\Delta u_3)$的比值;

V——土试样体积。

土孔隙中由于增加了孔隙压力 Δu_3,使土中气和水被压缩,其压缩量为

$$\Delta V_v = C_v n V \Delta u_3 \qquad (5\text{-}15)$$

式中 n——土的孔隙率;

C_v——孔隙的三向体积压缩系数,它是土样在三轴压缩试验中孔隙体积应变 $\Delta V/V$ 与孔隙压力增量 Δu_3 的比值。

由于土固体颗粒的压缩量很小,可以认为骨架体积的变化 ΔV 等于孔隙体积的变化 ΔV_v,则由式(5-14)和式(5-15)得

$$C_S V(\Delta\sigma_3-\Delta u_3) = C_v n V \Delta u_3$$

整理后得

$$B = \frac{\Delta u_3}{\Delta\sigma_3} \qquad (5\text{-}16)$$

式中 $B=1/(1+nC_v/C_S)$,定义为孔隙压力系数 B,即土体在等向压缩应力状态时单位周围压力增量所引起的孔隙压力增量。

对于饱和土,孔隙中完全充满水,由于水的压缩性比土骨架的压缩性小得多,$C_v/C_S \rightarrow 0$,因此 $B=1$,所以 $\Delta u_3=\Delta\sigma_3$;对于干土,孔隙的压缩性接近于无穷大,$C_v/C_S \rightarrow \infty$,所以 $B=0$;对于非饱和土,$0<B<1$,土的饱和度越小,B 值也越小。

如图 5-10 所示,如果在试样上施加轴向压力增量$(\Delta\sigma_1-\Delta\sigma_3)$,设在试样中产生孔隙压力增量为 Δu_1,相应的轴向和侧向的有效应力增量分别为

$$\Delta\sigma_1' = (\Delta\sigma_1-\Delta\sigma_3)-\Delta u_1 \qquad (5\text{-}17)$$

和

$$\Delta\sigma_3' = -\Delta u_1 \qquad (5\text{-}18)$$

根据弹性理论,其体积变化应为

$$\Delta V = C_S V \frac{1}{3}(\Delta\sigma_1' + 2\Delta\sigma_3')$$

再将式(5-17)及式(5-18)代入,得

$$\Delta V = C_S V \frac{1}{3}(\Delta\sigma_1-\Delta\sigma_3-3\Delta u_1) \qquad (5\text{-}19)$$

同理,由于孔隙压力增量 Δu_1 使土孔隙体积的变化为

$$\Delta V_v = C_v n V \Delta u_1 \qquad (5\text{-}20)$$

因为 $\Delta V=\Delta V_v$,即得

$$\Delta u_1 = B \frac{1}{3}(\Delta\sigma_1-\Delta\sigma_3) \qquad (5\text{-}21)$$

将式(5-16)和式(5-21)相加,得到在 $\Delta\sigma_1$ 和 $\Delta\sigma_3$ 共同作用下总的孔隙压力增量为

$$\Delta u = \Delta u_3 + \Delta u_1 = B\left[\Delta\sigma_3 + \frac{1}{3}(\Delta\sigma_1-\Delta\sigma_3)\right] \qquad (5\text{-}22a)$$

因为土并非理想弹性体,上式系数 1/3 不适用,而以 A 代替,于是可写为

$$\Delta u = B\left[\Delta\sigma_3 + A(\Delta\sigma_1-\Delta\sigma_3)\right] \qquad (5\text{-}22b)$$

式中 A——在偏应力增量作用下的孔隙压力系数。

对于饱和土 $B=1$,在不排水试验中,总孔隙压力增量为

$$\Delta u = \Delta\sigma_3 + A(\Delta\sigma_1 - \Delta\sigma_3) \tag{5-23}$$

在固结不排水试验中,由于试样在 $\Delta\sigma_3$ 作用下固结稳定,所以 $\Delta u_3 = 0$,于是

$$\Delta u = \Delta u_1 = A(\Delta\sigma_1 - \Delta\sigma_3) \tag{5-24}$$

在排水试验中,孔隙压力全部消散,则 $\Delta u = 0$。

A 值的大小受很多因素的影响,它随偏应力增加呈非线性变化,高压缩性土的 A 值比较大,超固结黏土在偏应力作用下将发生体积膨胀,产生负的孔隙压力,故 A 是负值。就是同一种土,A 也不是常数,它还受应变大小、初始应力状态和应力历史等因素影响。各类土的孔隙压力系数 A 值可参考表 5-2,如要精确计算土的孔隙压力,应根据实际的应力和应变条件,进行三轴压缩试验测定 A 值。

表 5-2　孔隙压力系数 A

土样(饱和)	A(用于验算土体破坏的数值)	土样(饱和)	A(用于计算地基变形的数值)
很松的细砂	2～3	高灵敏的软黏土	>1
灵敏黏土	1.5～2.5	正常固结黏土	0.5～1
正常固结黏土	0.7～1.3	超固结黏土	0.25～0.5
轻度超固结黏土	0.3～0.7	严重超固结黏土	0～0.25
严重超固结黏土	— 0.5～0		

5.3.3　无侧限抗压强度试验

无侧限抗压强度试验与在三轴仪中进行 $\sigma_3 = 0$ 的不排水试验一样,试验时将圆柱形试样放在如图 5-11(a)所示的无侧限抗压试验仪中,在不加任何侧向压力的情况下施加垂直压力,直到试样剪切破坏为止。剪切破坏时试样所能承受的最大轴向压力称为无侧限抗压强度。根据试验结果,只能作一个极限应力圆($\sigma_1 = q_u$,$\sigma_3 = 0$),因此对于一般黏土就难以作出莫尔破坏包线。而对于饱和黏土,根据在三轴不固结不排水试验的结果,其破坏包线近似于一条水平线,即 $\varphi_u = 0$。所以,如果仅为了测定饱和黏土的不排水抗剪强度,就可以利用构造比较简单的无侧限抗压试验仪代替三轴压缩仪。此时,取 $\varphi_u = 0$,则由无侧限抗压强度试验所得的极限应力圆的水平切线就是破坏包线,由图 5-11(b)得

(a) 无侧限抗压试验仪　　　　(b) 无侧限抗压强度试验结果

图 5-11　无侧限抗压强度试验

$$\tau_f = c_u = \frac{q_u}{2} \tag{5-25}$$

式中 c_u——土的不排水抗剪强度(kPa);

q_u——无侧限抗压强度(kPa)。

无侧限抗压试验仪还可以用来测定土的灵敏度 S_t。无侧限抗压试验的缺点是试样中段部位完全不受约束,因此,当试样接近破坏时,往往被挤成鼓形,这时试样中的应力显然不是均匀的(三轴仪中的试样也有此问题)。

5.3.4　十字板剪切试验

室内的抗剪强度试验要求取得原状土试样,由于试样在采取、运送、保存和制备等方面不可避免地受到扰动,特别是对于高灵敏的软黏土,室内试验结果的精度就会受到影响。因此,发展原位测试土性的仪器具有重要意义。在原位应力条件下进行测试,测定土体的范围大,能反映微观、宏观结构对土性的影响,有些原位测试方法连续贯入测试能获得土层的完整剖面。在抗剪强度的原位试验方法中,国内广泛应用的是十字板剪切试验,其原理如下。

十字板剪切仪的组成结构如图 5-12 所示。试验时先将套管打到预定的深度,并清除套管内的土。将十字板装在转杆的下端后,通过套管压入土中,压入深度约为 750mm,然后由地面上的扭力设备对钻杆施加扭矩,使埋在土中的十字板旋转,直至土剪切破坏。破坏面为十字板旋转所形成的圆柱面。设剪切破坏时施加的扭矩为 M,则它应该与剪切破坏圆柱面(包括侧面和上、下面)上土的抗剪强度所产生的抵抗力矩相等,即

$$M = \pi DH \cdot \frac{D}{2}\tau_v + 2\int_0^{D/2} \tau_H \cdot 2\pi r \cdot r\,dr = \frac{1}{2}\pi D^2 H\tau_v + \frac{1}{6}\pi D^3 \tau_H \tag{5-26}$$

式中 M——剪切破坏时的扭力矩(kN·m);

τ_v、τ_H——剪切破坏时的圆柱体侧面和上下面土的抗剪强度(kPa);

H、D——十字板的高度和直径(m)。

图 5-12　十字板剪切仪的组成结构

在实际土层中，τ_V 和 τ_H 是不同的。爱斯曾利用不同的 D/H 的十字板剪切仪测定饱和软黏土的抗剪强度。试验结果表明：对于所试验的正常固结饱和软黏土，$\tau_H/\tau_V=1.5\sim2.0$；对于稍超固结的饱和黏土，$\tau_H/\tau_V=1.1$。这一试验结果说明天然土层的抗剪强度是非等向的，即水平面上的抗剪强度大于垂直面上的抗剪强度。这主要是由于水平面上的固结压力大于侧向固结压力的原因。

实际上为了简化计算，在常规的十字板剪切试验中仍假设 $\tau_H=\tau_V=\tau_f$，将这一假设代入式(5-26)得

$$\tau_f=\frac{2M}{\pi D^2\left(H+\dfrac{D}{3}\right)} \tag{5-27}$$

式中　τ_f——在现场由十字板测定的土的抗剪强度(kPa)。其余符号同前。

十字板剪切试验适用于饱和软黏土($\varphi=0$)，它的优点是构造简单、操作方便，原位测试时对土的结构扰动也较小，所以在实际中得到广泛应用。但在软土层中夹砂薄层时，测试结果可能失真或偏高。

【例题 5.2】　对某饱和黏土进行无侧限抗压强度试验得 $q_u=140\text{kPa}$，如果对同一土样进行三轴不固结、不排水试验，施加周围压力 $\sigma_3=150\text{kPa}$，问试样将在多大的轴向压力作用下发生破坏？

【解】　饱和黏土　　　$\varphi_u=0,c_u=\dfrac{q_u}{2}=\dfrac{140}{2}=70(\text{kPa})$

因为　　　　　　$c_u=\dfrac{1}{2}(\sigma_1-\sigma_3)$

所以　　　　　$\sigma_1=2c_u+\sigma_3=2\times70+150=290(\text{kPa})$

【例题 5.3】　有一饱和圆柱形试样，在 $\sigma_1=\sigma_3=100\text{kPa}$ 作用下尚未固结，测得孔隙压力 $u=40\text{kPa}$，然后沿 σ_1 方向施加应力增量 $\Delta\sigma_1=50\text{kPa}$，又测得孔隙压力的增量 $\Delta u=32\text{kPa}$。求：①孔隙压力系数 B 和 A；②有效应力 σ_1' 和 σ_3'。

【解】
① 在 $\sigma_1=\sigma_3=100\text{kPa}$ 作用下，$\Delta u_3=40\text{kPa}$，根据超静孔隙压力公式有

$$B=\frac{\Delta u_3}{\Delta\sigma_3}=\frac{40}{100}=0.4$$

在 $\Delta\sigma_1=50\text{kPa}$ 作用下，孔隙压力增量为 $\Delta u=\Delta u_3+\Delta u_1=40+32=72(\text{kPa})$，则

$$\Delta u=B[\Delta\sigma_3+A(\Delta\sigma_1-\Delta\sigma_3)]$$

所以　　$A=\dfrac{\dfrac{\Delta u}{B}-\Delta\sigma_3}{\Delta\sigma_1-\Delta\sigma_3}=\dfrac{\dfrac{72}{0.4}-100}{150-100}=1.6$

②　　　　$\sigma_1'=\sigma_1-u=150-72=78(\text{kPa})$
　　　　　$\sigma_3'=\sigma_3-u=100-72=28(\text{kPa})$

5.4　饱和黏土的抗剪强度

饱和黏土的抗剪强度除受固结程度和排水条件影响，还跟所受应力历史有关。在三轴试验中，采用对试样施加一个各向相等的固结应力来模拟土层的先期固结应力，然后在剪切

前改变周围压力,用这种方法模拟超固结和正常固结特性。饱和黏土的抗剪强度最好由三轴压缩试验测定。按剪切前的固结状态和剪切时的排水条件分为三种:①不固结不排水抗剪强度,简称不排水抗剪强度;②固结不排水抗剪强度;③固结排水抗剪强度,简称排水抗剪强度。

5.4.1　不固结不排水抗剪强度

根据本章第 5.3.2 小节所述,不固结不排水试验是试样在施加周围压力和轴向压力直至剪切破坏的整个实验过程中都不允许排水。取一组饱和黏土试样,在某一周围压力下固结至稳定,试样中的初始孔隙水压力为静水压力,然后分别在不排水条件下施加周围压力和轴向压力直至剪切破坏,试验结果如图 5-13 所示。图中三个实线半圆 A、B、C 分别表示三个试样在不同的 σ_3 作用下破坏时的总应力圆,虚线圆是有效应力圆。试验结果表明,虽然三个试样的周围压力 σ_3 不同,但破坏时的主应力差相等,在 τ_f-σ 图上表现出三个总应力圆直径相同,因此破坏包线是一条水平线,即

$$\varphi_u = 0 \tag{5-28a}$$

$$\tau_f = c_u = \frac{\sigma_1 - \sigma_3}{2} \tag{5-28b}$$

式中　　φ_u——不排水内摩擦角(°);

c_u——不排水黏聚力,即不排水抗剪强度(kPa)。

图 5-13　饱和黏土、粉土的不排水试验结果

在试验中如果分别量测试样破坏时的孔隙水压力 u_f,试验成果可以用有效应力进行整理。结果表明,三个试样只能得到同一个有效应力圆,并且有效应力圆的直径与三个总应力圆直径相等,即

$$\sigma_1' - \sigma_3' = (\sigma_1 - \sigma_3)_A = (\sigma_1 - \sigma_3)_B = (\sigma_1 - \sigma_3)_C \tag{5-29}$$

这是由于在不排水条件下,试样在试验过程中含水量不变、体积不变,饱和黏土的孔隙压力系数 $B=1$,改变周围压力增量只能引起孔隙水压力的变化,并不会改变试样中的有效应力,各试样在剪切前的有效应力相等,因此抗剪强度不变。如果在较高的剪前固结压力下进行不固结不排水试验,就会得出较大的不排水抗剪强度 $c_u(\varphi_u=0)$。

由于一组试样试验的结果,其有效应力圆是同一个,就不能得到有效应力破坏包线和 c'、φ' 值,所以这种试验一般只用于测定饱和土的不排水强度。

不固结不排水试验的"不固结"是在三轴压力室压力下不再固结,而保持试样原来的有

效应力不变,如果饱和黏土从未固结,将是一种泥浆状土,抗剪强度也必然等于零。一般从天然土层中取出的试样,相当于在某一压力下已经固结,总具有一定的天然程度。天然土层的有效固结压力是随深度变化的,所以不排水抗剪强度 c_u 也随深度变化,均质的正常固结不排水强度大致随有效固结压力呈线性增大。饱和的超固结黏土的不固结不排水强度包线也是一条水平线,即 $\varphi_u = 0$。

5.4.2　固结不排水抗剪强度

饱和黏土的固结不排水抗剪强度在一定程度上受应力历史的影响,因此,在研究黏土的固结不排水强度时,要区别试样是正常固结还是超固结。将正常固结土层和超固结土层的概念应用到三轴固结不排水试验中,如果试样所受到的周围固结压力 σ_3 大于它曾受到的最大固结压力 p_c,属于正常固结试样;如果 $\sigma_3 < p_c$,则属于超固结试样。试验结果证明,这两种不同固结状态的试样,其抗剪强度性状是不同的。

饱和黏土、粉土固结不排水试验时,试样在 σ_3 作用下充分排水固结,$\Delta u_3 = 0$,在不排水条件下施加偏应力剪切时,试样中的孔隙水压力随偏应力的增加而不断变化,$\Delta u_1 = A(\Delta\sigma_1 - \Delta\sigma_3)$,如图 5-14 所示。对正常固结试样剪切时体积有减少的趋势(剪缩),但由于不允许排水,所以产生正的孔隙水压力,由试验得出孔隙压力系数都大于零。超固结试样在剪切时体积有增加的趋势(剪胀),强超固结试样在剪切过程中,开始产生正的孔隙水压力,以后转为负值。

(a) 主应力差($\sigma_1 - \sigma_3$)与轴向应变ε_a的关系　(b) 孔隙水压力u与轴向应变ε_a的关系

图 5-14　固结不排水试验的孔隙水压力

如图 5-15 所示表示正常固结饱和黏土、粉土固结不排水试验结果,图中以实线表示的为总应力圆和总应力破坏包线,如果试验时量测孔隙水压力,试验结果可以用有效应力进行整理。图中虚线表示有效应力圆和有效应力破坏包线。u_f 为剪切破坏时的孔隙水压力,由于 $\sigma_1' = \sigma_1 - u_f$, $\sigma_3' = \sigma_3 - u_f$,所以 $\sigma_1' - \sigma_3' = \sigma_1 - \sigma_3$,即有效应力圆与总应力圆直径相等,但位置不同,两者之间的距离为 u_f。因为正常固结试样在剪切破坏时产生正的孔隙水压力,所以有效应力圆在总应力圆的左侧。总应力破坏包线和有效应力破坏包线都通过原点,即有 $\sin\varphi_{cu} = (\sigma_1 - \sigma_3)/(\sigma_1 + \sigma_3)$, $\sin\varphi' = (\sigma_1' - \sigma_3')/(\sigma_1' + \sigma_3')$,说明未受任何固结压力的土(如泥浆状土)不会具有抗剪强度。总应力破坏包线的倾角以 φ_{cu} 表示,一般在 $10° \sim 20°$ 之间;有效应力破坏的倾角

图 5-15　正常固结饱和黏土、粉土固结
不排水试验结果

φ'称为有效内摩擦角,φ'比φ_{cu}大一倍左右。

超固结土的固结不排水总应力破坏包线如图 5-16(a)所示,是一条略平缓的曲线,可近似用直线 ab 代替,与正常固结破坏包线 bc 相交,bc 线的延长线仍通过原点。实际上将 abc 折线取为一条直线,如图 5-16(b)所示,总应力强度指标为 c_{cu} 和 φ_{cu},于是,固结不排水剪切的总应力破坏包线可表达为

$$\tau_f = c_{cu} + \sigma\tan\varphi_{cu} \tag{5-30}$$

如果以有效应力表示,有效应力圆和有效应力破坏包线如图 5-16(b)中虚线所示,由于超固结土在剪切破坏时,产生负的孔隙水压力,有效应力圆在总应力圆的右侧(图中半圆 A),正常固结试样产生正的孔隙水压力,所以有效应力圆在总应力圆的左侧(图中半圆 B),有效应力强度包线可表示为

$$\tau_f = c' + \sigma'\tan\varphi' \tag{5-31}$$

式中 c' 和 φ'——固结不排水试验得出的有效应力强度指标,通常 $c' < c_{cu}$,$\varphi' > \varphi_{cu}$。

图 5-16 超固结土的固结不排水试验结果

【例题 5.4】 某正常固结饱和黏土试样进行不固结不排水试验,得 $\varphi_u = 0$,$c_u = 20\text{kPa}$,对同样的土进行固结不排水试验,得有效抗剪强度指标 $c' = 0$,$\varphi' = 30°$,如果试样在不排水条件下破坏,试求剪切破坏时的有效大主应力和小主应力。

【解】 由不固结不排水试验,得

$$\frac{1}{2}(\sigma'_1 - \sigma'_3) = c_u = 20(\text{kPa})$$

由固结不排水试验,得

$$\sin\varphi' = \frac{\frac{1}{2}(\sigma'_1 - \sigma'_3)}{\frac{1}{2}(\sigma'_1 + \sigma'_3)} = \sin30° = 0.5$$

联立求解上述两式,得 $\sigma'_1 = 60(\text{kPa})$,$\sigma'_3 = 20(\text{kPa})$。

5.4.3 固结排水抗剪强度

固结排水试验在整个试验过程中,超静孔隙水压力始终等于零,总应力最后全部转化为有效应力,所以总应力圆就是有效应力圆,总应力破坏包线就是有效应力破坏包线。图 5-17(a)和图 5-17(b)分别为固结排水试验的应力—应变关系和体积变化,在剪切过程中,正常固结黏土发生剪缩,而超固结土则是先压缩,继而主要呈现剪胀的特性。

如图 5-18 所示为固结排水试验结果。正常固结土的破坏包线通过原点,如图 5-18(a)

图 5-17　排水试验的应力—应变关系曲线和体积变化曲线

所示,黏聚力 $c_d=0$,内摩擦角 φ_d 为 $20°\sim40°$,超固结土的破坏包线略弯曲,实际上近似取为一条直线代替,如图 5-18(b)所示,c_d 为 $5\sim25kPa$,φ_d 比正常固结土的内摩擦角要小。

　　试验证明,c_d、φ_d 与固结不排水试验得到的 c'、φ' 很接近。由于固结排水试验所需的时间太长,所以实际上以 c'、φ' 代替 c_d 和 φ_d,但是两者的试验条件是有差别的。固结不排水试验在剪切过程中试样的体积保持不变,而固结排水试验在剪切过程中试样的体积一般要发生变化,c_d、φ_d 略大于 c'、φ'。

　　在直接剪切试验中进行慢剪试验得到的结果常常偏大,根据经验可将慢剪试验结果乘以 0.9。

　　图 5-19 所示为同一种黏土分别在三种不同排水条件下的试验结果。由图可见,如果以总应力表示,将得出完全不同的试验结果;而以有效应力表示,则不论采用哪种试验方法,都得到近乎同一条有效应力破坏包线(如图中虚线所示)。由此可见,抗剪强度与有效应力有唯一的对应关系。

图 5-18　固结排水试验结果

图 5-19　三种试验方法结果比较

5.4.4　抗剪强度指标的选择

　　如前所述,黏土的强度性状非常复杂,它不仅随剪切条件不同而异,而且还受许多因素(例如土的各向异性、应力历史、蠕变等)的影响。此外对于同一种土,强度指标与试验方法以及试验条件都有关,实际工程问题的情况又是千变万化,用实验室的试验条件去模拟现场条件毕竟会有差别。因此,对于某个具体工程问题,如何确定土的抗剪强度指标并不是一件容易的事情。

首先要根据工程问题的性质确定三种不同排水的试验条件,进而决定采用总应力或有效应力的强度指标,然后选择室内或现场的试验方法。一般认为,由三轴固结不排水试验确定的有效应力强度指标 c' 和 φ' 宜用于分析地基的长期稳定性(例如土坡的长期稳定性分析、估计挡土结构物的长期土压力、位于软土地基上结构物的长期稳定分析等);而对于饱和软黏土的短期稳定性问题,则宜采用不固结不排水的强度指标 c_u,即 $\varphi_u=0$,以总应力法进行分析。一般工程问题多采用总应力法分析,其指标和测试方法的选择大致如下。

若建筑物施工速度较快,而地基土的透水性和排水条件不良时,可采用三轴仪不固结不排水试验或直剪仪快剪试验的结果;如果地基荷载增长速率较慢,地基土的透水性不大(如低塑性的黏土)以及排水条件较佳时(如黏土层中夹砂层),则可以采用固结排水或慢剪试验结果;如果介于以上两种情况之间,可用固结不排水或固结快剪试验结果。由于实际加荷情况和土的性质比较复杂,而且在建筑物的施工和使用过程中都要经历不同的固结状态,因此,在确定强度指标时还应结合工程经验。

在土的抗剪强度指标的实际应用方面,辛格对一些工程问题需要采用的抗剪强度指标及其测定方法列了一个表(见表 5-3),可供参考。该表的主要是推荐用有效应力法分析工程的稳定性。在某些情况下,如应用于饱和黏性土的稳定性验算,可用 $\varphi_u=0$ 总应力法进行分析。该表具体应用时,仍需结合工程的实际条件,不能照搬。如果采用有效应力强度指标 c'、φ',还需要准确测定土体的孔隙水压力分布。

表 5-3 工程问题和强度指标的选用

工程类别	需要解决的问题	强度指标	试验方法	备注
位于饱和黏土上结构或填方的基础	短期稳定性	$c_u,\varphi_u=0$	不排水三轴或无侧限抗压试验现场或十字板试验	长期稳定安全系数高于短期稳定安全系数
	长期稳定性	c',φ'	排水或固结不排水试验	
位于部分饱和砂和粉质砂土上的基础	短期和长期稳定性	c',φ'	用饱和试样进行排水或固结不排水试验	可假定 $c'=0$,在最不利的条件室内无荷载下将试样饱和
无支撑开挖地下水位以下的紧密黏土	快速开挖时的稳定性	$c_u,\varphi_u=0$	不排水试验	除非有专用的排水设备降低地下水位,否则长期稳定安全系数是最小的
	长期稳定性	c',φ'	排水或固结不排水试验	
开挖坚硬的裂缝土和风化黏土	短期稳定性	$c_u,\varphi_u=0$	不排水试验	试样应在无荷载下膨胀现场的 c',比室内测定的要低,假定 $c'=0$ 较安全
	长期稳定性	c',φ'	排水或固结不排水试验	
有支撑开挖黏土	抗挖方底面的隆起	$c_u,\varphi_u=0$	不排水试验	

工 程 类 别	需要解决的问题	强度指标	试 验 方 法	备　　注
天然边坡	长期稳定性	c'、φ'	排水或固结不排水试验	对坚硬的裂缝黏土,假定 $c'=0$ 对特别灵敏的黏土和流动性黏土,室内测定的 φ 偏大,不能采用 $\varphi_u=0$ 进行分析
挡土结构物的土压力	估计挖方时的总压力	c_u、$\varphi_u=0$	不排水试验	$\varphi_u=0$ 分析,不能正确反映坚硬裂缝黏土的性状,在应力减小的情况下,甚至开挖后短期也不行
	估计长期土压力	c'、φ'	排水或固结不排水试验	
不透水的土坝	施工期或完工后的短期稳定性	c'、φ'	排水或固结不排水试验	试样用填筑含水量(或施工期具有的含水量范围)增加试样含水量,将大大降低 c',但 φ 几乎无变化
	稳定渗流期的长期稳定性	c'、φ'	排水或固结不排水试验	在稳定渗流和水位骤降两种情况下,对试样施加主应力差之前,应使试样在适当范围内软化,假定 $c'=0$
	水位骤降时的稳定性	c'、φ'	排水或固结不排水试验	针对稳定渗流做排水试验时,可使水在小水头下流过试样模拟坝体透水作用
透水土坝	上述三种稳定性	c'、φ'	排水试验	对自由排水材料采用 $c'=0$
黏土地基上的填方,其施工速率允许土体部分固结	短期稳定性	c_u、$\varphi_u=0$	不排水试验	不能肯定孔隙水压力消散速率,对所有重要工程都应进行孔隙水压力观测
		c'、φ'	排水或固结不排水试验	

5.5　应力路径在强度问题中的应用

对加荷过程中的土体内某点,其应力状态的变化可在应力坐标图中以莫尔圆上一个特征点的移动轨迹表示,这种轨迹称为应力路径。在三轴压缩试验中,如果保持 σ_3 不变,逐渐增加 σ_1,这个应力变化过程可以用一系列应力圆表示。为了避免在一张图上画很多应力圆造成图面不清晰,可在圆上适当选择一个特征点来代表一个应力圆。常用的特征点是应力圆的顶点(剪应力为最大),其坐标为 $p=(\sigma_1+\sigma_3)/2$ 和 $q=(\sigma_1-\sigma_3)/2$ [见图 5-20(a)]。按应力变化过程顺序把这些点连接起来就是应力路径[见图 5-20(b)],并以箭头指明应力状态的发展方向。

加荷方法不同,应力路径也不同,如图 5-21 所示。在三轴压缩试验中,如果保持 σ_3 不变,逐渐增加 σ_1,最大剪应力面上的应力路径为 AB;如果保持 σ_1 不变,逐渐减少 σ_3,则应力路径为 AC。

图 5-20 应力路径

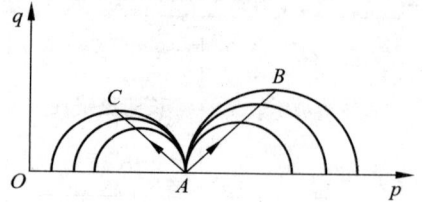

图 5-21 不同加荷方法的应力路径

应力路径可以用来表示总应力的变化,也可以表示有效应力的变化。图 5-22(a)表示正常固结黏土三轴固结不排水试验的应力路径,图中总应力路径 AB 是直线,而有效应力路径 AB' 则是曲线,两者之间的距离即为孔隙水压力 u。因为正常固结黏土在不排水剪切时产生正的孔隙水压力,如果总应力路径 AB 线上任意一点的坐标为 $q=(\sigma_1-\sigma_3)/2$ 和 $p=(\sigma_1+\sigma_3)/2$,则相应于有效应力路径 AB' 上该点的坐标为 $q=(\sigma_1-\sigma_3)/2=(\sigma_1'-\sigma_3')/2$,$p'=(\sigma_1+\sigma_3)/2-u$,所以有效应力路径在总应力路径的左侧,从 A 点开始,沿曲线至 B' 点剪切破坏。图中 K_f 线和 K_f' 线分别为以总应力和有效应力表示的极限应力圆顶点的连线,u_f 为剪切破坏时的孔隙水压力。图 5-22(b)所示为超固结土的应力路径,AB 和 AB' 为弱超固结试样的总应力路径和有效应力路径。由于弱超固结土在受剪过程中产生正的孔隙水压力,所以有效应力路径在总应力路径左侧;CD 和 CD' 表示某一强超固结试样的应力路径,由于强超固结试样开始出现正的孔隙水压力,以后逐渐转为负值,所以有效应力路径开始在总应力路径左侧,以后逐渐移到右边,至 D' 点剪切被破坏。

图 5-22 三轴压缩固结不排水试验中的应力路径

利用固结不排水试验的有效应力路径确定的 K_f' 线,可以求得有效应力指标 c' 和 φ'。多数试验表明:在试样发生剪切破坏时,应力路径发生转折或趋向于水平,因此认为应力路径的转折点可作为判断试样破坏的标准。将 K_f' 线与破坏包线绘在同一张图上,设 K_f' 线与纵坐标的截距为 a',倾角为 θ',如图 5-23 所示不难证明,θ'、a' 与 c'、φ' 之间有如下关系

$$\sin\varphi' = \tan\theta' \tag{5-32}$$

$$c' = \frac{a'}{\cos\varphi'} \tag{5-33}$$

这样,就可以根据 θ'、a' 计算出 c'、φ',这种方法称为应力路径法。该方法比较容易从同一批土样而较为分散的试验结果中得出 c'、φ' 值。

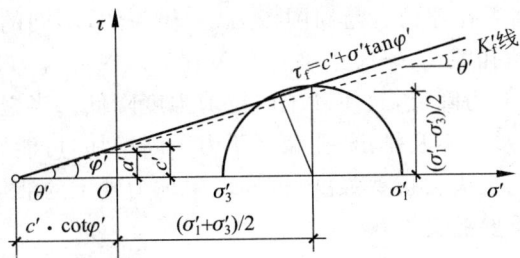

图 5-23 a'、θ' 和 c'、φ' 之间的关系

由于土体的变形和强度不仅与受力的大小以及应力历史有关,更重要的还与土的应力路径有关。土的应力路径可以模拟土体实际的应力变化,全面研究应力变化过程对土的力学性质的影响。因此,土的应力路径对进一步探讨土的应力—应变关系和强度都具有十分重要的意义。

5.6 无黏性土的抗剪强度

5.6.1 砂土的应力应变特性

如图 5-24 所示为不同初始孔隙比的同一种砂土在相同周围压力 σ_3 下受剪时的应力—应变关系和体积变化。由图可见,密实的紧砂初始孔隙比较小,其应力—应变关系有明显的峰值,超过峰值后,随应变的增加应力逐步降低,呈应变软化型;其体积变化是开始稍有减少,继而增加(剪胀),这是由于较密实的砂土颗粒之间排列比较紧密,剪切时砂粒之间产生相对滚动,土颗粒之间的位置重新排列的结果。松砂的强度随轴向应变的增加而增大,应力—应变关系呈应变硬化型。对于用一种土,紧砂和松砂的强度最终趋向同一值;松砂受剪其体积减少(剪缩)。在高的周围压力下,不论砂土的松紧程度如何,受剪时都将剪缩。

在不同初始孔隙比的试样在同一压力下进行剪切试验,可以得出初始孔隙比 e_0 与体积变化 $\Delta V/V$ 之间的关系,如图 5-25 所示。相应于体积变化为零的初始孔隙比称为临界孔隙

图 5-24 砂土受剪时的应力—应变—体变关系曲线

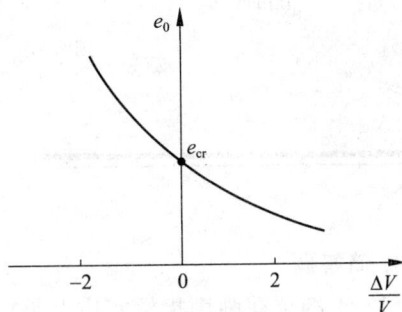

图 5-25 砂土的临界孔隙比

比 e_{cr}。在三轴试验中,临界孔隙比是与周围压力 σ_3 相关的,不同的 σ_3 可以得出不同的 e_{cr} 值。如果饱和砂土的初始孔隙比 e_0 大于临界孔隙比 e_{cr},在剪应力作用下由于剪缩必然使孔隙水压力增高,而有效应力降低,致使砂土的抗剪强度降低。当饱和松砂受到动荷载作用(例如地震)时,由于孔隙水来不及排出,孔隙水压力不断增加,可能导致有效应力降低为零,从而使砂土像流体那样完全失去抗剪强度,这种现象称为砂土的液化。因此,临界孔隙比对研究砂土液化同样具有重要意义。

无黏性土的抗剪强度决定于有效法向应力和内摩擦角。密实砂土的内摩擦角与初始孔隙比、土粒表面的粗糙度以及颗粒级配等因素相关。初始孔隙比小、土粒表面粗糙,级配良好的砂土,其内摩擦角较大。松砂的内摩擦角大致与干砂的天然休止角相等(天然休止角是指干燥无黏性土堆积起来形成的最大坡角),可以在实验室用简单的方法测定。近年来的研究表明,无黏性土的强度性状十分复杂,它还受各向异性、试样的沉积方法、应力历史等因素的影响。

5.6.2 砂土液化

设想在箱中放入干燥松砂的情况,显然,振动可以使砂土密实,即砂土中的孔隙减少。假如砂土饱和,孔隙减少会迫使土颗粒间孔隙水压力上升。通常,因为砂土的渗透系数大,孔隙水压力可以迅速消散。然而在地震时就不同了,地震时范围广阔的较疏松砂土地基同时快速震动,因此可以看成是一种不排水条件剪切。土体的剪缩势必使大范围内砂土的孔隙水压力同时急剧上升,同时土体中孔隙水压力短时无法消散。孔隙水压力骤然升高使土体的有效应力和抗剪强度骤然下降甚至减小为零,则砂土处于类似液体的无限塑性流动状态(简称流滑),地基失去承载力,砂质土坡也将流动塌方,即为松砂地基产生了液化,图 5-26 所示为砂土在地震时液化的示意图。有时砂土和水会从地基的薄弱处喷射而出(称为喷砂现象)。当紧密砂土遇地震时,由于紧砂受剪呈现剪胀势,不排水条件下受剪将产生负孔压或正孔压减小,使得有效应力增加,从而紧砂较少存在液化的可能。因此工程上常将砂土的密实程度作为判断液化的标准。

图 5-26 砂土在地震时液化示意图

习 题

1. 简答题

(1) 土的抗剪强度指标实质上是抗剪强度参数,也就是土的强度指标,为什么?

(2) 同一种土所测定的抗剪强度指标是不同的,为什么?

（3）什么是土的极限平衡条件？黏土和粉土与无黏性土的表达式有什么不同？

（4）为什么土中某点剪应力最大的平面不是剪切破坏面？如何确定剪切破坏面与小主应力作用方向夹角？

（5）试比较直接剪切试验和三轴压缩试验的土样的应力状体有什么不同？并指出应剪试验土样的大主应力方向。

（6）试比较直接剪切试验三种方法和三轴压缩试验三种方法的异同点和适用性。

（7）根据孔隙压力系数 A、B 的物理意义，说明三轴 UU 和 CU 试验中求 A、B 两系数的区别。

2. 单项选择题

（1）土的强度破坏通常是由于（   ）。

    A. 基底压力大于土的抗压强度

    B. 土的抗拉强度过低

    C. 土中某点的剪应力达到土的抗剪强度

    D. 在最大剪应力作用面上发生剪切破坏

（2）若代表土中某点应力状态的莫尔圆与抗剪强度包线相切，则表明土中该点（   ）。

    A. 任一平面上的剪应力都小于土的抗剪强度

    B. 某一平面上的剪应力超过了土的抗剪强度

    C. 在相切点所代表的平面上，剪应力正好等于抗剪强度

    D. 在最大剪应力作用面上，剪应力正好等于抗剪强度

（3）土中一点发生剪切破坏时，破裂面与小主应力作用面的夹角为（   ）。

    A. $45°+\varphi$ B. $45°+\dfrac{\varphi}{2}$ C. $45°$ D. $45°-\dfrac{\varphi}{2}$

（4）取自同一土样的三个饱和试样进行三轴不固结不排水剪切试验，其周围压力 σ_3 分别为 50kPa、100kPa、150kPa，最终测得的强度的区别是（   ）。

    A. σ_3 越大，强度越大

    B. σ_3 越大，孔隙水压力越大，强度越小

    C. σ_3 越大，孔隙水压力越大，强度越大

    D. 与 σ_3 无关，强度不变

（5）在下列影响土的抗剪强度的因素中，最重要的因素是试验时的（   ）。

    A. 排水条件   B. 剪切速率   C. 应力状态   D. 应力历史

（6）当施工进度快，地基土的透水性低且排水条件不良时，宜选择（   ）试验。

    A. 不固结不排水抗剪强度   B. 固结不排水抗剪强度

    C. 固结排水抗剪强度   D. 慢剪强度

（7）软黏土的灵敏度可用（   ）测定。

    A. 直接剪切试验   B. 标准贯入试验

    C. 十字板剪切试验   D. 室内压缩试验

（8）对一软土试样进行无侧限抗压强度试验，测得其无侧限抗压强度为 40kPa，则该土的不排水抗剪强度为（   ）。

    A. 40kPa   B. 20kPa   C. 10kPa   D. 5kPa

（9）一个密砂和一个松砂饱和试样进行三轴不固结不排水剪切试验，当破坏时试样中的孔隙水压力（　　）。

  A. 一样大   B. 松砂大   C. 密砂大   D. 无法确定

3. 计算题

（1）某土样进行直接剪切试验，在法向压力为 100kPa、200kPa、300kPa、400kPa 时，测得抗剪强度 τ_f 分别为 52kPa、83kPa、115kPa、145kPa，试求：①用作图方法确定该土样的抗剪强度指标 c 和 φ；②如果在土中的某一平面上作用的法向应力为 260kPa，剪应力为 92kPa，该平面是否会剪切破坏？为什么？

（2）某饱和黏土无侧限抗压强度试验的不排水抗剪强度 $c_u = 70$kPa，如果对同一土样进行三轴不固结不排水试验，施加周围压力 $\sigma_3 = 150$kPa，试问土样将在多大的轴向压力作用下发生破坏？

（3）某黏土试样在三轴仪中进行固结不排水试验，破坏时的孔隙水压力为 u_f，两个试样的试验结果如下。

试验 Ⅰ：$\sigma_3 = 200$kPa，$\sigma_1 = 350$kPa，$u_f = 140$kPa；

试验 Ⅱ：$\sigma_3 = 400$kPa，$\sigma_1 = 700$kPa，$u_f = 280$kPa。

试求：①用作图法确定该黏土试样的 c_{cu}、φ_{cu} 和 c'、φ'；②试样 Ⅱ 破坏面上的法向有效应力和剪应力；③剪切破坏时的孔隙压力系数 A。

（4）某饱和黏土在三轴仪中进行固结不排水试验，得 $c' = 0$，$\varphi' = 28°$，如果这个试样受到 $\sigma_1 = 200$kPa 和 $\sigma_3 = 150$kPa 的作用，测得孔隙水压力 $u = 100$kPa，试问该试样是否会破坏？为什么？

（5）某正常固结饱和黏土试样进行不固结不排水试验得 $\varphi_u = 0$、$c_u = 20$kPa，对同样的土进行固结不排水试验，得有效抗剪强度指标 $c' = 0$、$\varphi' = 30°$，如果试样在不排水条件下被破坏，试求剪切破坏时的有效大主应力和小主应力。

（6）在题（5）中的黏土层，如果某一面上的法向应力 σ 突然增加到 200kPa，法向应力刚增加时沿这个面的抗剪强度是多少？经很长时间后这个面的抗剪强度又是多少？

（7）某黏土试样由固结不排水试验得出有效抗剪强度指标 $c' = 24$kPa、$\varphi' = 22°$，如果该试样在周围压力 $\sigma_3 = 200$kPa 下进行固结排水试验至破坏，试求破坏时的大主应力 σ_1。

（8）一正常固结饱和黏土样在三轴仪中进行固结不排水剪切试验，试样在周围压力 $\sigma_3 = 200$kPa 作用下，当通过传力杆施加的竖向压力 $\Delta\sigma_1$ 达到 200kPa 时发生破坏，并测得此时试样中的孔隙水压力 $u = 100$kPa。试求土的有效黏聚力 c' 和有效内摩擦角 φ'，以及破坏面上的有效正应力 σ' 和有效剪应力 τ'。

本章习题答案   本章工程案例分析

第6章 土压力

6.1 概　　述

　　土压力通常是指挡土墙后的填土因自重或外荷载作用对墙背产生的侧压力。由于土压力是挡土墙的主要外荷载,因此,设计挡土墙时首先要确定土压力的性质、大小、方向和作用点。土压力的计算是比较复杂的问题,它随挡土墙可能位移的方向分为主动土压力、被动土压力和静止土压力。土压力的大小还与墙后填土的性质、墙背倾斜方向等因素有关。

　　挡土墙是防止土体坍塌的构筑物,在房屋建筑、桥梁、道路以及水利等工程中得到广泛应用。例如,支撑建筑物周围填土的挡土墙、地下室侧墙、桥台以及储藏粒状材料的挡墙等(见图6-1),又如大、中桥两岸引道路堤的两侧挡土墙(可少占土地和减少引道路堤的土方量),还有深基坑开挖支护墙以及隧道、水闸、驳岸等构筑物的挡土墙。挡土墙设计包括结构类型选择、构造措施及计算。由于挡土墙侧作用着土压力,计算中抗倾覆和抗滑移稳定性验算十分重要。通常绕墙趾点倾覆,但当地基软弱时,滑动可能发生在地基持力层之中,即挡土墙连同地基一起滑动。

(a) 支撑建筑物周围填土的挡土墙　　　　(b) 地下室侧墙

(c) 桥台　　　　　　　　(d) 储藏粒状材料的挡墙

图 6-1　挡土墙应用示例

　　本章将介绍三种土压力的基本概念,静止土压力的计算,两种古典理论计算主动、被动土压力及其应用。

6.2 挡土墙侧的土压力

6.2.1 基本概念

挡土墙的土压力大小及其分布规律受到墙体可能的位移方向、墙背填土的种类、填土面的形式、墙的截面刚度和地基的变形等一系列因素的影响。仓库挡墙侧的谷物压力也可采用土压力理论进行计算。根据墙的位移情况和墙后土体所处的应力状态,土压力可分为以下三种。

(1) 静止土压力。当挡土墙静止不动,土体处于弹性平衡状态时,土对墙的压力称为静止土压力,用 E_0 表示。如图 6-2(a) 所示,上部结构建起的地下室外墙可视为受静止土压力的作用。

(2) 主动土压力。当挡土墙向离开土体方向偏移至土体达到极限平衡状态时,作用在墙上的土压力称为主动土压力,用 E_a 表示,如图 6-2(b) 所示。

(3) 被动土压力。当挡土墙向土体方向偏移至土体达到极限平衡状态时,作用在挡土墙上的土压力称为被动土压力,用 E_p 表示,如图 6-2(c) 所示。桥台受到桥上荷载推向土体时,土对桥台产生的侧压力属于被动土压力。

(a) 静止土压力   (b) 主动土压力   (c) 被动土压力

图 6-2 挡土墙侧的三种土压力

挡土墙计算属于平面应变问题,因此在土压力计算中,均取一延米的墙长度,土压力单位取 kN/m,土压力强度取 kPa。土压力的计算理论主要有古典的郎肯理论和库仑理论,两种古典土压力理论把土体视为刚塑性体,按照极限平衡理论求解其方程。自从库仑理论发表以来,人们先后进行过多次多种的挡土墙模型实验、原型观测和理论研究。实验表明:在相同条件下,主动土压力小于静止土压力,而静止土压力又小于被动土压力,即 $E_a < E_0 < E_p$,而且产生被动土压力所需要的微小位移 Δ_p 远远超过产生主动土压力所需的微小位移 Δ_a(见图 6-3)。

6.2.2 静止土压力

静止土压力可按以下所述方法计算。在墙背填土表面任意深度 z 处取一单元体(见图 6-4),其上作用着竖向自重应力 γz,则该点的静止土压力强度可按下式计算:

$$\sigma_0 = K_0 \gamma z \qquad (6-1)$$

图 6-3 墙身位移和土压力的关系

式中　σ_0——静止土压力强度（kPa）；

$\quad$ K_0——静止土压力系数，可按杰基对于正常固结土提出的经验公式 $K_0 = 1 - \sin\varphi'$
（φ' 为土的有效内摩擦角）计算；

$\quad$ γ——墙背填土的重度（kN/m³）。

由式（6-1）可知，静止土压力沿墙高呈三角形分布。如图 6-4 所示，如果取单位墙长，则作用在墙上的静止土压力为

$$E_0 = \frac{1}{2}\gamma H^2 K_0 \tag{6-2}$$

式中　E_0——静止土压力（kN/m），E_0 的作用点在距墙底 $H/3$ 处；

$\quad$ H——挡土墙高度（m）；

其余符号同式（6-1）。

图 6-4　静止土压力的分布

6.3　朗肯土压力理论

6.3.1　基本假设

朗肯土压力理论是根据半空间的应力状态和土单元体（土中一点）的极限平衡条件而得出的土压力古典理论之一。

如图 6-5（a）所示，地表为水平面的半空间，即土体向下和沿水平方向都伸展至无穷，在离地表 z 处取一单元体 M，当整个土体都处于静止状态时，各点都处于弹性平衡状态。设土的重度为 γ，显然 M 单元水平截面上的法向应力等于该点土的自重应力，即 $\sigma_z = \gamma z$；而竖直截面上的水平法向应力相当于静止土压力强度，即 $\sigma_x = \sigma_0 = K_0\gamma z$。

由于半空间内每一竖直面都是对称面，因此竖直截面和水平截面上的剪应力都等于零，因此相应截面上的法向应力 σ_z 和 σ_x 都是主应力，此时的应力状态用莫尔圆表示为如图 6-5（b）所示的圆 I。由于该点处于弹性平衡状态，故莫尔圆没有和抗剪强度包线相切。

设想由于某种原因将使整个土体在水平方向均匀地伸展或压缩，使土体由弹性平衡状态转为塑性平衡状态。如果土体在水平方向伸展，则 M 单元竖直截面上的法向应力逐渐减少，在水平截面上的法向应力 σ_z 不变而满足极限平衡条件时，σ_x 是小主应力，而 σ_z 是大主应力，即莫尔圆与抗剪强度包线相切，如图 6-5（b）中的圆 II 所示，称为主动朗肯状态。此时 σ_x 达到最低限值，若土体继续伸展，则只能造成塑性流动，而不改变其应力状态。反之，如果土体在水平方向压缩，那么 σ_x 不断增加而 σ_z 仍保持不变，直到满足极限平衡状态，称为被动朗肯状态。此时 σ_x 达到极限值，是大主应力，而 σ_z 是小主应力，莫尔圆为如图 6-5（b）所示的圆 III。

由于土体处于主动朗肯状态时大主应力 σ_1 所作用的面是水平面，故剪切破坏面与竖直面的夹角为（45°−φ/2），如图 6-5（c）所示；当土体处于被动朗肯状态时，大主应力 σ_1 的作用面是竖直面，剪切破坏面则与水平面的夹角为（45°−φ/2），如图 6-5（d）所示，整个土体各由相互平行的两簇剪切面组成。

(a) 半空间内的微单元体 　　(b) 用莫尔圆表示主动和被动朗肯状态

(c) 半空间的主动朗肯状态 　　(d) 半空间的被动朗肯状态

图 6-5 半空间的极限平衡状态

朗肯将上述原理应用于挡土墙土压力计算中。假设以墙背光滑、直立、填土面水平的挡土墙代替半空间左侧的土(见图 6-6),则墙背与土的接触面上满足剪应力为零的边界应力条件以及产生主动或被动朗肯状态的边界变形条件,由此推导出主动、被动土压力计算的理论公式。

(a) 主动土压力的作用 　　(b) 无黏性土 　　(c) 黏性土

图 6-6 主动土压力强度分布图

6.3.2 主动土压力

对于如图 6-6 所示的挡土墙,设墙背光滑(为了满足剪应力为零的边界应力条件)、直立、填土面水平。当挡土墙偏移土体时,由于墙背任意深度 z 处的竖向应力 $\sigma_z = \gamma z$ 不变,所以它是大主应力 σ_1;水平应力 σ_x 逐渐减小直至产生主动朗肯状态,σ_x 是小主应力 σ_3,即主动土压力强度 σ_a,由第 5 章 5.2.2 小节土中一点的极限平衡方程条件式(5-11)和式(5-9)分别得

无黏性土: 　　　　$$\sigma_a = \gamma z \tan^2\left(45° - \frac{\varphi}{2}\right) \qquad (6\text{-}3a)$$

或 　　　　　　　$$\sigma_a = \gamma z K_a \qquad (6\text{-}3b)$$

黏土、粉土: 　　　$$\sigma_a = \gamma z \tan^2\left(45° - \frac{\varphi}{2}\right) - 2c\tan\left(45° - \frac{\varphi}{2}\right) \qquad (6\text{-}4a)$$

或
$$\sigma_a = \gamma z K_a - 2c\sqrt{K_a} \tag{6-4b}$$

式中　σ_a——主动土压力强度(kPa)；

　　　K_a——朗肯主动土压力系数；

　　　γ——墙后填土的重度(kN/m³)，地下水位以下采用有效重度；

　　　c——填土的黏聚力(kPa)；

　　　φ——填土的内摩擦角(°)；

　　　z——所计算点离填土面的深度(m)。

　　由式(6-3)可知：无黏性土的主动土压力强度与 z 成正比，沿墙高的压力呈三角形分布，如图 6-6(b)所示。如取单位墙长计算，则主动土压力为

$$E_a = \frac{1}{2}\gamma H^2 \tan^2\left(45° - \frac{\varphi}{2}\right) \tag{6-5a}$$

或
$$E_a = \frac{1}{2}\gamma H^2 K_a \tag{6-5b}$$

式中　E_a——无黏性土主动土压力(kN/m)，E_a 通过三角形的形心，即作用在离墙底 $\dfrac{H}{3}$ 处。

　　由式(6-4)可知，黏土和粉土的主动土压力强度包括两部分：一部分是土自重引起的土压力 $\gamma z K_a$，另一部分是由黏聚力 c 引起的负侧压力 $2c\sqrt{K_a}$。这两部分土压力叠加的结果如图 6-6(c)所示，其中 ade 部分是负侧压力，对墙背是拉力，但实际上墙与土在很小的拉力作用下就会分离，所以在计算土压力时，这部分应忽略不计，因此黏土和粉土的土压力分布仅是 abc 部分。

　　a 点离填土面的深度 z_0 常称为临界深度，在填土面无荷载的条件下，可令式(6-4b)为零求得 z_0 值，即

$$\sigma_a = \gamma z K_a - 2c\sqrt{K_a} = 0$$

得
$$z_0 = \frac{2c}{\gamma\sqrt{K_a}} \tag{6-6}$$

　　如取单位墙长计算，则黏土、粉土主动土压力 E_a 为

$$E_a = \frac{(H - z_0)(\gamma H K_a - 2c\sqrt{K_a})}{2} \tag{6-7a}$$

或
$$E_a = \frac{1}{2}\gamma H^2 K_a - 2cH\sqrt{K_a} + \frac{2c^2}{\gamma} \tag{6-7b}$$

式中　E_a——黏土、粉土主动土压力(kN/m)，E_a 通过三角形压力分布图 abc 的形心，即作用在离墙底 $\dfrac{H - z_0}{3}$ 处。

　　【例题 6.1】　有一挡土墙，高 5m，墙背直立、光滑，填土面水平。填土的物理力学性质指标如下：$c = 10$kPa，$\varphi = 20°$，$\gamma = 18$kN/m³。试求主动土压力及其作用点，并绘出主动土压力分布图。

　　【解】　在墙底处的主动土压力强度按朗肯土压力理论计算为

$$\sigma_a = \gamma H \tan^2\left(45° - \frac{\varphi}{2}\right) - 2c\tan\left(45° - \frac{\varphi}{2}\right)$$

$$= 18 \times 5 \times \tan^2\left(45° - \frac{20°}{2}\right) - 2 \times 10\tan\left(45° - \frac{20°}{2}\right)$$

$$= 30.1(\text{kPa})$$

主动土压力为

$$E_a = \frac{1}{2}\gamma H^2 \tan^2\left(45° - \frac{\varphi}{2}\right) - 2cH\tan\left(45° - \frac{\varphi}{2}\right) + \frac{2c^2}{\gamma} = 51.4(\text{kN/m})$$

临界深度为

$$z_0 = \frac{2c}{\gamma\sqrt{K_a}} = \frac{2 \times 10}{18\tan\left(45° - \dfrac{20°}{2}\right)} \approx 1.59(\text{m})$$

主动土压力 E_a 作用在离墙底的距离为 $\dfrac{H - z_0}{3} = \dfrac{5 - 1.59}{3} = 1.14(\text{m})$。

主动土压力分布如图 6-7 所示。

图 6-7　例题 6.1 图

6.3.3　被动土压力

当墙受到外力作用而推向土体时,如图 6-8(a)所示,填土中任意一点的竖向应力 $\sigma_z = \gamma z$ 仍然不变,它是小主应力 σ_3;而水平向应力 σ_x 却逐渐增大,直至出现被动朗肯状态,达到最大极限值,它是大主应力 σ_1,即被动土压力强度 σ_p,于是由第 5 章 5.2.2 小节中的式(5-10)和式(5-8)分别可得

无黏性土:
$$\sigma_p = \gamma z K_p \tag{6-8}$$

黏土、粉土:
$$\sigma_p = \gamma z K_p + 2c\sqrt{K_p} \tag{6-9}$$

式中　K_p——朗肯被动土压力系数,$K_p = \tan^2\left(45° + \dfrac{\varphi}{2}\right)$;

符号 γ、c、φ、z 的意义同式(6-3)和式(6-4)。

由式(6-8)和式(6-9)可知,无黏性土被动土压力强度呈三角形分布,如图 6-8(b)所示,

(a) 被动土压力的作用　　(b) 无黏土　　(c) 黏土

图 6-8　被动土压力强度分布图

黏土、粉土被动土压力强度呈梯形分布,如图 6-8(c)所示。如取单位墙长计算,则被动土压力可由下式计算

无黏性土:
$$E_p = \frac{1}{2}\gamma H^2 K_p \tag{6-10}$$

黏土和粉土:
$$E_p = \frac{1}{2}\gamma H^2 K_p + 2cH\sqrt{K_p} \tag{6-11}$$

被动土压力 E_p 通过三角形或梯形压力分布图的形心。

6.3.4 有超载时的土压力

通常将挡土墙后填土面上的分布荷载称为超载。当挡土墙后填土面上有连续均布荷载 q 作用时,土压力的计算方法是将均布荷载换算成与其下的填土具有相同重度的当量土重,即用假想的土重代替均布荷载。当填土面水平时,如图 6-9(a)所示,换算后的当量土层厚度为

$$h = \frac{q}{\gamma} \tag{6-12}$$

式中 γ——填土的重度(kN/m³)。

(a) 填土面水平   (b) 填土面倾斜

图 6-9 填土面有均布荷载时的主动土压力

然后,以 $A'B$ 为墙背,按填土面无荷载的情况计算土压力。以无黏性填土为例,则填土面 A 点的主动土压力强度按朗肯土压力理论计算为

$$\sigma_{aA} = \gamma h K_a = qK_a \tag{6-13}$$

墙底 B 点的土压力强度为

$$\sigma_{aB} = \gamma(h + H)K_a = (q + \gamma H)K_a \tag{6-14}$$

压力分布如图 6-9(a)所示,实际的土压力分布图为梯形 $ABCD$ 部分,土压力的作用点在梯形的重心位置。

当填土面和墙背倾斜时,如图 6-9(b)所示,当量土层的厚度仍为 $h = q/\gamma$。假想的填土面与墙背 AB 的延长线交于 A' 点,故以 $A'B$ 为假想墙背计算主动土压力,但由于填土面和墙背面倾斜,假想的墙高应为 $h' + H$,根据 $\triangle A'AE$ 的几何关系可得

$$h' = \frac{h\cos\beta \cdot \cos\alpha}{\cos(\alpha - \beta)} \tag{6-15}$$

然后,同样以 $A'B$ 为假想的墙背按地面无荷载的情况计算土压力。

如图 6-10(a)所示,当填土表面上的均布荷载从墙背后某一距离开始时,土压力计算可按以下方法进行:自均布荷载起点 O 作两条辅助线 $\overline{OD}$ 和 $\overline{OE}$,分别与水平面的夹角为 φ 和 θ,对于认为 D 点以上的土压力不受地面荷载的影响,E 点以下完全受均布荷载影响,D 点和 E 点间的土压力用直线连接,因此墙背 AB 上的土压力为图中阴影部分。若地面上均布荷载在一定宽度范围内时,如图 6-10(b)所示,从荷载的两端 O 点及 O' 点作两条辅助线 $\overline{OD}$ 和 $\overline{O'E}$,都与水平面呈 θ 角。认为 D 点以上和 E 点以下的土压力都不受地面荷载的影响,D、E 两点之间的土压力按均布荷载计算,AB 墙面上的土压力如图中阴影部分。

图 6-10 填土面有局部均布荷载时的主动土压力

6.3.5 非均质填土时的土压力

1. 成层填土

如图 6-11 所示的挡土墙,墙后有几层不同种类的水平土层,在计算土压力时,第一层的土压力按均质土计算,土压力的分布为图中的 abc 部分;计算第二层土压力时,将第一层土换算成与第二层土具有相同重度的当量土层,即其当量土层厚度为 $h_1' = h_1 \gamma_1 / \gamma_2$,然后以 $(h_1' + h_2)$ 为墙高,按均质土计算土压力,但只在第二层土层厚度范围内有效,如图中的 $bdfe$ 部分。必须注意,由于各层土的性质不同,朗背主动土压力系数 K_a 值也不同。图中所示的土压力强度计算是以无黏性填土和 $\varphi_1 < \varphi_2$ 为例。

图 6-11 成层填土的土压力计算

2. 墙后填土有地下水

挡土墙后的回填土常会部分或全部处于地下水位以下,由于地下水的存在将使土的含水量增加,抗剪强度降低,而使土压力增大,因此,挡土墙应该有良好的排水措施。

当墙后填土有地下水时,作用在墙背上的侧压力有土压力和水压力两部分。地下水位以下土的重度应采用浮重度,地下水位以上和以下土的抗剪强度指标也可能不同(地下水对无黏性土的影响可忽略),因而有地下水情况,也是成层填土的一个特定情况。有地下水位计算土压力时,假设地下水位上下土的内摩擦角 φ 相同,如图 6-12 所示中,$abdec$ 部分为土压力分布图,cef 部分为水压力分布图,总侧压力为土压力和水压力之和。图中所示的土压力强度计算也是以无黏性填土为例。当具有地区工程经验时,对黏性填土,也可按水土合算原则计算土压力,地下水位以下取饱和重度(γ_{sat})和总应力固结不排水抗剪强度指标(c_{cu}、φ_{cu})进行计算。

【例题6.2】 挡土墙高6m,并有均布荷载$q=10$kPa(见图6-13),填土的物理力学性质指标如下:$\varphi=34°$,$c=0$,$\gamma=19$kN/m^3,墙背直立、光滑、填土面水平,试求挡土墙的主动土压力E_a及作用点位置,并绘出土压力分布图。

图6-12 填土中有地下水时的土压力

图6-13 例题6.2图

【解】 将地面均布荷载换算成填土的当量土层厚度为

$$h = \frac{q}{\gamma} = \frac{10}{19} = 0.526(\text{m})$$

在填土面处的土压力强度为

$$\sigma_{aA} = \gamma h K_a = q K_a = 10 \times \tan^2\left(45° - \frac{34°}{2}\right) = 2.8(\text{kPa})$$

在墙底处的土压力强度为

$$\sigma_{aB} = \gamma(h+H)K_a = (q+\gamma H)\tan^2\left(45° - \frac{\varphi}{2}\right)$$

$$= (10 + 19 \times 6)\tan^2\left(45° - \frac{34°}{2}\right) = 35.1(\text{kPa})$$

主动土压力为

$$E_a = (\sigma_{aA} + \sigma_{aB})\frac{H}{2} = (2.8 + 35.1) \times \frac{6}{2} = 113.7(\text{kN/m})$$

土压力作用点位置离墙底或离墙顶分别为

$$z = \frac{H}{3}\frac{2\sigma_{aA} + \sigma_{aB}}{\sigma_{aA} + \sigma_{aB}} = \frac{6}{3} \times \frac{2 \times 2.8 + 35.1}{2.8 + 35.1} = 2.15(\text{m})$$

$$z = \frac{H}{3}\frac{\sigma_{aA} + 2\sigma_{aB}}{\sigma_{aA} + \sigma_{aB}} = \frac{6}{3} \times \frac{2.8 + 2 \times 35.1}{2.8 + 35.1} = 3.85(\text{m})$$

土压力分布图如图6-13所示。

【例题6.3】 挡土墙高5m,墙背直立、光滑、墙后填土面水平,共分两层。各层土的物理力学性指标如图6-14所示,试求主动土压力E_a,并绘出土压力的分布图。

【解】 计算第一层填土的土压力强度层顶处和层底处分别为

$$\sigma_{a0} = \gamma_1 z \tan^2\left(45° - \frac{\varphi_1}{2}\right) = 0$$

图6-14 例题6.3图

$$\sigma_{a1} = \gamma_1 h_1 \tan^2\left(45° - \frac{\varphi_1}{2}\right)$$

$$= 17 \times 2 \times \tan^2\left(45° - \frac{32°}{2}\right)$$

$$= 17 \times 2 \times 0.307 = 10.4(\text{kPa})$$

第二层填土顶面和底面的土压力强度分别为

$$\sigma_{a1} = \gamma_1 h_1 \tan^2\left(45° - \frac{\varphi_2}{2}\right) - 2c_2\tan\left(45° - \frac{\varphi_2}{2}\right)$$

$$= 17 \times 2 \times \tan^2\left(45° - \frac{16°}{2}\right) - 2 \times 10\tan\left(45° - \frac{16°}{2}\right)$$

$$= 4.2(\text{kPa})$$

$$\sigma_{a2} = (\gamma_1 h_1 + \gamma_2 h_2)\tan^2\left(45° - \frac{\varphi_2}{2}\right) - 2c_2\tan\left(45° - \frac{\varphi_2}{2}\right)$$

$$= (17 \times 2 + 19 \times 3) \times \tan^2\left(45° - \frac{16°}{2}\right) - 2 \times 10\tan\left(45° - \frac{16°}{2}\right)$$

$$= 36.6(\text{kPa})$$

主动土压力 E_a 为

$$E_a = \frac{10.4 \times 2}{2} + \frac{(4.2 + 36.6) \times 3}{2} = 71.6(\text{kN/m})$$

主动土压力分布如图 6-14 所示。

【例题 6.4】 某挡土墙的墙背直立、光滑,墙高 7m,墙后两层填土,性质如图 6-15 所示,地下水位在填土表面下 3.5m 处与第二层填土面平齐。填土表面作用有 $q = 100\text{kPa}$ 的连续均布荷载。试求作用在墙上的主动土压力 E_a 和水压力 E_w 的大小。

图 6-15　例题 6.4 图

【解】

$$\sigma_{aA} = qK_{a1} = 100 \times \tan^2\left(45° - \frac{32°}{2}\right) = 30.7(\text{kPa})$$

$$\sigma_{aB上} = (q + \gamma_1 h_1)K_{a1}$$

$$= (100 + 16.5 \times 3.5) \times \tan^2\left(45° - \frac{32°}{2}\right) = 48.4(\text{kPa})$$

$$\sigma_{aB下} = (q + \gamma_1 h_1)K_{a2}$$

$$= (100 + 16.5 \times 3.5) \times \tan^2\left(45° - \frac{30°}{2}\right) = 52.5(\text{kPa})$$

$$\sigma_{aC} = (q + \gamma_1 h_1 + \gamma'_2 h_2) K_{a2}$$

$$= (100 + 16.5 \times 3.5 + 9.25 \times 3.5) \times \tan^2\left(45° - \frac{30°}{2}\right) = 63.3 (\text{kPa})$$

主动土压力为

$$E_a = \frac{(30.7 + 48.4) \times 3.5}{2} + \frac{(52.5 + 63.3) \times 3.5}{2} = 341.1 (\text{kN/m})$$

水压力强度为

$$P_{wc} = \gamma_w h_2 = 10 \times 3.5 = 35 (\text{kPa})$$

水压力为

$$E_w = \frac{1}{2} P_{wc} h_2 = \frac{1}{2} \times 35 \times 3.5 = 61.3 (\text{kN/m})$$

6.4 库仑土压力理论

6.4.1 基本假设

上述朗肯土压力理论是根据半空间的应力状态和土单元体的极限平衡条件而得出的土压力古典理论之一。另一种土压力古典理论就是库仑土压力理论,它是以整个滑动土体上力系的平衡条件来求解主动、被动土压力计算的理论公式。

如果挡土墙墙后的填土是干的无黏性土,或挡土墙墙后的储存料是干的粒料,当墙体突然移动时,干土或粒料将沿一平面滑动,如图 6-16 所示中的 AC 面,AC 面与水平面的倾角等于粒料的内摩擦角 φ。若墙体仅向前发生一微小位移,在墙背面 AB 与 AC 面之间将产生一个接近平面的滑动面 AD。只要确定该滑动破坏面的形状和位置,就可以根据向下滑动土楔体 ABD 的静力平衡条件得出填土作用在墙上的主动土压力。相反,若墙体向填土推压,将在 AC 面与水平面之间产生另一个近似平面的滑动面 AE。根据向上滑动土楔体 ABE 的静力平衡条件可以得出填土作用在墙上的被动土压力。

图 6-16 墙后填料中的破坏面

库仑土压力理论是根据墙后土体处于极限平衡状态并形成一滑动楔体时,从楔体的静力平衡条件得出的土压力计算理论。其基本假设:①墙后的填土是理想的散粒体(黏聚力 $c = 0$);②滑动破坏面为一平面;③滑动土楔体视为刚体。

6.4.2 主动土压力

一般挡土墙的计算均属于平面应变问题,因此在下述讨论中均沿墙的长度方向取 1m 进行分析,如图 6-17(a)所示。当墙向前移动或转动而使墙后土体沿某一破坏面 $\overline{BC}$ 破坏时,土楔体 ABC 向下滑动而处于主动极限平衡状态。此时,作用于土楔体 ABC 上的力如下。

(a) 土楔体上的作用力   (b) 力矢三角形   (c) 主动土压力分布

图 6-17　按库仑理论求主动土压力

（1）土楔体的自重 $G=\triangle ABC\gamma$，γ 为填土的重度，只要破坏面 $\overline{BC}$ 的位置确定，G 的大小就是已知值，其方向向下。

（2）破坏面 $\overline{BC}$ 上的反力 R，其大小是未知的，R 与破坏面 $\overline{BC}$ 的法线 N_1 之间的夹角等于土的内摩擦角 φ，并位于 N_1 的下侧。

（3）墙背对土楔体的反力 E，与它大小相等、方向相反的作用力就是墙背上的土压力。

反力 E 的方向必与墙背的法线 N_2 成 δ 角，δ 角为墙背与填土之间的摩擦角，称为外摩擦角。当土楔体下滑时，墙对土楔体的阻力是向上的，因此 E 也位于 N_2 的下侧。

土楔体在以上三力作用下处于静力平衡状态，因此构成一闭合的力矢三角形，如图 6-17(b)所示，按正弦定律可得

$$E=\frac{G\sin(\theta-\varphi)}{\sin(\theta-\varphi+\psi)} \tag{6-16}$$

式中　$\psi=90°-\alpha-\delta$，其余符号如图 6-17 所示。

G——土楔重，为

$$G=\triangle ABC\gamma=\frac{\gamma\,\overline{BC}\,\overline{AD}}{2} \tag{6-17}$$

在三角形 ABC 中，利用正弦定律得

$$\overline{BC}=\overline{AB}\,\frac{\sin(90°-\alpha+\beta)}{\sin(\theta-\beta)}$$

因为 $\overline{AB}=\dfrac{H}{\cos\alpha}$，所以

$$\overline{BC}=\frac{H\cos(\alpha-\beta)}{\cos\alpha\sin(\theta-\beta)} \tag{6-18}$$

再通过 A 点作 $\overline{BC}$ 线的垂线 $\overline{AD}$，由 $\triangle ADB$ 得

$$\overline{AD}=\overline{AB}\cos(\theta-\alpha)=\frac{H\cos(\theta-\alpha)}{\cos\alpha} \tag{6-19}$$

将式(6-18)和式(6-19)代入式(6-17)得

$$G=\frac{\gamma H^2}{2}\,\frac{\cos(\alpha-\beta)\cos(\theta-\alpha)}{\cos^2\alpha\sin(\theta-\beta)}$$

将此式代入式(6-16)得 E 的表达式为

$$E=\frac{1}{2}\gamma H^2\,\frac{\cos(\alpha-\beta)\cos(\theta-\alpha)\sin(\theta-\varphi)}{\cos^2\alpha\sin(\theta-\beta)\sin(\theta-\varphi+\psi)} \tag{6-20}$$

在式(6-20)中,γ、H、α、β 和 φ、δ 都是已知的,而滑动面 $\overline{BC}$ 与水平面的倾角 θ 则是任意假定的,因此,假定不同的滑动面可以得出一系列相应的土压力 E 值,也就是说,E 是 θ 的函数。E 的最大值 $E_{\max}$ 即为墙背的主动土压力,其所对应的滑动面即是土楔体最危险的滑动面。为求主动土压力,可用微分学中求极值的方法求 E 的最大值,因此可令 $dE/d\theta = 0$,从而解得使 E 为极大值时填土的破坏角 θ_{cr},这就是真正滑动面的倾角。将 θ_{cr} 代入式(6-20),整理后可得库仑主动土压力的一般表达式为

$$E_a = \frac{1}{2}\gamma H^2 \tag{6-21}$$

或

$$E_a = \frac{\gamma H^2 K_a}{2} \tag{6-22}$$

式中 K_a——库仑主动土压力系数,$K_a = \dfrac{\cos^2(\varphi - \alpha)}{\cos^2\alpha\cos(\alpha+\delta)\left[1+\sqrt{\dfrac{\sin(\varphi+\delta)\sin(\varphi-\beta)}{\cos(\alpha+\delta)\cos(\alpha-\beta)}}\,\right]^2}$;

   H——挡土墙高度(m);

   γ——墙后填土的重度(kN/m³);

   φ——墙后填土的内摩擦角(°);

   α——墙背的倾斜角(°),俯斜时取正号(见图 6-17),仰斜为负号;

   β——墙后填土面的倾角(°);

   δ——土对挡土墙背的外摩擦角(°),查表 6-2 确定。

当墙背垂直($\alpha=0$)、光滑($\delta=0$),填土面水平时,式(6-21)可写为

$$E_a = \frac{1}{2}\gamma H^2 \tan^2\left(45° - \frac{\varphi}{2}\right) \tag{6-23}$$

可见,在上述条件下,库仑公式和朗肯公式相同。

由式(6-22)可知,主动土压力沿墙高的平方成正比。为求得离墙顶为任意深度 z 处的主动土压力强度 σ_a,可将 E_a 对 z 取导数,即

$$\sigma_a = \frac{dE_a}{dz} = \frac{d}{dz}\left(\frac{1}{2}\gamma z K_a\right) = \gamma z K_a \tag{6-24}$$

由上式可知,主动土压力强度沿墙高呈三角形分布,如图 6-18(c)所示。主动土压力的作用点在离墙底 $H/3$ 处,方向与墙背法线的夹角为 δ。必须注意,在图 6-17(c)所示的土压力分布图中只表示其大小,而不代表其作用方向。

【例题 6.5】 挡土墙高 4m,墙背倾斜角 $\alpha=10°$(俯斜),填土坡脚 $\beta=30°$,填土重度 $\gamma=18$kN/m³、$\varphi=30°$,$c=0$,填土与墙背的摩擦角 $\delta=2\varphi/3=20°$,如图 6-18 所示,试按库仑理论求主动土压力 E_a 及其作用点。

【解】 根据 $\delta=20°$、$\alpha=10°$、$\beta=30°$、$\varphi=30°$,由式(6-21)或查表 6-1 得库仑主动土压力系数 $K_a=1.051$,由式(6-22)计算主动土压力为

$$E_a = \gamma H^2 \frac{K_a}{2} = \frac{18 \times 4^2 \times 1.051}{2} = 151.3\,(\text{kN/m})$$

土压力作用点在离墙底 $\dfrac{H}{3} = \dfrac{4}{3} = 1.33\,(\text{m})$ 处。

图 6-18 例题 6.5 图

表 6-1 库仑主动土压力系数 K_a 值

δ	α	β \ φ	15°	20°	25°	30°	35°	40°	45°	50°
0°	−20°	0°	0.497	0.380	0.287	0.212	0.153	0.106	0.070	0.043
		10°	0.595	0.439	0.323	0.234	0.166	0.114	0.074	0.045
		20°		0.707	0.401	0.274	0.188	0.125	0.080	0.047
		30°				0.498	0.239	0.147	0.090	0.051
		40°					0.301		0.116	0.060
	−10°	0°	0.540	0.433	0.344	0.270	0.209	0.158	0.117	0.083
		10°	0.644	0.500	0.389	0.301	0.229	0.171	0.125	0.088
		20°		0.785	0.482	0.353	0.261	0.190	0.136	0.094
		30°				0.614	0.331	0.226	0.155	0.104
		40°					0.433		0.200	0.123
	0°	0°	0.589	0.490	0.406	0.333	0.271	0.217	0.172	0.132
		10°	0.704	0.569	0.462	0.374	0.300	0.238	0.186	0.142
		20°		0.883	0.573	0.441	0.344	0.267	0.204	0.154
		30°				0.750	0.436	0.318	0.235	0.172
		40°					0.587		0.303	0.206
	10°	0°	0.652	0.560	0.478	0.407	0.343	0.288	0.238	0.194
		10°	0.784	0.655	0.550	0.461	0.384	0.318	0.261	0.211
		20°		1.015	0.685	0.548	0.444	0.360	0.291	0.231
		30°				0.925	0.566	0.433	0.337	0.262
		40°					0.785		0.437	0.316
	20°	0°	0.736	0.648	0.569	0.498	0.434	0.375	0.322	0.274
		10°	0.896	0.768	0.663	0.572	0.492	0.421	0.358	0.302
		20°		1.205	0.834	0.688	0.576	0.484	0.405	0.337
		30°				1.169	0.740	0.586	0.474	0.385
		40°					1.064		0.620	0.469
5°	−20°	0°	0.457	0.352	0.267	0.199	0.144	0.101	0.067	0.041
		10°	0.557	0.410	0.302	0.220	0.157	0.108	0.070	0.043
		20°		0.688	0.380	0.259	0.178	0.119	0.076	0.045
		30°				0.484	0.228	0.140	0.085	0.049
		40°					0.293		0.111	0.058
	−10°	0°	0.503	0.406	0.324	0.256	0.199	0.151	0.112	0.080
		10°	0.612	0.474	0.369	0.286	0.219	0.164	0.120	0.085
		20°		0.776	0.463	0.339	0.250	0.183	0.131	0.091
		30°				0.607	0.321	0.218	0.149	0.100
		40°					0.428		0.195	0.120
	0°	0°	0.556	0.465	0.387	0.319	0.260	0.210	0.166	0.129
		10°	0.680	0.547	0.444	0.360	0.289	0.230	0.180	0.138
		20°		0.885	0.558	0.428	0.333	0.259	0.199	0.150
		30°				0.753	0.428	0.311	0.229	0.168
		40°					0.589		0.299	0.202

δ	α	β \ φ	15°	20°	25°	30°	35°	40°	45°	50°
5°	10°	0°	0.622	0.536	0.460	0.393	0.333	0.280	0.233	0.441
		10°	0.767	0.636	0.534	0.448	0.374	0.311	0.255	0.207
		20°		1.035	0.676	0.538	0.436	0.354	0.286	0.228
		30°				0.943	0.563	0.428	0.333	0.259
		40°						0.801	0.436	0.314
	20°	0°	0.709	0.627	0.553	0.483	0.424	0.368	0.318	0.271
		10°	0.887	0.775	0.650	0.562	0.484	0.416	0.355	0.300
		20°		1.250	0.835	0.684	0.571	0.480	0.402	0.335
		30°				1.212	0.746	0.587	0.474	0.385
		40°						0.103	0.627	0.472
10°	−20°	0°	0.427	0.330	0.252	0.188	0.137	0.096	0.064	0.039
		10°	0.529	0.388	0.286	0.209	0.149	0.103	0.068	0.041
		20°		0.675	0.364	0.248	0.170	0.114	0.073	0.044
		30°				0.475	0.220	0.135	0.082	0.047
		40°						0.288	0.108	0.056
	−10°	0°	0.477	0.385	0.309	0.245	0.191	0.146	0.109	0.078
		10°	0.590	0.455	0.354	0.275	0.221	0.159	0.116	0.082
		20°		0.773	0.450	0.328	0.242	0.177	0.127	0.088
		30°				0.605	0.313	0.212	0.146	0.098
		40°						0.426	0.191	0.117
	0°	0°	0.533	0.447	0.373	0.309	0.253	0.204	0.163	0.127
		10°	0.664	0.531	0.431	0.350	0.282	0.225	0.177	0.136
		20°		0.897	0.549	0.420	0.326	0.254	0.195	0.148
		30°				0.762	0.423	0.306	0.226	0.166
		40°						0.596	0.297	0.201
	10°	0°	0.603	0.520	0.448	0.384	0.326	0.275	0.230	0.189
		10°	0.759	0.626	0.524	0.440	0.369	0.307	0.253	0.206
		20°		1.054	0.674	0.534	0.432	0.351	0.284	0.227
		30°				0.969	0.564	0.427	0.332	0.258
		40°						0.823	0.438	0.315
	20°	0°	0.695	0.615	0.543	0.478	0.419	0.365	0.316	0.271
		10°	0.890	0.752	0.646	0.558	0.482	0.414	0.354	0.300
		20°		1.308	0.844	0.687	0.573	0.481	0.403	0.337
		30°				1.268	0.758	0.594	0.478	0.388
		40°						0.155	0.640	0.480
15°	−20°	0°	0.405	0.314	0.240	0.180	0.132	0.093	0.062	0.038
		10°	0.509	0.372	0.201	0.201	0.144	0.100	0.066	0.040
		20°		0.667	0.239	0.352	0.164	0.110	0.071	0.042
		30°				0.470	0.214	0.131	0.080	0.046
		40°			0.298			0.284	0.105	0.055

续表

δ	α	β \ φ	15°	20°	25°	30°	35°	40°	45°	50°
15°	−10°	0°	0.458	0.371	0.344	0.237	0.186	0.142	0.106	0.076
		10°	0.576	0.442	0.441	0.267	0.205	0.155	0.114	0.081
		20°		0.776		0.320	0.237	0.174	0.125	0.087
		30°				0.607	0.308	0.209	0.143	0.097
		40°			0.363			0.428	0.189	0.116
	0°	0°	0.518	0.434	0.423	0.301	0.248	0.201	0.160	0.125
		10°	0.656	0.522	0.546	0.343	0.277	0.222	0.174	0.135
		20°		0.914		0.415	0.323	0.251	0.194	0.147
		30°				0.777	0.422	0.305	0.225	0.165
		40°			0.441			0.608	0.298	0.200
	10°	0°	0.592	0.511	0.520	0.378	0.323	0.273	0.228	0.189
		10°	0.760	0.623	0.679	0.437	0.366	0.305	0.252	0.206
		20°		1.103		0.535	0.432	0.351	0.284	0.228
		30°				1.005	0.571	0.430	0.334	0.260
		40°			0.540			0.853	0.445	0.319
	20°	0°	0.690	0.611	0.649	0.476	0.419	0.366	0.317	0.273
		10°	0.904	0.757	0.862	0.560	0.484	0.416	0.357	0.303
		20°		1.383		0.697	0.579	0.486	0.408	0.341
		30°				1.341	0.778	0.606	0.487	0.395
		40°						1.221	0.639	0.492
20°	−20°	0°			0.231	0.174	0.128	0.090	0.061	0.038
		10°			0.265	0.195	0.140	0.097	0.064	0.039
		20°			0.344	0.233	0.160	0.108	0.069	0.042
		30°				0.468	0.210	0.129	0.079	0.045
		40°						0.283	0.104	0.054
	−10°	0°			0.291	0.232	0.182	0.140	0.105	0.076
		10°			0.337	0.262	0.202	0.153	0.113	0.080
		20°			0.437	0.316	0.233	0.171	0.124	0.086
		30°				0.614	0.306	0.207	0.142	0.096
		40°						0.433	0.188	0.115
	0°	0°			0.357	0.297	0.245	0.199	0.160	0.125
		10°			0.419	0.340	0.275	0.220	0.174	0.135
		20°			0.547	0.414	0.322	0.251	0.193	0.147
		30°				0.798	0.425	0.306	0.225	0.166
		40°						0.625	0.300	0.202
	10°	0°			0.438	0.377	0.322	0.273	0.229	0.190
		10°			0.521	0.438	0.367	0.306	0.254	0.208
		20°			0.690	0.540	0.436	0.354	0.286	0.230
		30°				1.051	0.582	0.437	0.338	0.264
		40°						0.893	0.456	0.325

续表

δ	α	φ＼β	15°	20°	25°	30°	35°	40°	45°	50°
20°	20°	0°			0.543	0.479	0.422	0.370	0.321	0.277
		10°			0.659	0.568	0.490	0.423	0.363	0.309
		20°			0.891	0.715	0.592	0.496	0.417	0.349
		30°				1.434	0.807	0.624	0.501	0.406
		40°						1.305	0.685	0.509
25°	−20°	0°				0.170	0.125	0.089	0.060	0.037
		10°				0.191	0.137	0.096	0.063	0.039
		20°				0.229	0.157	0.106	0.069	0.041
		30°				0.470	0.207	0.127	0.078	0.045
		40°						0.284	0.103	0.053
	−10°	0°				0.228	0.180	0.139	0.104	0.075
		10°				0.259	0.200	0.151	0.112	0.080
		20°				0.314	0.232	0.170	0.123	0.086
		30°				0.620	0.307	0.207	0.142	0.096
		40°						0.441	0.189	0.116
	0°	0°				0.296	0.245	0.199	0.160	0.126
		10°				0.340	0.275	0.221	0.175	0.136
		20°				0.417	0.324	0.252	0.195	0.148
		30°				0.828	0.432	0.309	0.228	0.168
		40°						0.647	0.306	0.205
	10°	0°				0.379	0.325	0.276	0.232	0.193
		10°				0.443	0.371	0.311	0.258	0.211
		20°				0.551	0.443	0.360	0.292	0.235
		30°				1.112	0.600	0.448	0.346	0.270
		40°						0.944	0.471	0.335
	20°	0°				0.488	0.430	0.377	0.329	0.284
		10°				0.583	0.502	0.433	0.372	0.318
		20°				0.740	0.612	0.512	0.430	0.360
		30°				1.553	0.846	0.650	0.520	0.421
		40°						1.414	0.721	0.532
0°	−20°	0°	0.497	0.380	0.287	0.212	0.153	0.106	0.070	0.043
		10°	0.595	0.439	0.323	0.234	0.166	0.114	0.074	0.045
		20°		0.707	0.401	0.274	0.188	0.125	0.080	0.047
		30°				0.498	0.239	0.147	0.090	0.051
		40°						0.301	0.116	0.060
	−10°	0°	0.540	0.433	0.344	0.270	0.209	0.158	0.117	0.083
		10°	0.644	0.500	0.389	0.301	0.229	0.171	0.125	0.088
		20°		0.785	0.482	0.353	0.261	0.190	0.136	0.094
		30°				0.614	0.331	0.226	0.155	0.104
		40°						0.433	0.200	0.123

续表

δ	α	β ╲ φ	15°	20°	25°	30°	35°	40°	45°	50°
0°	0°	0°	0.589	0.490	0.406	0.333	0.271	0.217	0.172	0.132
		10°	0.704	0.569	0.462	0.374	0.300	0.238	0.186	0.142
		20°		0.883	0.573	0.441	0.344	0.267	0.204	0.154
		30°				0.750	0.436	0.318	0.235	0.172
		40°					0.587	0.303	0.206
	10°	0°	0.652	0.560	0.478	0.407	0.343	0.288	0.238	0.194
		10°	0.784	0.655	0.550	0.461	0.384	0.318	0.261	0.211
		20°		1.015	0.685	0.548	0.444	0.360	0.291	0.231
		30°				0.925	0.566	0.433	0.337	0.262
		40°						0.785	0.437	0.316
	20°	0°	0.736	0.648	0.569	0.498	0.434	0.375	0.322	0.274
		10°	0.896	0.768	0.663	0.572	0.492	0.421	0.358	0.302
		20°		1.205	0.834	0.688	0.576	0.484	0.405	0.337
		30°				1.169	0.740	0.586	0.474	0.385
		40°						1.064	0.620	0.469
5°	−20°	0°	0.457	0.352	0.267	0.199	0.144	0.101	0.067	0.041
		10°	0.557	0.410	0.302	0.220	0.157	0.108	0.070	0.043
		20°		0.688	0.380	0.259	0.178	0.119	0.076	0.045
		30°				0.484	0.228	0.140	0.085	0.049
		40°						0.293	0.111	0.058
	−10°	0°	0.503	0.406	0.324	0.256	0.199	0.151	0.112	0.080
		10°	0.612	0.474	0.369	0.286	0.219	0.164	0.120	0.085
		20°		0.776	0.463	0.339	0.250	0.183	0.131	0.091
		30°				0.607	0.321	0.218	0.149	0.100
		40°						0.428	0.195	0.120
	0°	0°	0.556	0.465	0.387	0.319	0.260	0.210	0.166	0.129
		10°	0.680	0.547	0.444	0.360	0.289	0.230	0.180	0.138
		20°		0.886	0.558	0.428	0.333	0.259	0.199	0.150
		30°				0.753	0.428	0.311	0.229	0.168
		40°						0.589	0.299	0.202
	10°	0°	0.622	0.536	0.460	0.393	0.333	0.280	0.233	0.191
		10°	0.767	0.636	0.534	0.448	0.374	0.311	0.255	0.207
		20°		1.035	0.676	0.538	0.436	0.354	0.286	0.228
		30°				0.943	0.563	0.428	0.333	0.259
		40°						0.801	0.436	0.314
	20°	0°	0.709	0.627	0.553	0.485	0.424	0.368	0.318	0.271
		10°	0.887	0.775	0.650	0.562	0.484	0.416	0.355	0.300
		20°		1.250	0.835	0.684	0.571	0.480	0.402	0.335
		30°				1.212	0.746	0.587	0.474	0.385
		40°						1.103	0.627	0.472

续表

δ	α	β \ φ	15°	20°	25°	30°	35°	40°	45°	50°
10°	−20°	0°	0.427	0.330	0.252	0.188	0.137	0.096	0.064	0.039
		10°	0.529	0.388	0.286	0.209	0.149	0.103	0.068	0.041
		20°		0.675	0.364	0.248	0.170	0.114	0.073	0.044
		30°				0.475	0.220	0.135	0.082	0.047
		40°						0.288	0.108	0.056
	−10°	0°	0.477	0.385	0.309	0.245	0.191	0.146	0.109	0.078
		10°	0.590	0.455	0.354	0.275	0.221	0.159	0.116	0.082
		20°		0.773	0.450	0.328	0.242	0.177	0.127	0.088
		30°				0.605	0.313	0.212	0.146	0.098
		40°						0.426	0.191	0.117
	0°	0°	0.533	0.447	0.373	0.309	0.253	0.204	0.163	0.127
		10°	0.664	0.531	0.431	0.350	0.282	0.225	0.177	0.136
		20°		0.897	0.549	0.420	0.326	0.254	0.195	0.148
		30°				0.762	0.423	0.306	0.226	0.166
		40°						0.596	0.297	0.201
	10°	0°	0.603	0.520	0.448	0.384	0.326	0.275	0.230	0.189
		10°	0.759	0.626	0.524	0.440	0.369	0.307	0.253	0.206
		20°		1.064	0.674	0.534	0.432	0.351	0.284	0.227
		30°				0.969	0.564	0.427	0.332	0.258
		40°						0.823	0.438	0.315
	20°	0°	0.695	0.615	0.543	0.478	0.419	0.365	0.316	0.271
		10°	0.890	0.752	0.646	0.558	0.482	0.414	0.354	0.300
		20°		1.308	0.844	0.687	0.573	0.481	0.403	0.337
		30°				1.268	0.758	0.594	0.478	0.388
		40°						0.155	0.640	0.480
15°	−20°	0°	0.405	0.314	0.240	0.180	0.132	0.093	0.062	0.038
		10°	0.509	0.372	0.201	0.201	0.144	0.100	0.066	0.040
		20°		0.667	0.239	0.352	0.164	0.110	0.071	0.042
		30°				0.470	0.214	0.131	0.080	0.046
		40°			0.298			0.284	0.105	0.055
	−10°	0°	0.458	0.371	0.344	0.237	0.186	0.142	0.106	0.076
		10°	0.576	0.442	0.441	0.267	0.205	0.155	0.114	0.081
		20°		0.776		0.320	0.237	0.174	0.125	0.087
		30°				0.607	0.308	0.209	0.143	0.097
		40°			0.363			0.428	0.189	0.116
	0°	0°	0.518	0.434	0.423	0.301	0.248	0.201	0.160	0.125
		10°	0.656	0.522	0.546	0.343	0.277	0.222	0.174	0.135
		20°		0.914		0.415	0.323	0.251	0.194	0.147
		30°				0.777	0.422	0.305	0.225	0.165
		40°			0.441			0.608	0.298	0.200

续表

δ	α	φ $\diagdown$ β	15°	20°	25°	30°	35°	40°	45°	50°
15°	10°	0°	0.592	0.511	0.520	0.378	0.323	0.273	0.228	0.189
		10°	0.760	0.623	0.679	0.437	0.366	0.305	0.252	0.206
		20°		1.103		0.535	0.432	0.351	0.284	0.228
		30°				1.005	0.571	0.430	0.334	0.260
		40°			0.540			0.853	0.445	0.319
	20°	0°	0.690	0.611	0.649	0.476	0.419	0.366	0.317	0.273
		10°	0.904	0.757	0.862	0.560	0.484	0.416	0.357	0.303
		20°		1.383		0.697	0.579	0.486	0.408	0.341
		30°				1.341	0.778	0.606	0.487	0.395
		40°						1.221	0.659	0.492
20°	−20°	0°			0.231	0.174	0.128	0.090	0.061	0.038
		10°			0.266	0.195	0.140	0.097	0.064	0.039
		20°			0.344	0.233	0.160	0.108	0.069	0.042
		30°				0.468	0.210	0.129	0.079	0.045
		40°						0.283	0.104	0.054
	−10°	0°			0.291	0.232	0.182	0.140	0.105	0.076
		10°			0.337	0.262	0.202	0.153	0.113	0.080
		20°			0.437	0.316	0.233	0.171	0.124	0.086
		30°				0.614	0.306	0.207	0.142	0.096
		40°						0.433	0.188	0.115
	0°	0°			0.357	0.297	0.245	0.199	0.160	0.125
		10°			0.419	0.340	0.275	0.220	0.174	0.135
		20°			0.547	0.414	0.322	0.251	0.193	0.147
		30°				0.798	0.425	0.306	0.225	0.166
		40°						0.625	0.300	0.202
	10°	0°			0.438	0.377	0.322	0.273	0.229	0.190
		10°			0.521	0.438	0.367	0.306	0.254	0.208
		20°			0.690	0.540	0.436	0.354	0.286	0.230
		30°				1.015	0.582	0.437	0.338	0.264
		40°						0.893	0.456	0.325
	20°	0°			0.543	0.479	0.422	0.370	0.321	0.277
		10°			0.659	0.568	0.490	0.423	0.363	0.309
		20°			0.891	0.715	0.592	0.496	0.417	0.349
		30°				1.434	0.807	0.624	0.501	0.406
		40°						1.305	0.685	0.509
25°	−20°	0°				0.170	0.125	0.089	0.060	0.037
		10°				0.191	0.137	0.096	0.063	0.039
		20°				0.229	0.157	0.106	0.069	0.041
		30°				0.470	0.207	0.127	0.078	0.045
		40°						0.284	0.103	0.053

续表

δ	α	φ / β	15°	20°	25°	30°	35°	40°	45°	50°
25°	−10°	0°				0.228	0.180	0.139	0.104	0.075
		10°				0.259	0.200	0.151	0.112	0.080
		20°				0.314	0.232	0.170	0.123	0.086
		30°				0.620	0.307	0.207	0.142	0.096
		40°						0.441	0.189	0.116
	0°	0°				0.296	0.245	0.199	0.160	0.126
		10°				0.340	0.275	0.221	0.175	0.136
		20°				0.417	0.324	0.252	0.195	0.148
		30°				0.828	0.432	0.309	0.228	0.168
		40°						0.647	0.306	0.205
	10°	0°				0.379	0.325	0.276	0.232	0.193
		10°				0.443	0.371	0.311	0.258	0.211
		20°				0.551	0.443	0.360	0.292	0.235
		30°				1.112	0.600	0.448	0.346	0.270
		40°						0.944	0.471	0.335
	20°	0°				0.488	0.430	0.377	0.329	0.284
		10°				0.582	0.502	0.433	0.372	0.318
		20°				0.740	0.612	0.512	0.430	0.360
		30°				1.553	0.846	0.650	0.520	0.421
		40°						1.414	0.721	0.532

6.4.3　被动土压力

当墙受外力作用推向填土,直至土体沿某一破坏面 $\overline{BC}$ 破坏时,土楔体 ABC 向上滑动,并处于被动极限平衡状态,如图 6-19(a)所示。此时土楔体 ABC 在其自重 G、反力 R 和 E 的作用下平衡,如图 6-19(b)所示,R 和 E 的方向都分别在 $\overline{BC}$ 和 $\overline{AB}$ 面法线的上方。求主动土压力同样的原理可求得被动土压力的库仑公式为

$$E_{\mathrm{p}} = \frac{1}{2}\gamma H^2 \frac{\cos^2(\varphi + \alpha)}{\cos^2\alpha\,\cos^2(\alpha - \delta)\left[1 - \sqrt{\dfrac{\sin(\varphi + \delta)\sin(\varphi + \beta)}{\cos(\alpha - \delta)\cos(\alpha - \beta)}}\right]^2} \tag{6-25}$$

(a) 土楔体上的作用力　　　　(b) 力矢三角形　　　　(c) 被动土压力分布

图 6-19　按库仑理论求被动土压力

或
$$E_p = \frac{1}{2}\gamma H^2 K_p \qquad (6\text{-}26)$$

式中　K_p——库仑被动土压力系数，$K_p = \dfrac{\cos^2(\varphi+\alpha)}{\cos^2\alpha\cos^2(\alpha-\delta)\left[1-\sqrt{\dfrac{\sin(\varphi+\delta)\sin(\varphi+\beta)}{\cos(\alpha-\delta)\cos(\alpha-\beta)}}\right]^2}$;

$$(6\text{-}25)$$

δ——土对挡土墙墙背或桥台背的外摩擦角，查表 6-2 确定；

其余符号同前。

表 6-2　土对挡土墙墙背的外摩擦角

挡土墙情况	外摩擦角 δ	挡土墙情况	外摩擦角 δ
墙背光滑、排水不良	$(0-0.33)\varphi$	墙背很粗糙、排水良好	$(0.5-0.67)\varphi$
墙背粗糙、排水良好	$(0.33-0.5)\varphi$	墙背与填土间不可能滑动	$(0.67-1.0)\varphi$

如果墙背直立（$\alpha=0$）、光滑（$\delta=0$）以及墙后填土水平（$\beta=0$），则式（6-25）变为

$$E_p = \frac{1}{2}\gamma H^2 \tan^2\left(45° + \frac{\varphi}{2}\right) \qquad (6\text{-}27)$$

可见，在上述条件下，库仑被动土压力公式也与朗肯被动土压力公式相同。

被动土压力强度 σ_p 可按下式计算：

$$\delta_p = \frac{dE_p}{dz} = \frac{d}{dz}\left(\frac{1}{2}\gamma z^2 K_p\right) = \gamma z K_p \qquad (6\text{-}28)$$

被动土压力强度沿墙高也呈三角形分布，如图 6-19(c)所示，土压力的作用点在距离墙底 $H/3$ 处，方向与墙背法线的夹角为 δ。必须注意，图 6-19(c)所示的土压力分布图只表示其大小，而不代表其作用方向。

6.4.4　黏性填土时的土压力计算

库仑土压力理论假设墙后填土是理想的散体，也就是填土只有内摩擦角 φ 而没有黏聚力 c，因此，从理论上说只适用于无黏性土。但在实际工程中常常不得不采用黏性填土，考虑土的黏聚力 c 对土压力数值的影响，在应用库仑公式时，曾有将内摩擦角 φ 增大，采用所谓"等值内摩擦角 φ_D"来综合考虑黏聚力对土压力的效应，但误差较大。在这种情况下，可用以下方法确定黏性填土的主动土压力。

1. 图解法

如果挡土墙的位移很大，足以使黏性填土的抗剪强度全部发挥，在填土顶面 z_0 深度处将出现张拉裂缝，引用朗肯土压力理论的临界深度 $z_0 = \dfrac{2c}{\gamma\sqrt{K_a}}$（$K_a$ 为朗肯主动土压力系数）。

先假设一滑动面 $\overline{BD'}$，如图 6-20(a)所示，作用于滑动土楔体 $A'BD'$ 上的力如下。

（1）土楔体自重 G。

（2）滑动面 $\overline{BD'}$ 的反力 R，与 $\overline{BD'}$ 面的法线成 φ 角。

（3）$\overline{BD'}$ 面上的总黏聚力 $C=c\,\overline{BD'}$，c 为填土的黏聚力。

（4）墙背与接触面 $A'B$ 的总黏聚力 $C_a=c_a\,\overline{A'B}$，c_a 为墙背与填土之间的黏聚力。

（5）墙背对土的反力 E，与墙背法线方向成 δ 角。

在上述各力中，G、C、C_a 的大小和方向均已知，R 和 E 的方向已知，但大小未知，考虑到力系的平衡，由力矢多边形可以确定 E 的数值，如图 6-20(b) 所示，假定若干滑动面按以上方法试算，其中最大值即为主动土压力 E_a。

图 6-20　黏性填土的图解法

2. 规范推荐的公式

《建筑地基基础设计规范》(GB 50007—2011)推荐的主动土压力计算公式也适用于黏土和粉土，系采用楔体试算法相似的平面滑裂面的假设，得出如下公式：

$$E_a=\frac{\psi_c \gamma H^2 K_a}{2} \qquad (6\text{-}29)$$

式中　E_a——主动土压力(kN/m)；

ψ_c——主动土压力增大系数，土坡高度小于 5m 时宜取 1.0，高度为 5～6m 时宜取1.1，高度大于 6m 时宜取 1.2；

γ——填土重度(kN/m³)；

H——挡土墙高度(m)；

K_a——规范主动土压力系数，按式(6-30)～式(6-32)确定。

$$
\begin{aligned}
K_a=&\frac{\sin(\alpha'+\beta)}{\sin^2\alpha'\sin^2(\alpha'+\beta-\varphi-\delta)}\{k_q[\sin(\alpha'+\beta)\sin(\alpha'-\delta)\\
&+\sin(\varphi+\delta)\sin(\varphi-\beta)]+2\eta\sin\alpha\cos\varphi\times\cos(\alpha'+\beta-\varphi-\delta)\\
&-2[(k_q\sin(\alpha'+\beta)\sin(\varphi-\delta)+\eta\sin\alpha'\cos\varphi)(k_q\sin(\alpha'-\delta)\sin(\varphi+\delta)\\
&+\eta\sin\alpha'\cos\varphi)]^{\frac{1}{2}}\}
\end{aligned}
\qquad (6\text{-}30)
$$

$$k_q=1+\frac{2q\sin\alpha'\cos\beta}{\gamma H\sin(\alpha'+\beta)} \qquad (6\text{-}31)$$

$$\eta=\frac{2c}{\gamma H} \qquad (6\text{-}32)$$

式中　q——地表均布荷载(kPa，以单位水平投影面上的荷载强度计算)；

φ、c——分别为填土的内摩擦角(°)和黏聚力(kPa)；

α'——挡土墙墙背与水平面的夹角(°);

β——填土面与水平面的夹角(°);

δ——填土的外摩擦角(°);

α'、β、δ 如图 6-21 所示。

关于边坡挡墙上的土压力计算,目前国际上仍采用楔体试算法。根据大量的试算与实际观测结果的对比,对于高挡土墙来说,采用古典土压力理论计算的结果偏小,土压力强度的分布也有较大的偏差,如图 6-22 所示。通常高大挡土墙也不允许出现达到极限状态时的位移值,因此在主动土压力计算式中计入增大系数 ψ_c,见式(6-29)。

图 6-21　计算简图

图 6-22　墙体变形与土压力

6.4.5　有车辆荷载时的土压力

在桥台或路堤挡土墙设计时,应考虑车辆荷载引起的侧土压力(见图 6-23),按照库仑土压力理论,先将桥台台背或挡土墙墙背填土的破坏棱体(滑动土楔体)范围内的车辆荷载,用均布荷载 q 或换算为等代土层来代替[见《公路桥涵设计通用规范》(JTG D60—2015)]。当填土墙水平($\beta = 0°$)时,等代均布土层厚度 h 的计算公式如下:

$$h = \frac{q}{\gamma} = \frac{\sum G}{BL_0 \gamma} \tag{6-33}$$

图 6-23　有车辆荷载时的土压力

式中 γ——填土的重度(kN/m^3)；

$\sum G$——布置在 $b \times l_0$ 面积内的车轮的总重力(kN)，计算挡土墙的土压力时，车辆荷载应按图 6-24 中的横向布置，车辆外侧车辆中线距路面边缘 0.5m，计算中涉及多车道加荷时，车轮总重力应进行折减，详见《公路桥涵设计通用规范》(JTG D60—2015)；

B——桥台横向全宽或挡土墙的计算长度(m)；

L_0——台背或墙背填土的破坏棱体长度(m)；对于墙顶以上有填土的路堤式挡土墙，l_0 为破坏棱体范围内的路基宽度部分。

图 6-24 车辆荷载横向布置

挡土墙的计算长度可按下列公式计算，但不应超过挡土墙分段长度，如图 6-25(a)所示：

$$B = 13 + H\tan 30° \tag{6-34}$$

式中 H——挡土墙高度(m)，对于墙顶以上有填土的挡土墙，为两倍墙顶填土厚度加墙高的总和。

(a) 挡土墙的分段长度　　(b) 重车的扩散长度

图 6-25 挡土墙计算长度 B 的计算

当挡土墙分段长度小于 13m 时，B 取分段长度，并在该长度内按不利情况布置轮重。在实际工程中，挡土墙的分段长度一般为 10~15m，《公路桥涵设计通用规范》(JTG D60—2015)按照汽车超 20 级的车辆荷载，其前后轴轴距为 12.6m≈13m。当挡土墙分段长度大于 13m 时，其计算长度取为扩散长度，如图 6-25(b)所示，如果扩散长度超过挡土墙分段长度，则取分段长度计算。

关于台背或墙背填土的破坏棱体长度 L_0，对于墙顶以上有填土的挡土墙，L_0 为破坏棱体范围内的路基宽度部分；对于桥台或墙顶以上没有填土的挡土墙，L_0 可用下式计算(见图 6-23)：

$$L_0 = H(\tan\alpha + \cot\theta) \tag{6-35}$$

式中 H——桥台或挡土墙的高度（m）；

α——台背或墙背倾斜角（°），仰斜时以负值代入，垂直时则 $\alpha=0$；

θ——滑动面倾斜角（°），确定时忽略车辆荷载对滑动面位置的影响，按没有车辆荷载时的式(6-20)解得，使主动土压力 E 为极大值时最危险滑动面的破裂倾斜角，当填土面倾斜角 $\beta=0°$ 时，破坏棱体破裂面与水平面夹角 θ 的余切值可按下式计算：

$$\cot\theta = -\tan(\alpha+\delta+\varphi)+\sqrt{[\cot\varphi+\tan(\alpha+\delta+\varphi)][\tan(\alpha+\delta+\varphi)-\tan\alpha]} \quad (6\text{-}36)$$

式中 α、δ、φ——分别为墙背倾斜角（取值同上）、墙背与填土间的外摩擦角和填土内摩擦角（°）。

以上求得等代均布土层厚度 h 后，有车辆时的主动土压力（当 $\beta=0°$）可按下式计算：

$$E_a = \frac{1}{2}\gamma H(H+2h)BK_a \quad (6\text{-}37)$$

式中各符号意义同式(6-22)、式(6-33)和式(6-34)。

主动土压力的着力点自计算土层底面起，$Z=\dfrac{H}{3}\dfrac{H+3h}{H+2h}$。

6.5 土压力计算的进一步讨论

6.5.1 朗肯理论与库仑理论的比较

朗肯理论与库仑理论分别根据不同的假设，以不同的分析方法计算土压力，只有在最简单的情况下（$\alpha=0$，$\beta=0$，$\delta=0$），用这两种古典理论计算结果才相同，否则将得出不同的结果。

朗肯土压力理论应用半空间中的应力状态和极限平衡理论的概念比较明确，公式简单，便于记忆，对于黏土和无黏性土都可以用该公式直接计算，因此在工程中得到广泛应用。但为了使墙后的应力状态符合半空间的应力状态，必须假设墙背直立的、光滑的，墙后填土面是水平的。由于该理论忽略了墙背与填土之间摩擦影响，使计算的主动土压力增大，而计算的被动土压力偏小。朗肯理论可推广用于非均质填土、有地下水情况，也可用于填土面上有均布荷载（超载）的几种情况（其中也有墙背倾斜和墙后填土面倾斜）。

库仑土压力理论根据墙后滑动土楔体的静力平衡条件导得计算公式，考虑了墙背与土之间的摩擦力，并可用于墙背倾斜，填土面倾斜情况，但由于该理论假设填土是无黏性土，因此不能用库仑理论的原始公式直接计算黏土的土压力。库仑理论假设墙后填土破坏时，破坏面是一平面，而实际上却是一曲面，实验证明，在计算主动土压力时，只有当墙背的斜度不大，墙背与填土间的摩擦角较小时，破坏面才接近于一平面，因此，计算结果与按曲线滑动面计算的结果稍有不同。通常情况下，在计算主动土压力时这种偏差为 2%~10%，可以认为已满足实际工程所要求的精度；但在计算被动土压力时，由于破坏面接近于对数螺线，因此计算结果误差较大，有时可达 2~3 倍，甚至更大。库仑理论可以用数解法也可以用图解法。用图解法时，填土表面可以是任何形状，可以有任意分布的荷载（超载），还可以推广用于黏土、粉土填料以及有地下水的情况。用数解法时，也可以推广用于黏土、粉土填料以及墙后有限填土(有较陡峻的稳定岩石坡面)的情况。

6.5.2 挡土结构物位移与土压力的关系

前面已指出,挡土结构物位移与土压力大小及分布有密切关系。

从挡土结构物位移对土压力大小的影响来看,以刚性墙为例,静止土压力减小到主动土压力,或增大到被动土压力,需要刚性墙作水平移动或转动。布林奇-汉森认为这种位移 δ 的数量级为

对于主动土压力 $\qquad\qquad \delta_a = 0.001h$ $\qquad\qquad$ (6-38)

对于被动土压力 $\qquad\qquad \delta_p = 0.01h$ $\qquad\qquad$ (6-39)

式中 $\quad h$ ——墙高(m)。

砂土和黏土中产生主动和被动土压力所需的墙顶位移如表 6-3 所示。

表 6-3 产生主动和被动土压力所需的墙顶位移

土 类	应力状态	运动形式	所需位移
砂土	主动	平行于墙体	$0.001h$
	主动	绕墙趾转动	$0.001h$
	被动	平行于墙体	$0.05h$
	被动	绕墙趾转动	$>0.1h$
黏土	主动	平行于墙体	$0.004h$
	主动	绕墙趾转动	$0.004h$
	被动	—	—

根据以上数据,对于一般挡土结构产生主动土压力所需的墙体位移比较容易出现,而产生被动土压力所需位移较大,往往为设计所不允许。因此,在选择计算方法前,必须考虑变形方面的要求。

6.5.3 地下水渗流对土压力的影响

基坑施工时,围护墙内降水形成墙内外水头差,地下水会从坑外流向坑内,那么水土分算时一般可按图 6-26 所示的水压力分布图确定地下水位以下作用在支护结构上的不平衡水压力,图 6-26(a)所示为三角形分布,适用于地下水有渗流的情况;若无渗流时,可按梯形分布考虑,如图 6-26(b)所示。

6.5.4 土体蠕变和松弛程度与土压力的关系

土压力的大小还受到土体蠕变与松弛程度的影响,对软黏土而言,这种影响是非常显著的。

(a) 三角形分布　　　　　(b) 梯形分布

图 6-26　作用在支护结构上的不平衡水压力分布

1. 蠕变对土压力的影响

前面已指出，土体需要满足一定位移量，才可以达到极限平衡状态。在静力计算中，位移量的大小，通常难以估算，因此设计挡土结构时通常不考虑位移量大小，对土压力的影响也未考虑时间对土压力的影响。但从流变的角度考虑，土压力是随时间变化的函数，直至最后达到某一定常数值为止。

当挡土结构物背后填土所受到剪应力大于或等于土本身的屈服强度时，则填土就开始蠕变。这时，如挡土结构物以同样的变形速率向外移动，则挡土结构物上的主动土压力为最小，因为这相当于填土的强度达到了充分发挥状态。同样，如挡土结构物以同样的速度向内移动，则挡土结构物的被动土压力为最大。

2. 松弛程度对土压力的影响

在挡土结构物背后填土后，如果结构物的位移保持不变，土的蠕变变形受到了限制，其强度得不到充分发挥。土体内的应力产生松弛，这时作用在挡土结构物上的主动土压力因而随时间而增加，达到静止土压力为止。当挡土结构物位移停止时，土的蠕变变形速率越小，则土的应力松弛作用也越小。反之，土的蠕变变形速率越大，则土的应力松弛作用也越大。

土的应力松弛程度与土的性质有关。硬黏土的应力松弛程度一般要小于软黏土的应力松弛程度。戈尔什杰恩的试验表明，在 3 天内，硬黏土应力松弛程度约为起始值的 55%，软黏土则应力松弛程度到 0。

习　题

1. 简答题

（1）静止土压力的墙背填土处于哪一种平衡状态？它与主动、被动土压力状态有什么不同？

（2）挡土墙的位移及变形对土压力有什么影响？

（3）为什么挡土墙后要做好排水措施？地下水对挡土墙的稳定性有什么影响？

（4）朗肯土压力理论和库仑土压力理论各自的假设条件是什么？分别会带来什么样的误差？

（5）试比较朗肯土压力理论和库仑土压力理论的优缺点和存在的问题。

（6）试述你所知的一些挡土结构物的工程用途，它们有什么特点？

2. 单项选择题

（1）在影响挡土墙土压力的诸多因素中，（　　）是最主要的因素。

  A. 挡土墙的高度   B. 挡土墙的刚度

  C. 挡土墙的位移方向及大小   D. 墙后填土类型

（2）设计地下室外墙时，土压力一般按（　　）计算。

  A. 主动土压力 B. 被动土压力 C. 静止土压力 D. 静水压力

（3）下列指标或系数中，与库仑土压力系数无关的是（　　）。

  A. γ B. α C. δ D. φ

（4）在相同条件下，三种土压力之间的大小关系是（　　）。

  A. $E_a < E_0 < E_p$ B. $E_a < E_p < E_0$

  C. $E_0 < E_a < E_p$ D. $E_p < E_p < E_a$

（5）均质黏土被动土压力强度沿墙高的分布图为（　　）。

  A. 矩形   B. 三角形   C. 梯形   D. 倒梯形

（6）按朗肯土压力理论计算挡土墙的主动土压力时，墙背是（　　）应力平面。

  A. 大主应力作用面   B. 小主应力作用面

  C. 滑动面   D. 与大主应力作用面呈 $45°$ 角

（7）当墙后填土达到主动朗肯状态时，填土破裂面与水平面的夹角为（　　）。

  A. $45° + \varphi/2$ B. $45°$

  C. $45° - \varphi/2$ D. $\varphi/2$

（8）挡土墙后的地下水使墙的稳定安全系数（　　）。

  A. 减小   B. 增大   C. 无变化   D. 不确定

（9）由于朗肯土压力理论假定墙背与填土之间无摩擦，因此计算结果与实际稍有不同，一般情况下计算出的（　　）。

  A. 主动土压力偏小，被动土压力偏大

  B. 主动土压力和被动土压力都偏小

  C. 主动土压力和被动土压力都偏大

  D. 主动土压力偏大，被动土压力偏小

（10）库仑土压力理论通常适用于（　　）。

  A. 黏土   B. 无黏性土   C. 粉质黏土   D. 各类土

3. 计算题

（1）某挡土墙高 5m，墙背直立、光滑、墙后填土面水平，填土重度 $\gamma = 19\text{kN/m}^3$，$\varphi = 30°$，$c = 10\text{kPa}$，试确定：①主动土压力沿墙高的分布；②主动土压力的大小和作用点位置。

（2）某挡土墙高 6m，墙背直立、光滑、墙后填土面水平，填土分两层，第一层为砂土，第二层为黏土，各土层的物理力学性指标如图 6-27 所示，试求：主动土压力强度，并绘出土压力沿墙高分布图。

（3）某挡土墙高 6m，墙背直立、光滑、墙后填土面水平，填土重度 $\gamma = 18\text{kN/m}^3$，$\varphi = 30°$，$c = 0\text{kPa}$，试确定：①墙后无地下水时的主动土压力；②当地下水位离墙底 2m 时，作用

图 6-27　计算题(2)图

在挡土墙上的总压力(包括水压力和土压力),地下水位以下填土的饱和重度 $\gamma=19\text{kN}/\text{m}^3$。

(4) 某挡土墙高 5m,墙背直立、光滑、墙后填土面水平,作用有连续均布荷载 $q=20\text{kPa}$,土的物理力学性指标如图 6-28 所示,试求主动土压力。

(5) 某挡土墙高 4m,墙背倾斜角 $\alpha=20°$,填土面倾角 $\beta=10°$,填土重度 $\gamma=20\text{kN}/\text{m}^3$,$\varphi=30°$,$c=0$,填土与墙背的摩擦角 $\delta=15°$,如图 6-29 所示,试按库仑理论求:① 主动土压力大小、作用点位置和方向;② 主动土压力强度沿墙高的分布。

图 6-28　计算题(4)图

图 6-29　计算题(5)图

本章习题答案

本章工程案例分析

第7章 土坡稳定性分析

7.1 概　　述

　　土坡是指具有倾斜坡面的土体。土坡根据形成原因,可分为天然土坡(由于地质作用自然形成的土坡,如山坡、江河岸坡等)和人工土坡(经人工挖、填的土工建筑物边坡,如基坑、渠道、土坝、路堤等),如图 7-1 所示;根据组成土坡的材料,可分为无黏性土土坡、黏土土坡和岩坡三种;根据土坡的断面形状,可分为简单土坡和复杂土坡,简单土坡是指土质均匀、坡度不变、顶面和底面水平的土坡。

(a) 天然土坡　　　　　　　　(b) 人工土坡

图 7-1　土坡

　　由于土坡表面倾斜,土体在自重作用下,存在自上而下的滑动趋势。一旦由于设计、施工和管理不当,或者不可预估的外来因素(地震、暴雨、水流冲刷等)的影响,将可能诱发土坡中的部分土体下滑而丧失稳定性。土坡上的部分岩体或土体在自然或人为因素的影响下,沿某一强度薄弱面发生剪切破坏向坡下运动的现象称为滑坡或边坡破坏,该薄弱面称为滑动面,如图 7-2 和图 7-3 所示。

图 7-2　滑坡形式示意图

　　土坡滑动失稳的根本原因在于土体内部某个滑动面上的剪应力达到了它的抗剪强度,

(a) 转动　　　　　　　　　　　　(b) 崩岸

图 7-3　实际发生的滑坡形式

使稳定平衡遭到破坏。土坡失稳的原因主要有以下两个。

（1）外界荷载作用或土坡环境变化等导致土体内部剪应力加大。如路堑或基坑的开挖，堤坝施工中上部填土荷载的增加，降雨导致土体饱和、增加重度，土体内部水的渗透力，坡顶荷载过量或由于地震、打桩等引起的动力荷载等，破坏了土体原有的应力平衡状态。

（2）由于外界各种因素影响导致土体抗剪强度降低。例如孔隙水应力的升高，气候变化产生的干裂、冻融，黏土夹层因雨水入侵而软化以及黏土蠕变导致的土体强度降低等。

土坡稳定性是高速公路、铁路、机场、高层建筑深基坑开挖以及露天矿井和土坝等土木工程建设中十分重要的问题，在工程实践中，分析土坡稳定性的目的是要检验所设计的土坡断面是否安全合理。边坡过陡可能发生坍塌，过缓则会使土方量增加。土坡的稳定安全度用稳定安全系数 K 表示，它是指土的抗剪强度与土坡中可能滑动面上产生的剪应力之间的比值，即 $K = \dfrac{\tau_f}{\tau}$。

土坡的稳定性分析是土坡设计的基础，稳定性分析的前提是认识土坡，包括地质条件（区域地质、工程地质、水文地质、地应力水平、地质构造等）、岩土体室内及室外试验（确定岩土体的力学参数）、土坡的受力（土坡承受的荷载，包括恒载与活载）、力学分析等。其中，力学分析是建立符合客观实际条件的物理模型，选用适合特定条件的数学模型，定性分析岩土体的力学动态趋势和进行定量的力学成果分析和力学分析包括稳定性分析与岩土体的应力应变分析，两者缺一不可，稳定性分析是土坡工程稳定必需的条件，应力应变分析是土坡稳定的充分条件。在十分复杂的条件下，还应进行室内地质力学模型试验、离心机模拟试验等。

土坡稳定性分析是一个比较复杂的问题，有待研究的不确定因素较多，如滑动面形式的确定、土坡抗剪强度参数的合理选取、土的非均质性以及土坡内有水渗流时的影响等。因此，必须掌握土坡稳定性分析各种方法的基本原理。

7.2　无黏性土土坡的稳定性分析

7.2.1　一般情况下的无黏性土土坡

对于均质的无黏性土土坡，土颗粒之间无黏结力，对于土坡而言，只要位于坡面上的土颗粒能够保持稳定,那么整个土坡就是稳定的。最大抗剪力与下滑力之比为无黏性土土坡稳定安全系数。

在分析由砂、卵石、砾石等组成的无黏性土的土坡稳定时,根据实际观测,同时为了计算简便,一般假定滑动面为平面。沿土坡长度方向取单位长度土坡,作为平面应变问题分析。

对于均质无黏性土坡,由于无黏性土土粒间缺少黏聚力,因此,只要位于坡面上的土单元体能保持稳定,则整个土坡就是稳定的。

图 7-4 所示为均质无黏性土简单土坡。设坡体及其地基为同一种土,并且完全干燥或完全浸水,即不存在渗流作用。坡高为 H,坡角为 β,土重度为 γ,土的抗剪强度 $\tau_f = \sigma \tan\varphi$。假定滑动面是通过坡脚 A 的平面 AC,AC 的倾角为 α,则可计算滑动土体 ABC 沿 AC 面上滑动的稳定安全系数值。

(a) 一般情况的土坡   (b) 渗透水流溢出的土坡

图 7-4 均质无黏性土的土坡稳定性计算

已知滑动土体 ABC 的重力为 $W = \gamma S_{\triangle ABC}$,$W$ 在滑动面 ABC 上的法向分力 $N = W\cos\alpha$,正应力 $\sigma = \dfrac{N}{AC} = \dfrac{W\cos\alpha}{AC}$;$W$ 在滑动面 ABC 上的切向分力 $T = W\sin\alpha$,剪应力 $\tau = \dfrac{T}{AC} = \dfrac{W\sin\alpha}{AC}$,则土坡的稳定安全系数为

$$K = \frac{\tau_f}{\tau} = \frac{\sigma \tan\varphi}{\tau} = \frac{\dfrac{W\cos\alpha}{AC}\tan\varphi}{\dfrac{W\sin\alpha}{AC}} = \frac{\tan\varphi}{\tan\alpha} \tag{7-1}$$

由式(7-1)可见,$\alpha = \beta$ 时,滑动稳定安全系数最小,即土坡面上的一层土是最容易滑动的。因此无黏性土坡的稳定安全系数常用式(7-2)计算。

$$K = \frac{\tan\varphi}{\tan\beta} \tag{7-2}$$

当对于均质无黏性土坡,理论上土坡的稳定性与坡高无关,只要坡角小于土的内摩擦角($\beta < \varphi$),稳定安全系数 $K > 1$,土体就是稳定的。当坡角与土的内摩擦角相等($\beta = \varphi$)时,稳定安全系数 $K = 1$,此时抗滑力等于滑动力,土坡处于极限平衡状态,相应的坡角就等于无黏性土的内摩擦角,称为自然休止角。在实际工程中,为了保证土坡具有足够的安全储备,可取 K 取 1.3~1.5。

7.2.2 有渗流作用时的无黏性土土坡

挡水土堤内形成渗流场,如果浸润线在下游坡面溢出,这时在浸润线以下,下游坡内的

土体除受重力作用外,还受渗透力的作用,因而会降低下游边坡的稳定性。图 7-4(b)所示为渗透水流从土堤的下游溢出。如果水流的方向与水平面成夹角 θ,则沿水流方向的渗透力 $j = \gamma_w i$。在坡面上取土体 V 中的土骨架为隔离体,土坡底角为 β,其有效重量为 $\gamma' V$。分析这块土骨架的稳定性,作用在土骨架上的渗透力为 $J = jV = \gamma_w iV$。沿坡面的全部滑动力包括重力和渗透力,为

$$T = \gamma' V \sin\beta + \gamma_w iV\cos(\beta - \theta)$$

坡面正压力为

$$N = \gamma' V \cos\beta - \gamma_w iV\sin(\beta - \theta)$$

土体沿坡面滑动的稳定安全系数为

$$K = \frac{N\tan\varphi}{T} = \frac{[\gamma' V\cos\beta - \gamma_w iV\sin(\beta - \theta)]\tan\varphi}{\gamma' V\sin\beta + \gamma_w iV\cos(\beta - \theta)}$$

式中 i——渗透坡降;

γ'——水的浮容重;

γ_w——水的容重。

若水流在溢出段顺坡面流动,即 $\theta = \beta$。这时,流经途径 ds 的水头损失为 dh,所以 $i = dh/ds = \sin\beta$,则稳定安全系数可化简为

$$K = \frac{\gamma' V\sin\beta\tan\varphi}{\gamma' V\sin\beta + \gamma_w V\sin\beta} = \frac{\gamma'\cos\beta\tan\varphi}{\gamma_{sat}\sin\beta} = \frac{\gamma'\tan\varphi}{\gamma_{sat}\tan\beta}$$

由此可见,当溢出段为顺坡渗流时,稳定安全系数降低 γ'/γ_{sat},通常 γ'/γ_{sat} 约为 0.5,即稳定安全系数降低 $1/2$。因此要保持同样的安全度,有渗流溢出时的坡角比没有渗流溢出时要平缓得多。为了使设计经济合理,工程上一般要在下游坝址处设置排水棱体,使渗流水流不直接从下游坡面溢出。这时下游坡面虽然没有浸润线溢出,但下游坡内浸润线以下的土体仍然受渗透力的作用。这种渗透力是一种滑动力,它降低从浸润线以下通过的滑动面的稳定性。这时深层滑动面的稳定性可能比下游坡面的稳定性差,即危险的滑动面向深层发展。这种情况下,除了要按前述方法验算坡面的稳定性外,还应该用圆弧滑动法验算深层滑动面的可能性。

7.3　黏土土坡的稳定性分析

由于颗粒间存在黏结力,黏土土坡危险滑动面会深入土体内部,发生滑动时是整块土体向下滑动,黏土坡由于剪切而破坏的滑动面多为曲面,进行稳定性分析时常常假设滑动面为圆弧滑动面。圆弧滑动面的形式一般有以下三种。

(1) 圆弧滑动面通过坡脚 B 点,如图 7-5(a)所示,称为坡脚圆。

(2) 圆弧滑动面通过坡面上 E 点,如图 7-5(b)所示,称为坡面圆。

(3) 圆弧滑动面通过坡脚以外的 A 点,如图 7-5(c)所示,称为中点圆。

上述三种圆弧滑动面的产生,与土坡的坡角大小、土体强度指标以及土中硬层的位置等因素有关。

采用圆弧滑动面进行土坡稳定性分析,首先由瑞典的彼得森提出,此后费伦纽斯和泰勒

(a) 坡脚圆　　　　　　　　(b) 坡面圆　　　　　　　　(c) 中点圆

图 7-5 均质黏土土坡的三种圆弧滑动面

做了研究和改进。他们提出的分析方法可以分为两种。

(1) 土坡圆弧滑动体的整体稳定性分析法,主要适用于均质简单土坡。

(2) 土坡稳定性分析的条分法,主要适用于外形复杂的土坡、非均质土坡和部分浸于水中的土坡。

7.3.1　整体圆弧滑动法

1. 基本原理

土坡稳定性分析采用圆弧滑动面的方法习惯上也称为瑞典圆弧滑动法。对于均质简单黏土坡,计算时一般假定土坡失稳破坏时的滑动面为圆柱面,在土坡断面上投影即为圆弧。将滑动面以上土体视为刚体,并以其为脱离体,分析在极限平衡条件下它的整体受力情况,以整个滑动面上的平均抗剪强度与平均剪应力之比来定义土坡的稳定安全系数,若以滑动面上的最大抗滑力矩与滑动力矩之比来定义,其结果完全一致。

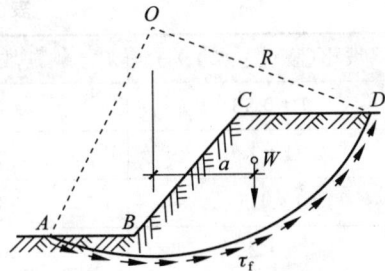

图 7-6 土坡的整体稳定性分析

黏土坡如图 7-6 所示,AD 为假定的滑动面,圆心为 O 点,半径为 R。在土坡长度方向截取单位长土坡,按平面问题分析。当土体 $ABCDA$ 保持稳定时必满足力矩平衡条件,因此稳定安全系数为

$$K = \frac{抗滑力矩}{滑动力矩} = \frac{M_r}{M_s} = \frac{\tau_f \widehat{L} R}{Wa} \tag{7-3}$$

式中　W——滑动体 $ABCDA$ 的重力(kN);

　　　$\widehat{L}$——AD 滑弧弧长(m);

　　　a——土体重力 W 对滑弧圆心 O 点的水平距离(m);

　　　τ_f——土的抗剪强度(kPa),$\tau_f = \sigma \tan\varphi + c$。

一般情况下,土体中法向应力 σ 沿滑动面并非常数,因此土的抗剪强度也随滑动面的位置不同而变化。因此直接按式(7-3)计算土坡的稳定安全系数有一定的误差。

2. 确定最危险滑动面圆心的经验方法

由于计算上述稳定安全系数时,滑动面为任意假定,并不是最危险滑动面,因此,所求结果并非最小稳定安全系数。通常在计算时需假定一系列的滑动面,进行多次试算,稳定安全

系数最小的滑动面,才是真正的最危险滑动面。为了减少计算工作量,费伦纽斯通过大量计算分析,提出了确定最危险滑动面圆心的经验方法,一直沿用至今。该方法主要内容如下。

(1)当土的内摩擦角 $\varphi = 0$ 时,其最危险滑动面常通过坡脚。其圆心为 D 点,如图 7-7 所示。D 点是由坡脚 B 点及坡顶 C 点分别作 BD 及 CD 线的交点,图中 β_1、β_2 的值可根据坡角 β 由表 7-1 查出。

图 7-7 确定最危险滑动面圆心的位置

表 7-1 不同边坡 β_1、β_2 的数据

坡比(竖直:水平)	坡脚 β	β_1	β_2
1:0.58	60°	29°	40°
1:1	45°	28°	37°
1:1.5	33.79°	26°	35°
1:2	26.57°	25°	35°
1:3	18.43°	25°	35°
1:4	14.04°	25°	37°
1:5	11.32°	25°	37°

(2)当土的内摩擦角 $\varphi > 0$ 时,最危险滑动面也通过坡脚,其圆心位置可能在图 7-7 中 ED 的延长线上。φ 值越大,圆心越向外移。计算时自 D 点向外取圆心 O_1 点、O_2 点、…、分别作滑弧,并求出相应的抗滑稳定安全系数 K_1、K_2、…,然后绘制 K 值曲线可得到最小值 K_{min},其相应的圆心 O_m 点即为最危险滑动面的圆心。

当土坡非均质,或坡面形状及荷载情况比较复杂时,土坡的最危险滑动面圆心并不一定在 ED 的延长线上,而可能在其左右附近,此时可通过圆心 O_m 点作 DE 线的垂直线 FG,并在 FG 上取若干点作为圆心 O_1' 点、O_2' 点、…,求得相应的稳定安全系数 K_1'、K_2'、…,绘制 K' 值曲线,相应于 K_{min}' 值的圆心 O_m' 点即为最危险滑动面的圆心。

3. 泰勒分析法

根据费伦纽斯提出的方法,虽然可以把最危险圆弧滑动面的圆心位置缩小到一定范围,

但仍需经过大量试算。泰勒提出了确定均质简单土坡稳定安全系数的图表计算法。

泰勒认为圆弧滑动面的三种形式,同土的内摩擦角 φ、坡角 β 及土中硬层的埋藏深度等因素有关。泰勒经过大量计算分析后提出以下几点。

(1) 当 $\varphi>3°$ 或当 $\varphi=0°$ 且 $\beta>53°$ 时,滑动面为坡脚圆,其最危险滑动面圆心位置,可根据 φ 及 β 值从图 7-8 中的曲线查得 θ 及 α 值作图求得。

图 7-8 按泰勒法确定最危险滑动面圆心位置
(当 $\varphi>3°$ 或当 $\varphi=0°$ 且 $\beta>53°$时)

(2) 当 $\varphi=0°$ 且 $\beta<53°$ 时,滑动面可能是中点圆,也有可能是坡脚圆或坡面圆,它取决于硬层的埋藏深度。当土体高度为 H,硬层的埋藏深度为 $n_d H$,如图 7-9(a)所示。若滑动面为中点圆,最危险滑动面圆心位置在坡面中点 M 的垂直线上,且与硬层相切,如图 7-9(a)所示,滑动面与土面的交点为 A 点,A 点距坡脚 B 的距离为 $n_x H$,n_x 值可根据 n_d 及 β 值由图 7-9(b)查得。若硬层埋藏较浅,则滑动面可能是坡脚圆或坡面圆,其圆心位置需通过试算确定。

图 7-9 按泰勒法确定最危险滑动面圆心位置
(当 $\varphi=0°$ 且 $\beta<53°$时)

泰勒提出的土坡稳定性分析中共有 5 个计算参数,即土的重度 γ、土坡高度 H、坡角 β 以及土的抗剪强度指标 c、φ,如果知道其中 4 个参数时就可以求出第 5 个参数。为了简化

计算,泰勒把 3 个参数 c、γ、H 组成 1 个新的参数 N_s,称为稳定因数,即

$$N_s = \frac{\gamma H}{c} \tag{7-4}$$

通过大量计算得到 N_s 与 φ 及 β 间的关系曲线,如图 7-10 所示。在图 7-10(a)中,给出 $\varphi = 0°$ 时稳定因数 N_s 与 β 的关系曲线;在图 7-10(b)中,给出 $\varphi > 0°$ 时稳定因数 N_s 与 β 的关系曲线,从图中可以看到,当 $\beta < 53°$ 时滑动面形式与硬层埋藏深度 $n_d H$ 值有关。

(a) 当 $\varphi = 0°$ 时   (b) 当 $\varphi > 0°$ 时

图 7-10 泰勒的稳定因数与坡角的关系

泰勒分析简单土坡的稳定性时,假定滑动面上土的摩阻力首先得到充分发挥,然后才由土的黏聚力补充。因此,在求得满足土坡稳定时滑动面上所需要的黏聚力 c_1 后,与土的实际黏聚力 c 进行比较,即可求得土坡的稳定安全系数。

对于黏土边坡,当土性特殊(如为膨胀土等)或下卧硬层时,可能出现类似无黏性土边坡的楔体破坏类型,此时可按无黏性土边坡破坏模式进行分析。

【例题 7.1】 如图 7-11 所示均质黏土简单土坡,已知土坡高度 $H = 8\text{m}$,坡角 $\beta = 45°$,土的性质为 $\gamma = 19.4\text{kN/m}^3$,$\varphi = 10°$,$c = 25\text{kPa}$。试用泰勒的稳定因数曲线计算土坡的稳定安全系数。

【解】 当 $\varphi = 10°$,$\beta = 45°$,由图 7-10(b)查得 $N_s = 9.2$。由式(7-4)可求得此时滑动面上所需要的黏聚力 c_1 为

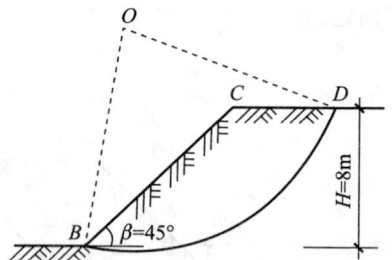

图 7-11 均质黏土简单土坡

$$c_1 = \frac{\gamma H}{N_s} = \frac{19.4 \times 8}{9.2} = 16.9(\text{kPa})$$

土坡的稳定安全系数 K 为

$$K = \frac{c}{c_1} = \frac{25}{16.9} = 1.48$$

7.3.2 条分法

从前面分析知道,由于圆弧滑动面上各点的法向应力不同,因此土的抗剪强度各点也不相同,这样就不能直接应用式(7-3)计算土坡稳定安全系数。而泰勒分析均质简单土坡稳定的计算图表法,对于非均质的土坡或比较复杂的土坡(如土坡形状比较复杂、土坡上有荷载作用、土坡中有水渗流时等)均不适用。

条分法将滑动土体分成若干垂直土条,把土条视为刚体,分析每一土条上的作用力,分别计算各土条上的力对滑弧中心的滑动力矩和抗滑力矩,然后按式(7-3),求出土坡稳定安全系数,可用于圆弧或非圆弧滑动面情况。

如图 7-12 所示土坡,取单位长度土坡按平面问题计算。设可能滑动面是一圆弧 AD,圆心为 O 点,半径为 R。将滑动土体 $ABCDA$ 分成 n 个垂直土条,土条的宽度一般可取 $b=0.1R$,任一土条 i 上的作用力包括以下几个。

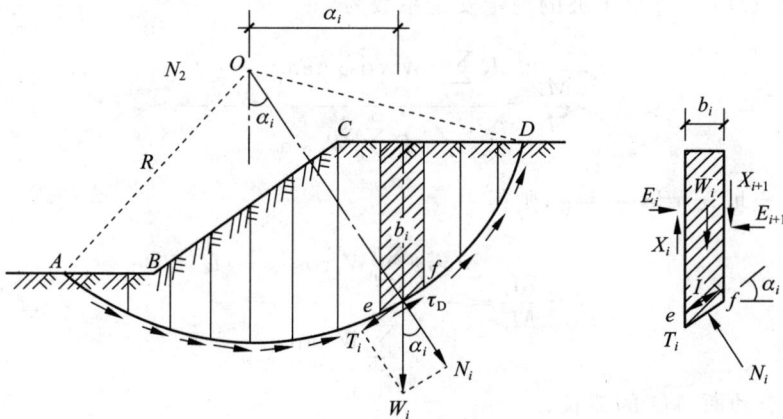

图 7-12 条分法计算土坡稳定

(1) 土条的重力 W_i,其大小、作用点位置及方向均为已知。

(2) 滑动面 ef 上的法向力 N_i 及切向反力 T_i,假定 N_i、T_i 作用在滑动面 ef 的中点,N_i 作用线通过圆心 O 点,T_i 作用线平行于滑动面 ef,它们的大小均未知。

(3) 土条两侧的法向力 E_i、E_{i+1} 及竖向剪切力 X_i、X_{i+1},其中 E_i 和 X_i 可由前一个土条的平衡条件求得,而 E_{i+1} 和 X_{i+1} 的大小未知,E_{i+1} 的作用点位置也未知。

由此可以看到,在土条 i 的作用力中有 5 个未知数,但只能建立 3 个平衡方程,故为静不定问题。为了求得 N_i、T_i 值,必须对土条两侧作用力的大小和位置作适当的假定。在实际工程中,根据对土条上力的假定和处理方法的不同,条分法可分为瑞典(费伦纽斯)条分法、毕肖普条分法、简布非圆弧普遍条分法等。

1. 瑞典条分法

1) 计算原理

瑞典条分法是不考虑土条两侧面上的作用力,即假设 E_i 和 X_i 合力等于 E_{i+1} 和 X_{i+1},

同时它们的作用线也重合,因此土条两侧的作用力相互抵消。这时,土条 i 上仅有作用力 W_i、N_i、T_i,根据平衡条件可得:$N_i = W_i\cos\alpha_i$,$T_i = W_i\sin\alpha_i$。

滑动面 ef 上土的抗剪强度为

$$\tau_{fi} = \sigma_i\tan\varphi_i + c_i = \frac{1}{l_i}(N_i\tan\varphi_i + c_il_i) = \frac{1}{l_i}(W_i\cos\alpha_i\tan\varphi_i + c_il_i)$$

式中　　α_i——土条 i 滑动面的法线(即半径)与竖直线的夹角;

$\quad\quad\quad l_i$——土条 i 滑动面 ef 的弧长;

$\quad\quad\quad c_i$、φ_i——滑动面上的黏聚力及内摩擦角。

土条 i 上的作用力对圆心 O 点产生的滑动力矩 M_{si} 及抗滑力矩 M_{ri},分别为

$$M_{si} = T_iR = W_i\sin\alpha_iR$$

$$M_{ri} = \tau_{fi}l_iR = (W_i\cos\alpha_i\tan\varphi_i + c_il_i)R$$

滑动土体 $ABCDA$ 上的作用力对圆心 O 点产生的滑动力矩 M_s 及抗滑力矩 M_r,分别为

$$M_s = \sum_{i=1}^{n}M_{si}, \quad M_r = \sum_{i=1}^{n}M_{ri}$$

滑动面为 AD 时,整个土坡的稳定安全系数为

$$K = \frac{M_r}{M_s} = \frac{R\sum\limits_{i=1}^{n}(W_i\cos\alpha_i\tan\varphi_i + c_il_i)}{R\sum\limits_{i=1}^{n}W_i\sin\alpha_i} \tag{7-5}$$

对于均质土坡,$c_i = c$、$\varphi_i = \varphi$,则得

$$K = \frac{M_r}{M_s} = \frac{\tan\varphi\sum\limits_{i=1}^{n}W_i\cos\alpha_i + c\widehat{L}}{\sum\limits_{i=1}^{n}W_i\sin\alpha_i} \tag{7-6}$$

式中　　$\widehat{L}$——滑动面 AD 的弧长;

$\quad\quad\quad n$——土条分条数。

2)计算步骤

(1)按一定比例尺画出土坡,如图 7-12 所示。

(2)确定最危险滑动面的圆心 O 点。可以利用前述费伦纽斯或泰勒的经验方法。以 O 点为圆心,以 R 为半径,画圆弧 AD。

(3)将滑动面以上土体分成宽度相等的 n 个垂直土条并编号,土条的宽度取 $b = 0.1R$,土条编号以滑弧圆心的垂线开始为 0,逆滑动方向的土条依次为 0、1、2、3、$\cdots$,顺滑动方向的土条依次为 -1、-2、-3、$\cdots$。

(4)计算稳定安全系数 K。

【例题 7.2】　某土坡如图 7-13 所示。已知土坡高度 $H = 6\mathrm{m}$,坡角 $\beta = 55°$,土的重度 $\gamma = 18.6\mathrm{kN/m^3}$,土的内摩擦角 $\varphi = 12°$,黏聚力 $c = 16.7\mathrm{kPa}$。试用条分法验算土坡的稳定安全系数。

【解】

(1)按比例绘出土坡的剖面图(见图 7-13)。按泰勒的经验方法确定最危险滑动面圆心位置。当 $\varphi = 12°$、$\beta = 55°$ 时,已知土坡的滑动面是坡脚圆,其最危险滑动面圆心的位置,可从

图 7-8 中的曲线得到 $\alpha = 40°$、$\theta = 34°$，由此作图求得圆心 O 点。

图 7-13 某土坡示意图

（2）将滑动土体 $BCDB$ 划分成竖直土条。滑动圆弧 BD 的水平投影长度为 $H\cot\alpha = 6 \times \cot40° = 7.15(m)$，把滑动土体划分成 7 个土条，从坡脚 B 开始编号，把 1~6 条的宽度 b 均取为 1m，而余下的第 7 条的宽度则为 1.15m。

（3）计算各土条滑动面中点与圆心的连线同竖直线的夹角 α_i 值。可按下式计算：

$$R = \frac{BD}{2\sin\theta} = \frac{H}{2\sin\theta\sin\alpha} = \frac{6}{2 \times \sin40° \times \sin34°} = 8.35(m)$$

$$\sin\alpha_i = \frac{x_i}{R}$$

式中　x_i——土条 i 的滑动面中点与圆心 O 点的水平距离（m），从图中量取；

　　　R——圆弧滑动面 BD 的半径（m）；

　　　α, θ——求圆心位置时的参数，其意义如图 7-8 所示。

将求得的各土条值列于表 7-2 中。

（4）从图中量取各土条的中心高度 h_i，计算各土条的重力 $W_i = \gamma b_i h_i$ 及 $W_i\sin\alpha_i$、$W_i\cos\alpha_i$ 值，将结果列于表 7-2。

表 7-2　土坡稳定性计算结果

土条编号	土条宽度 b_i/m	土条中心高 h_i/m	土条重力 W_i/kN	α_i/(°)	$W_i\sin\alpha_i$/kN	$W_i\cos\alpha_i$/kN
1	1	0.60	11.16	9.5	1.84	11.0
2	1	1.80	33.48	16.5	9.51	32.1
3	1	2.85	53.01	23.8	21.39	48.5
4	1	3.75	69.75	31.8	36.56	59.41
5	1	4.10	76.26	40.1	49.12	58.33
6	1	3.05	56.73	49.8	43.33	36.62
7	1.15	1.50	27.90	63.0	24.86	12.67
合计					186.60	258.63

(5) 计算滑动面圆弧长度 $\widehat{L}$：

$$\widehat{L} = \frac{\pi}{180}2\theta R = \frac{2 \times 3.14 \times 34 \times 8.35}{180} = 9.91(\text{m})$$

(6) 按式(7-6)计算土坡的稳定安全系数 K：

$$K = \frac{M_r}{M_s} = \frac{\tan\varphi \sum\limits_{i=1}^{n} W_i \cos\alpha_i + c\widehat{L}}{\sum\limits_{i=1}^{n} W_i \sin\alpha_i} = \frac{258.63 \times \tan 12° + 16.7 \times 9.91}{186.6} = 1.18$$

2. 毕肖普条分法

用条分法分析土坡稳定性问题时，任一土条的受力情况是一个静不定问题。为了解决这一问题，费伦纽斯的简单条分法假定不考虑土条间的作用力，一般来说，这样得到的稳定安全系数是偏小的。在工程实践中，为了改进条分法的计算精度，许多人都认为应该考虑土条间的作用力，以求得比较合理的结果。目前已有许多解决问题的办法，其中以毕肖普提出的简化方法为比较合理实用。

1) 计算原理

如图 7-12 所示，任一土条 i 上的受力条件是一个静不定问题，土条 i 上的作用力中有 5 个未知量，但只能建立 3 个方程，因此属于二次静不定问题。毕肖普在求解时补充了两个假设条件：①忽略土条间的竖向剪切力 X_i、X_{i+1} 作用；②对滑动面上的切向力 T_i 的大小做了规定。

根据土条 i 的竖向平衡条件可得

$$W_i - X_i + X_{i+1} - T_i \sin\alpha_i - N_i \cos\alpha_i = 0$$

即

$$N_i \cos\alpha_i = W_i + (X_{i+1} - X_i) - T_i \sin\alpha_i \tag{7-7}$$

若土坡的稳定安全系数为 K，则土条 i 滑动面上的 $\tau_i = \tau_{fi}/K$，即

$$T_i = \frac{\tau_{fi} l_i}{K} = \frac{1}{K}(N_i \tan\varphi_i + c_i l_i) \tag{7-8}$$

将式(7-8)代入式(7-7)，整理后得

$$N_i = \frac{W_i + (X_{i+1} - X_i) - \dfrac{c_i l_i}{K}\sin\alpha_i}{\cos\alpha_i + \dfrac{1}{K}\tan\varphi_i \sin\varphi_i} \tag{7-9}$$

由式(7-5)知土坡的稳定安全系数 K 为

$$K = \frac{M_r}{M_s} = \frac{\sum\limits_{i=1}^{n} N_i \tan\varphi_i + c_i l_i}{\sum\limits_{i=1}^{n} W_i \sin\alpha_i} \tag{7-10}$$

将式(7-9)代入式(7-10)得

$$K = \frac{M_r}{M_s} = \frac{\sum\limits_{i=1}^{n} \dfrac{[W_i + (X_{i+1} - X_i)]\tan\varphi_i + c_i l_i \cos\alpha_i}{\cos\alpha_i + \dfrac{1}{K}\tan\varphi_i \sin\alpha_i}}{\sum\limits_{i=1}^{n} W_i \sin\alpha_i} \tag{7-11}$$

由于上式中 X_i、X_{i+1} 是未知的,因此求解尚有困难。毕肖普假定土条间竖向剪切力 X_i、X_{i+1} 均略去不计,即 $X_{i+1}-X_i=0$,则式(7-11)可简化为

$$K=\frac{M_r}{M_s}=\frac{\sum_{i=1}^{n}\dfrac{W_i\tan\varphi_i+c_il_i\cos\alpha_i}{\cos\alpha_i+\dfrac{1}{K}\tan\varphi_i\sin\alpha_i}}{\sum_{i=1}^{n}W_i\sin\alpha_i} \tag{7-12}$$

令 $m_{ai}=\cos\alpha_i+\dfrac{1}{K}\tan\varphi_i\sin\alpha_i$,则式(7-12)简化为

$$K=\frac{M_r}{M_s}=\frac{\sum_{i=1}^{n}\dfrac{1}{m_{ai}}(W_i\tan\varphi_i+c_il_i\cos\alpha_i)}{\sum_{i=1}^{n}W_i\sin\alpha_i} \tag{7-13}$$

式(7-13)就是简化毕肖普法计算土坡稳定安全系数的公式。

2) 计算步骤

(1) 按一定比例尺画出土坡,如图 7-12 所示。

(2) 确定最危险滑动面的圆心 O 点。可以利用前述费伦纽斯或泰勒的经验方法。以 O 点为圆心,以 R 为半径,画圆弧 AD。

(3) 将滑动面以上土体分成宽度相等的 n 个垂直土条并编号,土条的宽度取 $b=0.1R$,土条编号以滑弧圆心的垂线开始为 0,逆滑动方向的土条依次为 0、1、2、3、…,顺滑动方向的土条依次为 -1、-2、-3、…。

(4) 用式(7-13)计算稳定安全系数 K。由于式中 m_{ai} 也包含 K 值,因此式(7-13)须用迭代法求解。即先假定一个 K 值,求得 m_{ai} 值,代入式(7-13)中求出 K 值。若此值与假定值不符,则用此 K 值重新计算 m_{ai} 求得新的 K 值,如此反复迭代,直至假定的 K 值与求得的 K 值相近程度满足精度为止。一般可先假定 $K=1$,通常迭代 2～4 次即可满足工程精度要求,且迭代总是收敛的。为了方便计算,可将 m_{ai} 值制成曲线(见图 7-14),可按 α_i 及 $\dfrac{1}{K}\tan\varphi_i$ 值直接查得 m_{ai} 值。

图 7-14 m_{ai} 值曲线

【例题 7.3】 用简化毕肖普条分法计算例题 7.2 中土坡的稳定安全系数。

【解】 土坡的最危险滑动面圆心 O 点的位置以及土条划分情况均与例题 7.2 相同。按式(7-13)计算各土条的有关各项列于表 7-3 中。

表 7-3　土坡稳定计算表

土条编号	$\alpha_i/(°)$	$l_i/$ m	$W_i/$ kN	$W_i\sin\alpha_i/$ kN	$W_i\tan\alpha_i/$ kN	$c_il_i\cos\alpha_i/$ kN	m_{ai}		$\frac{1}{m_{ai}}(W_i\tan\varphi_i+c_il_i\cos\alpha_i)$	
							$K=1.20$	$K=1.19$	$K=1.20$	$K=1.19$
1	9.5	1.01	11.16	1.84	2.37	16.64	1.016	1.016	18.71	17.81
2	16.5	1.05	33.48	9.51	7.12	16.81	1.009	1.010	23.72	23.69
3	23.8	1.09	53.01	21.39	11.27	16.66	0.986	0.987	28.33	18.30
4	31.8	1.18	69.75	36.56	14.83	16.73	0.945	0.945	33.45	33.45
5	40.1	1.31	76.26	49.12	16.21	16.73	0.879	0.880	37.47	37.43
6	49.8	1.56	56.73	43.33	12.06	16.82	0.781	0.782	36.98	36.93
7	63.0	2.68	27.90	24.86	5.93	20.32	0.612	0.613	42.89	42.82
合计				186.61					221.55	221.33

第一次试算假定稳定安全系数 $K=1.20$，计算结果列于表 7-3，可按式(7-13)求得稳定安全系数：

$$K=\frac{M_r}{M_s}=\frac{\sum_{i=1}^{n}\frac{1}{m_{ai}}(W_i\tan\varphi_i+c_il_i\cos\alpha_i)}{\sum_{i=1}^{n}W_i\sin\alpha_i}=\frac{221.55}{186.6}=1.187$$

第一次试算假定稳定安全系数 $K=1.19$，计算结果列于表 7-3，可按式(7-13)求得稳定安全系数：

$$K=\frac{M_r}{M_s}=\frac{\sum_{i=1}^{n}\frac{1}{m_{ai}}(W_i\tan\varphi_i+c_il_i\cos\alpha_i)}{\sum_{i=1}^{n}W_i\sin\alpha_i}=\frac{221.33}{186.6}=1.186$$

计算结果与假定接近，因此土坡稳定安全系数 $K=1.19$。

3. 简布非圆弧普遍条分法

在非均质土层中，如果土坡下面有软弱层，则滑动面很大部分将通过软弱土层，形成曲折的复合滑动面，如图 7-15(a)所示；如果土坡位于倾斜的岩层面上，则滑动面往往沿层面产生，滑动面呈非圆弧形状，如图 7-15(b)所示。在实际工程中常常会遇到非圆弧滑动面的土坡稳定性分析，此时瑞典条分法和毕肖普条分法就不再适用。下面介绍简布提出的非圆弧普遍条分法。

1) 计算原理

如图 7-16(a)所示土坡，滑动面为 $ABCD$，划分土条后，任一土条 i 上的作用力如图 7-16(b)所示。如前面所述，其受力情况也是二次静不定问题，简布求解时假定以下条件。

(a) 土坡滑动面通过软弱层　　　　(b) 土坡沿层面滑动

图 7-15　非均质土中的滑动面

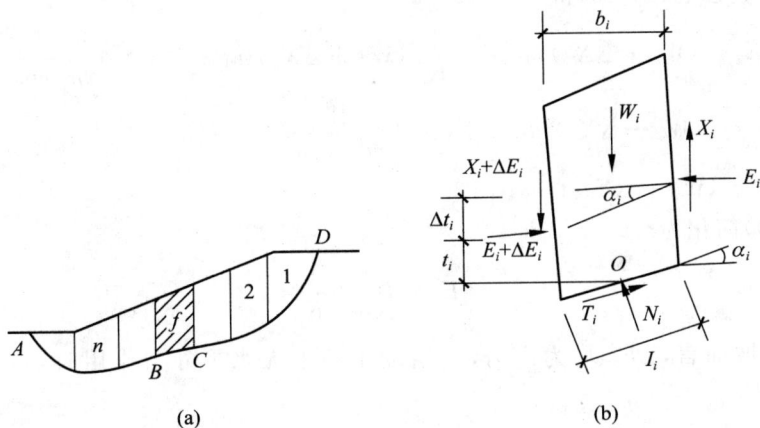

(a)　　　　　　　　　　　(b)

图 7-16　简布非圆弧普遍条分法

(1) 滑动面上切向力 T_i 的大小，$T_i = \dfrac{\tau_{fi} l_i}{K} = \dfrac{1}{K}(N_i \tan\varphi_i + c_i l_i)$。

(2) 土条两侧法向力 E_i 的作用点位置为已知，且一般假定作用于土条底面以上 1/3 高度处。这些作用点的连线称为推力线。分析表明，条间力作用点的位置对土坡稳定安全系数影响不大。

2) 求稳定安全系数 K

根据图 7-16(b)所示任一土条 i 在竖直向及水平向的静力平衡条件，求得土条的水平法向力增量 ΔE_i 的表达式，然后根据 $\sum \Delta E_i = 0$ 的条件求得稳定安全系数 K 的表达式。

取竖直方向力的平衡，得

$$W_i + (X_i + \Delta X_i) - X_i - T_i \sin\alpha_i - N_i \cos\alpha_i = 0$$

$$N_i = \frac{W_i + \Delta X_i}{\cos\alpha_i} - T_i \tan\alpha_i \tag{7-14}$$

取水平方向力的平衡，有

$$(E_i + \Delta E_i) - E_i + T_i \cos\alpha_i - N_i \sin\alpha_i = 0$$

$$\Delta E_i = N_i \sin\alpha_i - T_i \cos\alpha_i \tag{7-15}$$

将式(7-14)代入式(7-15)得

$$\Delta E_i = (W_i + \Delta X_i)\tan\alpha_i - \frac{T_i}{\cos\alpha_i} \tag{7-16}$$

根据简布假定：

$$T_i = \frac{\tau_{fi} l_i}{K} = \frac{1}{K}(N_i \tan\varphi_i + c_i l_i) \tag{7-17}$$

联立求解式(7-14)和式(7-17),得

$$T_i = \frac{1}{K}\left[(W_i + \Delta X_i)\tan\varphi_i + c_i b_i\right]\frac{1}{m_{ai}\cos\alpha_i} \tag{7-18}$$

式中　m_{ai}——参数,$m_{ai} = \cos\alpha_i + \frac{1}{K}\tan\varphi_i \sin\alpha_i$,已制成曲线如图 7-14 所示;

b_i——土条 i 的宽度,$b_i = l_i \cos\alpha_i$。

将式(7-18)代入式(7-16)得

$$\Delta E_i = (W_i + \Delta X_i)\tan\alpha_i - \frac{1}{K}\left[(W_i + \Delta X_i)\tan\varphi_i + c_i l_i\right]\frac{1}{m_{ai}\cos\alpha_i} \tag{7-19}$$

令

$$A_i = \left[(W_i + \Delta X_i)\tan\varphi_i + c_i l_i\right]\frac{1}{m_{ai}\cos\alpha_i} \tag{7-20}$$

$$B_i = (W_i + \Delta X_i)\tan\alpha_i \tag{7-21}$$

则式(7-19)简化为

$$\Delta E_i = B_i - \frac{A_i}{K} \tag{7-22}$$

对整个土坡而言,ΔE_i 均为内力,若滑动土体上无水平外力作用时,则 $\sum \Delta E_i = 0$,所以

$$\sum \Delta E_i = \sum B_i - \frac{1}{K}\sum A_i = 0 \tag{7-23}$$

由此求得土坡稳定安全系数 K 的表达式为

$$K = \frac{\sum A_i}{\sum B_i} \tag{7-24}$$

3)求 ΔX_i 值

土条上各作用力对滑动面中点取力矩,按力矩平衡条件得

$$X_i b_i - \frac{1}{2}\Delta X_i b_i + E_i \Delta t_i - \Delta E_i t_i = 0$$

如果土条宽度 b_i 很小,则高阶微量 $\Delta X_i b_i$ 可略去,上式可写成:

$$X_i = \Delta E_i \frac{t_i}{b_i} - E_i \tan\alpha_i \tag{7-25}$$

式中　α_i——E_i 与 $E_i + \Delta E_i$ 作用点连线(也称推力线)与水平面的夹角。

E_i 值是土条 i 一侧各土条的 ΔE_i 之和,即 $E_i = E_1 + \sum\limits_{i=1}^{i-1} \Delta E_i$,其中 E_1 是第一个土条边界上的水平法向力。如图 7-16 所示土坡,E_1 值为土坡 D 点处边界上的水平法向力,由图知 $E_1 = 0$。

$$\Delta X_i = X_{i+1} - X_i \tag{7-26}$$

因此,若已知 ΔE_i 及 E_i 值,可按式(7-25)及式(7-26)求得 ΔX_i 值。

4)计算步骤

用式(7-24)计算土坡稳定安全系数时,可知该式是稳定安全系数 K 的隐函数,因为 m_{ai}

是 K 的函数,而且式(7-22)中的 ΔE_i 也是 K 的函数。因此,在求解稳定安全系数 K 时需用迭代法计算。其计算步骤如下。

(1) 第一次迭代时,先假定 $\Delta X_i = 0$(即毕肖普的公式),且假定 $K=1$ 值,求得 m_{ai} 值,按式(7-20)和式(7-21)计算 A_i、B_i 值,代入式(7-24)中求出 K_0 值。若此值与假定值不符,则参考 K_0 值假定一个新的 K_0 值重新计算 m_{ai} 及 A_i 值,求得新的 K_1 值,如此反复迭代,直至假定的 K 值与求得的 K 值相近,其误差小于 5% 时,即可停止试算。

(2) 第二次迭代计算时应考虑 ΔX_i 的影响。这时先用 K_1 值代入式(7-21)计算 ΔE_i 及 E_i 值(这时 A_i、B_i 值仍为第一次迭代时的结果),并按式(7-25)及式(7-26)求得 ΔX_i 值。然后假定一个试算稳定安全系数 K 计算 m_{ai} 值,考虑 ΔX_i 影响求得 A_i、B_i 值,并求得稳定安全系数 K_2 值。同样,当 K_2 值与假定的 K 值相近,其误差小于 5% 时,即可停止试算。

(3) 第三次迭代计算同第二次迭代,用 K_2 值计算 ΔE_i、E_i 及 ΔX_i 值,然后用试算法计算 m_{ai}、A_i、B_i 及稳定安全系数 K_3 值。

当多次迭代求得的稳定安全系数 K_1、K_2、K_3、$\cdots$,趋向接近时,一般当其误差≤0.005时,即可停止计算。

上述计算是在滑动面已经确定的情况下进行的,因此,整个土坡稳定性分析过程,需假定几个可能的滑动面分别按上述步骤进行计算,相应于最小稳定安全系数的滑动面才是最危险的滑动面。由此可见,土坡稳定性分析的计算工作量是很大的,一般均借助于电算进行。

简布条分法可以满足所有静力平衡条件,但推力线的假定必须符合条间力的合理性要求(既满足土条间不满足拉力和剪切破坏)。简布条分法也可用于圆弧滑动面的情况目前在国内外应用较广,但也需注意,在某些情况下,其计算结果有可能不收敛。

7.4 特殊情况下的土坡稳定性分析

7.4.1 成层土坡

土坡由不同土层组成时,仍可用条分法分析其稳定性。但使用时必须注意以下三个问题。

(1) 在划分土条时,应使土条的弧面落在同一土层内。

(2) 应分层计算土条的重力,然后叠加起来。

(3) 土的黏聚力和内摩擦角应按圆弧所通过的土层,而采取不同的强度指标。

7.4.2 坡顶开裂

由于土的收缩及张力作用,在黏土坡的坡顶附近可能出现裂缝,如图 7-17 所示,雨水或地表水渗入裂缝后将产生静水压力 P_w(kN/m),该静水压力促使土坡滑动,其对最危险滑动面圆心 O 点的力臂为 z,因此,在按前述各种方法进行土坡稳定性分析时,应考虑 P_w 引起的滑动力矩,同时土坡滑动面的弧长也相应地缩短,即抗滑力矩有所减少。

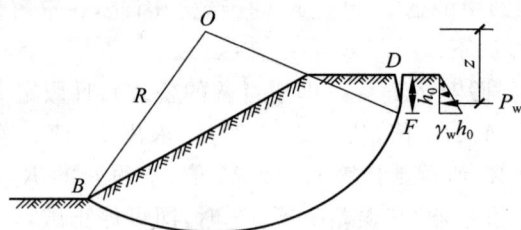

图 7-17 坡顶开裂时土坡稳定性计算

坡顶裂缝开展深度 h_0，可近似地按挡土墙后为黏性填土时，在墙顶产生的拉力区高度公式计算，即 $h_0 = 2c/\sqrt{K_a}$，其中 K_a 为朗肯主动土压力系数。裂缝中因积水产生的静水压力为 $P_w = \dfrac{\gamma_w h_0^2}{2}$。

坡顶出现裂缝对土坡的稳定是不利的，在工程中应避免出现这种情况。对于暴露时间较长、雨水较多的基坑边坡，应在土坡滑动范围外边设置水沟拦截水流；在土坡滑动范围内的坡面上采用水泥砂浆或塑料布铺面防水。如果坡顶出现裂缝，应立即采用水泥砂浆嵌缝，以防止水流入土坡内对土坡造成损害。

7.4.3 部分浸水及稳定渗流的情况

当土坡部分浸水时，应考虑水对土的浮力作用，因此，在计算土条的重力时，凡在水位以下的部分，应采用浮重度。同时，假定水位上下的强度指标相同。

当河道水位缓慢上涨而急剧下降时，沿河路堤土坡内水位高于坡外水位，路堤内的水将向外渗流，产生渗流力（动水力），渗流力的作用方向与渗流的流向相同，指向坡面，如图 7-18 所示，对路堤的稳定是不利的。因此，渗流对土坡的稳定起着不利的影响，必须予以足够的重视。

考虑渗流对土坡稳定的影响时，一般应从以下两方面着手。

（1）地下水位以下的土重用浮重度计算。

（2）由于渗流力对滑动圆心产生了滑动力矩，总的滑动力矩增加。渗流力产生的滑动力矩等于滑动面以上、地下水位线以下所包围水体的重力对滑动圆心产生的力矩。

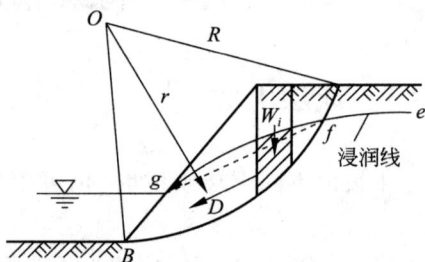

图 7-18 水渗流时的土坡稳定性计算

当有渗流作用时，在计算抗滑力矩时，地下水位线以上采用天然重度，地下水位以下采用浮重度；在计算滑动力矩时，地下水位线以上采用天然重度，地下水位以下采用饱和重度。

如图 7-18 所示，由于水位骤降，路堤内水向外渗流。若已知浸润线（渗流水位线）为 efg，滑动土体在浸润线以下部分 $fgBf$ 的面积为 A，则作用在该部分土体上的渗流力（动水力）合力为 D：

$$D = JA = \gamma_w iA \qquad (7-27)$$

式中　J——作用在单位体积土体上的渗流力(kN/m^3);

　　　　i——浸润线以下部分面积 A 范围内水头梯度平均值,可近似地假定 i 等于浸润线两端 fg 连线的坡度。

渗流力合力 D 的作用点在面积 $fgBf$ 的形心,其作用方向假定与 f 连线 g 平行,渗流力合力 D 对滑动面圆心 O 点的力臂为 r,由此可得考虑渗流力后,瑞典条分法分析土坡稳定安全系数的计算式(7-5)可以写为

$$K = \frac{M_r}{M_s} = \frac{R\sum_{i=1}^{n}(W_i\cos\alpha_i\tan\varphi_i + c_il_i)}{R\sum_{i=1}^{n}W_i\sin\alpha_i + \gamma D} \qquad (7-28)$$

7.5　土坡稳定性分析的讨论

1. 黏土坡稳定性分析方法的选择

瑞典圆弧法基本概念简单明确,它把滑动面视为圆弧,稳定安全系数 K 由绕圆心的抵抗力矩和滑动力矩之比算出。对于 φ 等于零或数值很小的软黏土,可采用圆弧法,所求稳定安全系数比较符合土坡实际情况。瑞典条分法可用于总应力分析和有效应力分析。其计算结果虽不完全符合实际,但由于计算概念简明,且能分析如成层土边坡、土坡中有地下水存在及坡顶有荷载作用等复杂情况,所以目前在国内外得到广泛应用。简化毕肖普法适用于任意形状滑动面的土坡稳定性分析。从概念上讲,考虑条间作用力的毕肖普法比较合理。由该法计算得出的 K 值比瑞典条分法大,所以瑞典条分法粗糙,但偏于安全,毕肖普法 K 值较高,更接近工程实际情况,并可节省工作量。简化毕肖普法常用有效应力法分析。

2. 土的抗剪强度指标的选择

土坡稳定性分析的可靠程度取决于土坡抗剪强度的正确确定。在土坡设计中,如果使用的抗剪强度指标过高,就有发生滑坡的可能。因此,应尽可能根据土坡的实际加荷情况、填料的性质和排水条件等合理地选用土的抗剪强度指标。在测定土的抗剪强度指标时,应使试验室的模拟条件尽可能符合工程的实际情况,使试验指标具有一定代表性,否则验算结果就可能与实际情况有较大差距。例如,对同一土坝采用简化毕肖普法进行分析,当试验方法不同时,得到的强度指标能使土坝竣工期的稳定安全系数 K 值在 $1.1\sim1.9$ 变化,其误差远超过了采用不同计算方法造成的误差。

3. 稳定安全系数的选择

影响土坡稳定安全系数的因素很多,如抗剪强度指标的选用、计算方法和计算条件的选择等。

由于计算情况与实际工程不能相符合,或计算方法的某些假定所导致的误差以及抗剪强度指标测定方法不够完善,在实际工程中出现了稳定安全系数 K 虽大于1,但还是发生了滑坡,而稳定安全系数小于1的土坡却是稳定的这种矛盾现象。目前,对土坡稳定安全系

数尚无统一标准,各个部门规定也不相同。因此,应根据土坡工程的重要性,结合当地实际情况和已有经验,并注意计算方法、强度指标和稳定安全系数相互配套,按有关工程部门的现行规范加以确定。

7.5.1 土体抗剪强度指标及稳定安全系数的选择

土体抗剪强度指标的恰当选取是影响土坡稳定性分析成果可靠性的主要因素。对于给定的土体而言,不同试验方法测定的土体抗剪强度变化幅度远超过不同计算方法之间的差别,尤其是软黏土。因此,进行土坡的稳定性分析时,不仅要有合理的计算方法,而且要选取恰当的土体抗剪强度指标及土坡稳定安全系数值。在测定土的抗剪强度时,原则上应使试验的模拟条件尽量符合现场土体的实际受力和排水条件,保证试验指标具有一定的代表性。对于控制土坡稳定的各个时期,可分别按表 7-4 选取不同的试验方法和测定结果。

表 7-4 稳定计算时抗剪强度指标的选用

控制稳定情况	强度计算方法	土 类		仪器	试验方法	采用的强度指标	试样初始状态
正常施工	有效应力法	无黏性土		直剪	慢剪	c'、φ'	填土用填筑含水量和填筑密度,地基用原状土
				三轴	排水剪		
		粉土、黏土	饱和度小于或等于80%	直剪	慢剪		
				三轴	不排水剪测孔隙水压力		
			饱和度大于80%	直剪	慢剪	c_{cu}、φ_{cu}	
				三轴	固结不排水剪测孔隙水压力		
快速施工	总应力法	粉土、黏土	渗透系数小于 10^{-7} cm/s	直剪	快剪	c_u、φ_u	
			任何渗透系数	三轴	不排水剪		
长期稳定渗流	有效应力法	无黏性土		直剪	慢剪	c'、φ'	同上,但要预先饱和
				三轴	排水剪		
		粉土、黏土		直剪	慢剪	c_{cu}、φ_{cu}	
				三轴	固结不排水剪测孔隙水压力		

目前对于土坡稳定安全系数的容许值,各部门尚无统一标准,考虑的角度也不尽相同,在工程中应根据计算方法、强度指标的测定方法综合选取,并应结合当地已有实际经验加以确定。表 7-5 为《公路软土地基路堤设计与施工技术细则》(JTG/T D31-02—2013)中给出的抗滑稳定安全系数和稳定性分析方法及土的强度指标配合应用的规定。《公路路基设计规范》(JTG D30—2015)规定,滑坡稳定性验算时,高速公路、一级公路稳定安全系数应采用1.20～1.30;二级及二级以下公路稳定安全系数应采用1.15～1.20;考虑地震、多年暴雨的附加作用影响时,稳定安全系数可适当折减 0.05 ～ 0.10。《建筑边坡工程技术规范》

(GB 50330—2013)中给出了采用不同滑动面计算方法时的稳定安全系数值,如表7-6所示。《岩土工程勘察规范》(GB 50021—2001)(2009年版)中对工程安全等级划分和边坡稳定安全系数做出了规定,如表7-7所示。

表7-5 公路土体边坡稳定安全系数容许值(JTG/T D31-02—2013)

分析方法	抗剪强度指标	稳定安全系数容许值	备 注
总应力法	快剪	1.10	应用时根据不同的分析方法采用相应的验算公式
	十字板剪	1.20	
有效固结应力法	快剪和固结快剪	1.20	
	十字板剪	1.30	
准毕肖普法	有效剪	1.40	

注:当需要考虑地震作用时,稳定安全系数应减少0.1。

表7-6 边坡稳定安全系数(GB 50330—2013)

计算方法	边 坡 等 级		
	一级	二级	三级
平面滑动面法	1.35	1.30	1.25
折现滑动面法			
圆弧滑动面法	1.30	1.25	1.20

表7-7 边坡稳定安全系数(GB 50021—2009)

新设计边坡、重要工程	一般工程	次要工程	验算已有边坡
1.30~1.50	1.15~1.30	1.05~1.15	1.10~1.25

7.5.2 按有效应力法分析土坡稳定

前面所介绍的土坡稳定安全系数计算公式都是属于总应力法,采用的抗剪强度指标也是总应力指标。若土坡采用饱和黏土填筑,因填土或施加的荷载速度较快,土中孔隙水来不及排出,将产生孔隙水压力,使土的有效应力减小,增加了土坡滑动的危险。这时,土坡稳定性分析应该考虑孔隙水压力的影响,采用有效应力方法计算。其稳定安全系数计算公式,可将前述总应力方法公式修正后得到。

瑞典条分法的式(7-5)可改写为

$$K = \frac{M_r}{M_s} = \frac{R \sum_{i=1}^{n} \left[(W_i \cos\alpha_i - u_i l) \tan\varphi'_{ii} + c'_i l_i \right]}{R \sum_{i=1}^{n} W_i \sin\alpha_i} \tag{7-29}$$

瑞典条分法的式(7-13)可改写为

$$K = \frac{M_r}{M_s} = \frac{\sum_{i=1}^{n} \frac{1}{m_{ai}} \left[(W_i - u_i l_i) \tan\varphi_i' + c_i' l_i \cos\alpha_i \right]}{\sum_{i=1}^{n} W_i \sin\alpha_i} \qquad (7\text{-}30)$$

式中 c_i'、φ_i'——土条 i 的有效黏聚力和有效内摩擦角;

u_i——土条 i 滑动面上的平均孔隙水压力。

从边坡有效应力分析的稳定安全系数计算式(7-29)、式(7-30)中可以看出,孔隙水压力是影响边坡滑动面上土的抗剪强度的重要因素。在总应力保持不变的情况下,孔隙水压力增大,土的抗剪强度就会减小,边坡的稳定安全系数也会相应地下降;反之,孔隙水压力变小,边坡的稳定安全系数则会相应地增大。

7.5.3   不同计算方法的对比

整体圆弧滑动法稳定安全系数用抗滑力矩与滑动力矩的比值定义,具体计算时仍存在诸多困难,1927 年 Fellennius 在此基础上提出瑞典条分法,也称简单条分法,将圆弧滑动土体竖直条分后,忽略土条之间的作用力进行计算求得整体圆弧滑动稳定安全系数。此方法计算简单,但由于其忽略土条之间作用力,计算的稳定安全系数偏小。

瑞典条分法因忽略了土条两侧作用力,不能满足所有的平衡条件,因此计算的稳定安全系数可能比其他严格的方法偏低 10%～20%,这种误差随着滑弧圆心角和孔隙水应力的增大而增大,严重时可导致计算的稳定安全系数偏小一半。

毕肖普条分法考虑了土条两侧的作用力,计算结果比较合理。分析时先后利用每一土条竖直方向的平衡及整个滑动土体对圆心的力矩平衡条件,避开了 E_i 及其作用点的位置,并假设所有的 $X_{i+1} - X_i = 0$,使分析过程得到了简化,但同样不能满足所有的平衡条件,还不是一个严格的方法,由此产生的误差为 2%～7%。该方法的计算精确度较高。

简布条分法也称非圆弧滑动法,滑动面为任意曲线。将土坡竖直条分后,也用抗滑剪切力与土条的下滑力的比值定义稳定安全系数,假定滑动面上的切向力等于滑动面上土所发挥的抗剪强度,且土条两侧法向力的作用点位于土条底面以上 1/3 高度处。简布条分法也可应用于圆弧滑动面。

7.5.4   影响土坡稳定性的因素和防治土坡失稳的措施

1. 影响土坡稳定性的因素

(1) 土坡坡度。一般坡度越缓,土坡越稳定。

(2) 土坡高度。黏土坡,当其他条件相同时,坡高越小,土坡越稳定。

(3) 土的性质。土的性质越好,土坡越稳定。如土的抗剪强度指标大的土坡比小的更安全;如钙质或石膏质胶结的土、湿陷性黄土等,遇水后强度降低很多,容易发生滑坡。

(4) 工程地质条件。不良地质条件下,易产生滑坡。

(5) 气象条件。若天气晴朗,土坡处于干燥状态,土的强度高,土坡稳定性好;若在雨季,尤其是连降大暴雨,雨水的大量入侵,会使土的强度降低,可能导致滑坡。

（6）地下水渗流。当土坡中存在与滑动方向一致的渗流力时，对土坡稳定性不利。

（7）地震。发生地震时，产生的附加地震荷载会降低土坡的稳定性，同时，地震荷载还可能使土中孔隙水压力升高，降低土的抗剪强度。

（8）人为因素。由于人类不合理的开挖，当开挖坡脚、基坑、沟渠、道路土坡时将弃土堆在坡顶附近；在斜坡上建房或堆放重物时，都可能引起土坡失稳。

2. 防治土坡失稳的措施

在工程实践中，尽管对土坡进行了稳定性分析，但常常由于施工不当或其他不可预估因素的影响而造成土坡的失稳。因此，一方面要加强工程地质和水文地质的勘察，查明建筑场地的不良地质现象，对土坡的稳定性进行认真分析；另一方面对可能在造成滑坡的潜在因素积极采取防治措施。

1）合理设计

土坡设计应保护和整治土坡环境，土坡水系应因势利导，设置排水措施。对于稳定的土坡，应采取保护及营造植被的防护措施。建筑物的布局应依山就势，防止大挖大填。由于场地平整而出现的新土坡，应及时进行支挡或构造防护。土坡工程在设计前，应进行详细的工程地质勘察，并应对土坡的稳定性作出准确的评价；对周围环境的危害性做出预测；指出岩石土坡的主要结构面位置；提供土坡设计所需的各项参数。土坡的支挡结构应进行排水设计，支挡结构后面的填土，应选择透水性强的填料。

2）合理开挖

在土坡整体稳定的条件下，土坡开挖应符合下列规定。

（1）土坡的坡度容许值，应根据当地经验，参照同类土层的稳定坡度确定。当土质良好、无不良地质现象、地下水不丰富时，可按表7-8确定。

表7-8 土坡坡度容许值

土的类别	密实度或状态	坡度容许值（坡高比）	
		坡高在5m以内	坡高为5～10m
碎石土	密实	1：0.50～1：0.35	1：0.75～1：0.50
	中密	1：0.75～1：0.50	1：1.00～1：0.75
	稍密	1：1.00～1：0.75	1：1.25～1：1.00
黏土	坚硬	1：1.00～1：0.75	1：1.25～1：1.00
	硬塑	1：1.25～1：1.00	1：1.50～1：1.25

注：1. 表中碎石土的充填物为坚硬或硬塑状态的黏土。
　2. 对于砂土或充填物为砂土的碎石土，其土坡坡度容许值均按自然休止角确定。

（2）土坡开挖时，应采取排水措施，土坡的坡顶应设置截水沟。在任何情况下不允许在坡脚及坡面上积水。

（3）土坡开挖时，应由上向下挖，依次进行。弃土应分散处理，不得将弃土堆置在坡顶及坡面上。当必须在坡顶或坡面上设置弃土转运站时，应进行坡体稳定性验算，严格控制堆置的土方量。

（4）土坡开挖后，应立即对土坡进行防护处理。

3)产生滑坡时应采取的措施

(1)排水。对地面水,应设置排水沟进行拦截和疏导,防止地面水侵入滑坡地段,必要时还可采取防渗措施;当地下水的影响较大时,应根据条件,做好地下排水工程,降低地下水或采取防渗保护措施。

(2)卸荷。可视情况在坡顶或坡面进行卸荷。当卸荷在坡面进行时,必须保证卸荷区上方即两侧岩土体的稳定条件,而且应在主动区卸荷,决不允许在被动区或坡脚附近卸荷。

(3)当没有条件进行上述工程措施或采取了上述措施后,仍不能使稳定安全系数达到容许值时,就需要使用结构性工程措施对土坡进行加固。

习 题

1. 简答题

(1)土坡失稳破坏的原因有哪几种?

(2)土坡稳定安全系数的意义是什么?有哪几种表达形式?

(3)什么是坡脚圆、中点圆及坡面圆?其产生的条件与土质、土坡形状及土层构造有什么关系?

(4)无黏性土土坡的稳定性只要坡角不超过其内摩擦角,坡高 H 可不受限制,而黏性土土坡的稳定性还与坡高有关,试分析其原因。

(5)如何用泰勒的稳定因数图表确定土坡的稳定安全系数。

(6)对费伦纽斯条分法、毕肖普条分法及简布条分法的异同进行比较。

(7)用总应力法及有效应力法分析土坡稳定性时有哪些不同之处?分别适用于哪种情况?

2. 单项选择题

(1)无黏性土坡的稳定与否,取决于( )。

    A. 坡角   B. 坡高   C. 坡角和坡高   D. 坡面长度

(2)一均质无黏性土坡,其内摩擦角 $\varphi=32°$,设计要求稳定安全系数 $K>1.25$,则坡角设计应取( )较为合理。

    A. $20°$ B. $25°$ C. $30°$ D. $35°$

(3)在地基稳定分析中,如果采用 $\varphi=0$ 圆弧法,土的抗剪强度指标采用( )方法确定。

    A. 三轴固结不排水试验   B. 直剪试验慢剪

    C. 直剪试验快剪   D. 三轴不固结不排水试验

(4)黏土坡滑动面的形状一般为( )。

    A. 斜面   B. 近似圆弧面   C. 水平面   D. 垂直平面

(5)地下水位的降低,将使土坡的稳定安全系数( )。

    A. 不变   B. 减小   C. 增大   D. 不一定

(6)土中孔隙水压力的存在将使土坡的稳定安全系数( )。

    A. 不变   B. 减小   C. 增大   D. 不一定

（7）在雨季，山体容易出现滑坡的主要原因是（　　）。

    A. 土的重度增大　　　　　　　　　　B. 土的抗剪强度降低

    C. 土的类型发生改变

（8）当土坡中存在与滑动方向一致的渗流时，土坡的稳定安全系数将（　　）。

    A. 增大　　　　　　B. 减小　　　　　　C. 不变

（9）发生强烈地震时，土坡的稳定安全系数将降低，其主要原因包括（　　）。

    A. 土的强度降低　　　　　　　　　　B. 土中产生超孔隙水压力

    C. 地震产生惯性力　　　　　　　　　D. 以上都是

（10）土坡中最危险滑动面，就是指（　　）。

    A. 滑动力最大的面　　　　　　　　　B. 稳定安全系数最小的面

    C. 抗滑力最小的面　　　　　　　　　D. 滑动路径最短的面

（11）当土坡处于稳定状态时，其稳定安全系数值应（　　）。

    A. 大于1　　　　　　B. 小于1　　　　　　C. 等于1　　　　　　D. 等于0

（12）瑞典条分法是忽略条块间力的相互影响的一种简化方法，其不满足（　　）。

    A. 滑动面的极限平衡条件　　　　　　B. 滑动土体整体的力矩平衡条件

    C. 土条之间的静力平衡　　　　　　　D. 中小工程的计算误差要求

（13）费伦纽斯的条分法（瑞典条分法）分析土坡的稳定性时，土条两侧条间力之间的关系假定为（　　）。

    A. 大小相等、方向相同、作用线重合

    B. 大小相等、方向相反、作用线重合

    C. 大小不等、方向相同、作用线重合

    D. 大小相等、方向相同、作用线距土条底 1/3 土条高度

3. 计算题

（1）已知某路基填筑高度 $H=10.0$m，填土的重度 $\gamma=18.0$kN/m³，内摩擦角 $\varphi=20°$，黏聚力 $c=7$kPa，求此路基的稳定坡角 β。

（2）已知一均匀土坡，坡角 $\beta=30°$，土的重度 $\gamma=16.0$kN/m³，内摩擦角 $\varphi=20°$，黏聚力 $c=5$kPa。计算此黏土坡的安全高度 H。

（3）某简单黏土土坡高 8m，边坡坡度为 $1:2$，土的重度 $\gamma=17.2$kN/m³，黏聚力 $c=5$kPa，内摩擦角 $\varphi=19°$，先按费伦纽斯近似法确定最危险滑动面圆心位置，再用条分法计算土坡的稳定安全系数 K。

本章习题答案

第 8 章 地基承载力

8.1 概　述

建筑物建造在地基上,荷载通过基础传给地基。对于任何建筑物,设计施工时必须考虑两个方面的问题:一是因地基土的压缩与固结所引起的基础沉降和沉降差问题,基础沉降或沉降差不能超过建筑物容许的范围,否则可能导致上部结构开裂、倾斜甚至毁坏;二是地基稳定性问题。此外,对于某些特殊用途的建筑物,如堤坝、水闸、码头等,还应满足抗渗、防冲刷等要求。

地基承载力是指地基承担荷载的能力。关于地基承载力,实际应用中经常遇到以下概念。

(1) 地基极限承载力:地基濒临破坏丧失稳定时,所能够发挥的承载力的极限值,无安全储备。

(2) 地基承载力特征值:这是《建筑地基基础设计规范》(GB 50007—2011)的提法,是指由荷载试验测定的地基土压力变形曲线线性变形段内规定的变形所对应的压力值,其最大值为比例界限值。

(3) 修正后的地基承载力特征值:考虑了地基、基础的各项影响因素后,对承载力特征值进行修正能够满足正常使用状态下的承载力值。

(4) 承载力设计值(设计取值)与容许承载力:确保地基稳定性且有足够安全储备,设计取用的承载力值,需根据所得到的承载力具体方法和建筑物使用要求综合确定。地基承载力的设计取值通常是在保证地基稳定的前提下,使建筑物的变形不超过其容许值的承载力,即容许承载力,其稳定安全系数已包含在内。

确定地基承载力的方法一般有原位试验法、理论公式法、规范表格法、当地经验法四种。

原位试验法是一种通过现场直接试验确定承载力的方法,原位试验或原位测试包括(静)载荷试验、静力触探试验、标准贯入试验、旁压试验等,其中以载荷试验法为最可靠的基本的原位测试法。理论公式法是根据土的抗剪强度指标计算的理论公式确定承载力的方法。规范表格法是根据室内试验指标、现场测试指标或野外鉴别指标,通过查规范所列表格得到承载力的方法。规范不同(包括不同部门、不同行业、不同地区的规范),其承载力值不会完全相同,应用时需注意各自的使用条件。当地经验法是一种基于地区的使用经验,进行类比判断确定承载力的方法,它是一种宏观辅助的方法。

各种土木工程在整个使用年限内都要求地基稳定,要求地基不致因承载力不足、渗流破坏而失去稳定性,也不致因变形过大而影响正常使用。在荷载作用下,地基要产生变形。随着荷载的增大,地基变形逐渐增大,初始阶段地基土中应力处在弹性平衡状态,具有安全承载能力。当荷载增大到地基中开始出现某点或小区域内各点在其某一方向平面上的剪应力达到土的抗剪强度时,该点或小区域内各点就发生剪切破坏而处在极限平衡状态,土中应力将发生重分布。这种小范围的剪切破坏区称为塑性区。地基小范围的极限平衡状态大都可以恢复到弹性平衡状态,地基尚能趋于稳定,仍具有安全的承载能力。但此时地基变形稍大,必须验算变形的计算值不超过容许值。当荷载继续增大,地基出现较大范围的塑性区时,将显示地基承载力不足而失去稳定。此时地基达到极限承载能力。地基承载力是地基土抗剪强度的一种宏观表现,影响地基土抗剪强度的因素对地基承载力也产生类似影响。

地基承载力问题是土力学的一个重要的研究课题,其目的是为了掌握地基的承载规律,充分发挥地基的承载能力,合理确定地基承载力,确保地基不致因荷载作用而发生剪切破坏,产生变形过大而影响建筑物或土工建筑物的正常使用。为此,地基基础设计一般都限制基底压力不超过基础深宽修正后的地基容许承载力或地基承载力(设计值)。

8.2　按塑性变形区的深度确定地基承载力

8.2.1　地基塑性变形区边界方程

1. 地基土中应力状态的三个阶段

现场载荷试验根据各级荷载及其相应的相对稳定沉降值,可得荷载与沉降的关系曲线,即 p-s 曲线。还可得各级荷载作用下的沉降与时间的关系曲线,即 s-t 曲线。在某一瞬间内载荷板沉降与该瞬时时间之比(ds/dt),称为土的变形速度,它在荷载增大的过程中变化,可得土中应力状态的三个阶段:压缩阶段、剪切阶段和隆起阶段,如图 8-1 所示。

图 8-1　地基土中应力状态的三个阶段

(1) 压缩阶段,又称直线变形阶段,对应 p-s 曲线的 Oa 段。这个阶段的外加荷载较小,地基土以压缩变形为主,压力与变形之间基本呈线性关系,地基中的应力尚处在弹性平衡状态,地基中任一点的剪应力均小于该点的抗剪强度。该阶段的应力一般可近似采用弹性理论进行分析。

(2) 剪切阶段,又称塑性变形阶段,对应 p-s 曲线的 ab 段。在这一阶段,从基础两侧底边缘开始,局部区域土中剪应力等于该处土的抗剪强度,土体处于塑性极限平衡状态,宏观上 p-s 曲线呈非线性的变化。随着荷载的增大,基础下土的塑性变形区扩大,荷载—变形曲线的斜率增大。在这一阶段,虽然地基土的部分区域发生了塑性极限平衡,但塑性变形区并未在地基中连成一片,地基基础仍有一定的稳定性,地基的安全度则随着塑性变形区的扩大而降低。

(3) 隆起阶段,又称塑性流动阶段,对应 p-s 曲线的 bc 段。该阶段基础以下两侧的地基塑性变形区贯通并连成一片,基础两侧土体隆起,很小的荷载增量都会引起基础大的沉降,这个变形主要不是由土的压缩引起,而是由地基土的塑性流动引起,是一种随时间不稳定的变形,其结果是基础向比较薄弱一侧倾倒,地基整体失去稳定性。

相应于地基土中应力状态的三个阶段,有两个界限荷载:前一个是相当于从压缩阶段过渡到剪切阶段的界限荷载,为比例界限荷载,也称临塑荷载,一般记为 p_{cr},它是 p-s 曲线上 a 点所对应的荷载;后一个是相应于从剪切阶段过渡到隆起阶段的界限荷载,称为极限荷载,记为 p_u,它是 p-s 曲线上 b 点所对应的荷载。由此取 p_{cr} 或 p_u/K(K 为稳定安全系数)确定浅基础的地基容许承载力。

2. 地基塑性变形区边界方程

假设在均质地基表面上,作用一竖向均布条形荷载 p,如图 8-2(a)所示;实际工程中基础一般都有埋深 d,如图 8-2(b)所示,则条形基础两侧荷载 $q = \gamma_m d$,γ_m 为基础埋深的范围内土层的加权平均重度,地下水位以下取浮重度。因此,均布条形荷载 p 应替换为 p_0($p_0 = p - q$)。

(a) 无埋深   (b) 有埋深

图 8-2   均布条形荷载作用下地基中的主应力

根据弹性理论,它在地表下任一点 M 处产生的大、小主应力可按下式表达:

$$\sigma_1 = \frac{p_0}{\pi}(\beta_0 + \sin\beta_0) \tag{8-1a}$$

$$\sigma_3 = \frac{p_0}{\pi}(\beta_0 - \sin\beta_0) \tag{8-1b}$$

式中 p_0——均布条形荷载(kPa);

β_0——任意 M 点到均布条形荷载两端点的夹角,弧度。

σ_1 的作用方向与 β_0 角的平分线一致,作用在 M 点的应力,除了由基底平均附加压力 p_0 引起的地基附加应力外,还有土自重应力为 $q + \gamma z$,γ 为持力层土的重度,地下水位以下取浮重度。

为了推导方便,假设地基土原有的自重应力场的静止侧压力系数 $K_0=1$,具有静水压力性质,则自重应力场没有改变 M 点附加应力场的大小及主应力的作用方向,因此,地基中任意 M 点的大、小主应力分别为

$$\sigma_1 = \frac{p_0}{\pi}(\beta_0 + \sin\beta_0) + q + \gamma z \tag{8-2a}$$

$$\sigma_3 = \frac{p_0}{\pi}(\beta_0 - \sin\beta_0) + q + \gamma z \tag{8-2b}$$

式中　p_0——基底平均附加压力,$p_0 = p - \sigma_{ch} = p - \gamma_m h$($h$ 为从天然地面算起的基础埋深);

　　　q——基础两侧荷载,$q = \gamma_m d$(d 为从设计地面算起的基础埋深);

　　　γ——地基持力层土的重度,地下水位以下用浮重度;

　　　其余符号意义如图 8-3 所示。

当 M 点应力达到极限平衡状态时,该点的大、小主应力应满足下列极限平衡条件:

$$\sin\varphi = \frac{\sigma_1 - \sigma_3}{\sigma_1 + \sigma_3 + 2c\cot\varphi} \tag{8-3}$$

图 8-3　条形基底边缘的塑性区

将式(8-2)代入上式得

$$z = \frac{p_0}{\gamma\pi}\left(\frac{\sin\beta_0}{\sin\varphi} - \beta_0\right) - \frac{1}{\gamma}(c\cot\varphi + q) \tag{8-4}$$

此式即为满足极限平衡条件的地基塑性变形区边界方程,给出了边界上任意一点的坐标 z 与 β_0 角的关系,如图 8-3 所示。如果荷载 p_0、基础两侧超载 q 以及土的 γ、c、φ 为已知,则根据此式可绘出塑性变形区的边界线。

8.2.2　地基的临塑荷载和临界荷载

1. 临塑荷载

临塑荷载是指基础边缘地基中刚要出现塑性变形区时基底单位面积上所承担的荷载,它是相当于地基土中应力状态从压缩阶段过渡到剪切阶段的界限荷载,根据塑性变形区边界方程式(8-4),即可得到地基临塑荷载。

随着基础荷载的增大,在基础两侧以下土中塑性区对称地扩大。在一定荷载作用下,塑性区的最大深度 z_{max}(见图 8-3)可从式(8-4)按数学中求极值的方法,由 $\mathrm{d}z/\mathrm{d}\beta_0$ 的条件求得

$$\frac{\mathrm{d}z}{\mathrm{d}\beta_0} = \frac{p_0}{\pi\gamma}\left(\frac{\cos\beta_0}{\sin\varphi} - 1\right) = 0$$

则有

$$\beta_0 = \frac{\pi}{2} - \varphi$$

将它代入式(8-4)得出 z_{max} 的表达式为

$$z_{max} = \frac{p_0}{\gamma\pi}\left(c\,\mathrm{tg}\varphi + \varphi - \frac{\pi}{2}\right) - \frac{1}{\gamma}(c\cot\varphi + q) \tag{8-5}$$

当荷载 p_0 增大时,塑性区就发展扩大,塑性区的最大深度也增大。根据定义,临塑荷

载为地基刚要出现塑性区时的荷载,即 $z_{max}=0$ 时的荷载,则令式(8-5)右侧为零,可得临塑荷载 p_{cr} 的公式如下:

$$p_{cr} = \frac{\pi(c\cot\varphi + q)}{\cot\varphi + \varphi - \dfrac{\pi}{2}} + q \tag{8-6a}$$

或

$$p_{cr} = cN_c + qN_q \tag{8-6b}$$

式中 N_c、N_q 为承载力系数,均为 φ 的函数:

$$N_c = \frac{\pi\cot\varphi}{\cot\varphi + \varphi - \dfrac{\pi}{2}}$$

$$N_q = \frac{\cot\varphi + \varphi + \dfrac{\pi}{2}}{\cot\varphi + \varphi - \dfrac{\pi}{2}}$$

从式(8-6a)、式(8-6b)可看出,临塑荷载 p_{cr} 由两部分组成,第一部分为地基土黏聚力 c 的作用,第二部分为基础两侧超载 q 或基础埋深 d 的影响,这两部分都是内摩擦角 φ 的函数,p_{cr} 随 φ、c、q 的增大而增大。

2. 临界荷载

临界荷载是指允许地基产生一定范围塑性变形区所对应的荷载。工程实践表明,如果采用不允许地基产生塑性区的临塑荷载 p_{cr} 作为地基容许承载力,往往不能充分发挥地基的承载能力,取值偏于保守。对于中等强度以上地基土,将控制地基中塑性区在一定深度范围内的临界荷载作为地基容许承载力,使地基既有足够的安全度,保证稳定性,又能比较充分地发挥地基的承载能力,从而达到优化设计,减少基础工程量,节约投资的目的,符合经济合理的原则。允许塑性区开展深度的范围大小与建筑物的重要性、荷载性质和大小、基础形式和特性、地基土的物理力学性质等有关。

根据工程实践经验,在中心荷载作用下,控制塑性区最大开展深度 $z_{max}=b/4$,在偏心荷载下控制 $z_{max}=b/3$,对一般建筑物是允许的。$p_{1/4}$、$p_{1/3}$ 分别是允许地基产生 $z_{max}=b/4$ 和 $b/3$ 范围塑性区所对应的两个临界荷载。此时,地基变形会有所增加,必须验算地基的变形值不超过容许值。

根据定义,分别将 $z_{max}=b/4$ 和 $z_{max}=b/3$ 代入式(8-5)得

$$p_{1/4} = \frac{\pi\left(c\cot\varphi + q + \gamma\dfrac{b}{4}\right)}{\cot\varphi + \varphi - \dfrac{\pi}{2}} + q \tag{8-7a}$$

或

$$p_{1/4} = cN_c + qN_q + \gamma bN_{1/4} \tag{8-7b}$$

和

$$p_{1/3} = \frac{\pi\left(c\cot\varphi + q + \gamma\dfrac{b}{3}\right)}{\cot\varphi + \varphi - \dfrac{\pi}{2}} + q \tag{8-8a}$$

或

$$p_{1/3} = cN_c + qN_q + \gamma bN_{1/3} \tag{8-8b}$$

式中 $N_{1/4}$、$N_{1/3}$——均为承载力系数,均为 φ 的函数:

$$N_{1/4} = \pi \left[4 \left(\cot\varphi + \varphi - \frac{\pi}{2} \right) \right]$$

$$N_{1/3} = \pi \left[3 \left(\cot\varphi + \varphi - \frac{\pi}{2} \right) \right]$$

从式(8-7b)、式(8-8b)可以看出,两个临界荷载由三个部分组成,第一、二部分分别反映了地基土黏聚力和基础埋深对承载力的影响,这两部分组成了临塑荷载;第三部分表现为基础宽度和地基土重度的影响,实际上受塑性区开展深度的影响。这三部分都随内摩擦角 φ 的增大而增大,其值可从公式计算得到。分析临界荷载的组成,随 c、φ、q、γ、b 的增大而增大。

必须指出,临塑荷载和临界荷载公式都是在条形荷载情况下(平面应变问题)推导出的,对于矩形或圆形基础(空间问题),用此公式计算,其结果偏于安全。至于临界荷载 $p_{1/4}$ 和 $p_{1/3}$ 的推导,近似仍用弹性力学解答,其引起的误差,随塑性区扩大而扩大。

【**例题 8.1**】 某条形基础置于一均质地基上,宽 3m,埋深 1m,地基土天然重度 18.0kN/m³,天然含水量 38%,土粒相对密度 2.73,抗剪强度指标 $c = 15$kPa,$\varphi = 12°$,试问该基础的临塑荷载 p_{cr}、临界荷载 $p_{1/4}$、$p_{1/3}$ 各为多少?若地下水位上升至基础地面,假定土的抗剪强度指标不变,其 p_{cr}、$p_{1/4}$、$p_{1/3}$ 有什么变化?

【**解**】 根据 $\varphi = 12°$,算得 $N_c = 4.42$,$N_q = 1.94$,$N_{1/4} = 0.23$,$N_{1/3} = 0.31$;计算 $q = \gamma_m d = 18.0 \times 1.0 = 18.0$(kPa)。按式(8-6b)、式(8-7b)、式(8-8b)分别求算如下:

$$p_{cr} = cN_c + qN_q = 15 \times 4.42 + 18.0 \times 1.94 = 101 \text{(kPa)}$$

$$p_{1/4} = cN_c + qN_q + \gamma b N_{1/4}$$
$$= 15 \times 4.42 + 18.0 \times 1.94 + 18.0 \times 3.0 \times 0.23 = 114 \text{(kPa)}$$

$$p_{1/3} = cN_c + qN_q + \gamma b N_{1/3}$$
$$= 15 \times 4.42 + 18.0 \times 1.94 + 18.0 \times 3.0 \times 0.31 = 118 \text{(kPa)}$$

地下水位上升到基底,此时 γ 需取浮重度 γ' 为

$$\gamma' = \frac{(d_s - 1)\gamma}{d_s(1 + \omega)} = \frac{(2.73 - 1) \times 18.0}{2.73 \times (1 + 0.38)} = 8.27 \text{(kN/m}^3\text{)}$$

则

$$p_{cr} = 15 \times 4.42 + 18.0 \times 1.94 = 101 \text{(kPa)}$$

$$p_{1/4} = 15 \times 4.42 + 18.0 \times 1.94 + 8.27 \times 3.0 \times 0.23 = 107 \text{(kPa)}$$

$$p_{1/3} = 15 \times 4.42 + 18.0 \times 1.94 + 8.27 \times 3.0 \times 0.31 = 109 \text{(kPa)}$$

从比较可知,当地下水位上升到基底时,地基的临塑荷载没有变化,地基的临界荷载值降低了,其减小量达 6.1%~7.6%。不难看出,如果地下水位上升到基底以上时,临塑荷载还将降低。由此可知,对工程而言,做好排水工作,防止地表水渗入地基,保持水环境,对保证地基稳定、有足够的承载能力具有重要意义。

8.3 地基极限承载力

8.3.1 浅基础的地基破坏模式

在荷载作用下地基承载力不足引起的破坏,一般都由地基土的剪切破坏引起。试验研

究表明,浅基础的地基破坏模式有三种:整体剪切破坏、局部剪切破坏和冲切剪切破坏,如图 8-4 所示。

(a) 整体剪切破坏

(b) 局部剪切破坏

(c) 冲切剪切破坏

图 8-4　地基破坏模式

　　整体剪切破坏是一种在浅基础荷载作用下地基发生连续剪切滑动面的地基破坏模式,其概念最早由普朗德尔提出。它的破坏特征是:地基在荷载作用下产生近似线弹性(p-s 曲线的首段呈线性)变形。当荷载达到一定数值时,在基础的边缘点下,土体首先发生剪切破坏,随着荷载的继续增加,剪切破坏区(也称塑性变形区)也逐渐扩大,p-s 曲线由线性开始弯曲。当剪切破坏区在地基中形成一片,成为连续的滑动面时,基础就会急剧下沉,并向一侧倾斜、倾倒,基础两侧的地面向上隆起,地基发生整体剪切破坏,地基基础失去了继续承载能力。描述这种破坏模式的典型的荷载—沉降曲线(p-s 曲线)具有明显的转折点,破坏前建筑物一般不会发生过大的沉降,它是一种典型的土体强度破坏,破坏有一定的突然性。如图 8-4(a)所示。整体剪切破坏一般在密砂和坚硬的黏土中最有可能发生。

　　局部剪切破坏是一种在浅基础荷载作用下地基某一范围内发生剪切破坏区的地基破坏模式,其概念最早由太沙基提出。其破坏特征是:在荷载作用下,地基在基础边缘以下开始发生剪切破坏,随着荷载的继续增大,地基变形增大,剪切破坏区继续扩大,基础两侧土体有部分隆起,但剪切破坏区滑动面没有发展到地面,基础没有明显的倾斜和倒塌。基础由于产生过大的沉降而丧失继续承载能力。描述这种破坏模式的 p-s 曲线,一般没有明显的转折点,其直线段范围较小,是一种以变形为主要特征的破坏模式,如图 8-4(b)所示。

　　冲切剪切破坏是一种在浅基础荷载作用下地基土体发生垂直剪切破坏,使基础产生较大沉降的一种地基破坏模式,也称刺入剪切破坏。冲切剪切破坏的概念由德贝尔和魏锡克提出,其破坏特征:在荷载作用下基础产生较大沉降,基础周围的部分土体也产生下陷,破坏时基础好像"刺入"地基土层中,不出现明显的破坏区和滑动面,基础没有明显的倾斜,其

p-s 曲线没有转折点,是一种典型的以变形为特征的破坏模式,如图 8-4(c)所示。在压缩性较大的松砂、软土地基或基础埋深较大时相对容易发生冲切剪切破坏。

影响地基破坏模式的因素包括:地基土的条件,如种类、密度、含水量、压缩性、抗剪强度等;基础条件,如型式、埋深、尺寸等,其中土的压缩性是影响破坏模式的主要因素。如果土的压缩性低,土体相对比较密实,一般容易发生整体剪切破坏。反之,如果土比较疏松,压缩性高,则会发生冲切剪切破坏。

地基压缩性对破坏模式的影响也会随着其他因素的变化而变化。建在密实土层中的基础,如果埋深大或受到瞬时冲击荷载,也会发生冲切剪切破坏;如果在密实砂层下卧有可压缩的软弱土层,也可能发生冲切剪切破坏。建在饱和正常固结黏性土上的基础,若地基土在加荷时不发生体积变化,将会发生整体剪切破坏;如果加荷很慢,使地基固结,发生体积变化,则有可能发生刺入破坏。对于具体工程可能发生哪种破坏模式,需考虑各方面的因素后综合确定。

图 8-5 给出魏锡克在砂土上的模型基础试验结果,该图说明了地基破坏模式与基础相对埋深和砂土相对密度的关系。

地基极限承载力是指地基剪切破坏发展到即将失稳时所能承受的极限荷载,也称地基极限荷载。它相当于地基土中应力状态从剪切阶段过渡到隆起阶段时的界限荷载。在土力学的发展中,地基极限承载力的理论公式很多,大多是按整体剪切破坏模式推导,而用于局部剪切或冲击剪切破坏情况时根据经验加以修正。

极限承载力的求解方法有两大类:一类是按照极限平衡理论求解,假定地基土是刚塑性体,当应力小于土体屈服应力时,土体不产生变形,如同刚体一样;当达到屈服应力时,塑性变形将不断增加,直至土样发生破坏。图 8-6(a)所

图 8-5 砂土中模型基础下的地基破坏模式

示的结构钢的塑性应变值12处可达弹性应变的 $10 \sim 15$ 倍,可以理想化为弹塑性体,即在屈服点之前服从胡克定律,在屈服点之后其应变为一常数。当弹性应变较塑性应变小很多可以忽略时,简化为理想塑性体,即刚塑性体,如图 8-6(b)所示。这类方法是通过在土中任取一微分体,以一点的静力平衡条件满足极限平衡条件建立微分方程,计算地基土中各点达到极限平衡时的应力及滑动面方向,由此求解基底的极限荷载。此解法由于存在着数学上的困难,仅能对某些边界条件比较简单的情况得出解析解。另一类是按照假定滑动面求解,通

(a) 结构钢的典型应力—应变图形   (b) 理想塑性体的应力—应变关系

图 8-6 塑性变形的应力—应变图形

过基础模型试验,研究地基整体剪切破坏模式的滑动面形状,并简化为假定滑动面,根据滑动土体的静力平衡条件求解极限承载力。

8.3.2 普朗德尔和赖斯纳极限承载力公式

普朗德尔根据极限平衡理论对刚性模子压入半无限刚塑性体的问题进行了研究。普朗德尔假定条形基础具有足够大的刚度,等同于条形刚性模子,且底面光滑,地基材料具有刚塑性性质,且地基土重度为零,基础置于地基表面。当作用在基础上的荷载足够大时,基础陷入地基中,地基产生如图 8-7 所示的整体剪切破坏。

图 8-7 普朗德尔地基整体剪切破坏模式

图 8-7 所示的塑性极限平衡区分为五个部分,一个是位于基底下的中心楔体,又称主动朗肯区,该区的大主应力 σ_1 的作用方向为竖向,小主应力 σ_3 作用方向为水平向,根据极限平衡理论小主应力作用方向与破坏面成 $(45°+\varphi/2)$ 角,此即该中心区两侧面与水平面的夹角。与中心区相邻的是两个辐射向剪切区,又称普朗德尔区,由一组对数螺旋线和一组辐射向直线组成,该区形似以对数螺旋线 $r_0\exp(\theta\tan\varphi)$ 为弧形边界的扇形,其中心角为直角。与普朗德尔区另一侧相邻的是被动朗肯区,该区大主应力作用方向为水平向,小主应力 σ_3 作用方向为竖向,破坏面与水平面的夹角为 $(45°-\varphi/2)$。

普朗德尔导出在图 8-7 所示情况下作用在基底的极限荷载,即极限承载力为

$$p_u = cN_c \tag{8-9}$$

式中 N_c——承载力系数,$N_c=\cot\varphi[\exp(\pi\tan\varphi)\tan^2(45°+\varphi/2)-1]$,或从表 8-1 查得;

c、φ——均为土的抗剪强度指标。

赖斯纳在普朗德尔理论解的基础上考虑了基础埋深的影响,如图 8-8 所示,即把基底以上土仅仅视同作用在基底水平面上的柔性超载 $q(q=\gamma_m d)$,导出了地基极限承载力计算公式如下:

$$p_u = cN_c + qN_q \tag{8-10}$$

式中 N_c、N_q——均为承载力系数,$N_q=\exp(\pi\tan\varphi)\tan^2(45°+\varphi/2)$,或查表 8-1;

其余符号与式(8-9)相同。

虽然赖斯纳的修正比普朗德尔理论公式有了进步,但由于没有考虑地基土的重量,没有考虑基础埋深范围内侧面土的抗剪强度等的影响,其结果与实际工程仍有较大差距,为此,许多学者,如太沙基、迈耶霍夫、汉森、魏锡克等先后进行了研究并取得了进展,都是根据假定滑动面法导出的极限荷载公式。

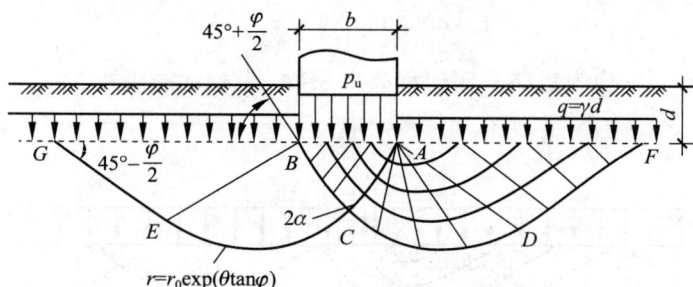

图 8-8　有基础埋深时的赖斯纳解

8.3.3　太沙基极限承载力公式

太沙基对普朗德尔理论进行了修正,他考虑:①地基土有重量,即 $\gamma \neq 0$;②基底粗糙;
③不考虑基底以上填土的抗剪强度,把它仅看成作用在基底水平面上的超载;④在极限荷
载作用下基础发生整体剪切破坏;⑤假定地基中滑动面的形状如图 8-9(a)所示。由于基底
与土之间的摩擦力阻止了发生剪切位移,因此,基底以下的 I 区就像弹性核一样随着基础一
起向下移动,为弹性区。由于 $\gamma \neq 0$,弹性 I 区与过渡区(II区)的交界面(ab 和 $a_{\mathrm{I}}b$)为一曲
面,弹性核的尖端 b 点必定是左右两侧的曲线滑动面的相切点,为便于推导公式,交界面在
此假定为平面。如果弹性核的两个侧面 ab 和 $a_{\mathrm{I}}b$ 也是滑动面,如图 8-9(d)所示,则按极限
平衡理论,它与水平面夹角为($45° + \varphi/2$)(见图 8-7 和图 8-8);而基底完全粗糙,根据几何条
件,其夹角为 φ,如图 8-9(b)所示;基底的摩擦力不足以完全限制弹性核的侧向变形,则它与
水平面的夹角 ψ 介于 φ 与($45° + \varphi/2$)之间。II区的滑动面假定由对数螺旋线和直线组成。
除弹性核外,在滑动区域范围II、III区内的所有土体均处于塑性极限平衡状态,取弹性核为
脱离体,并取竖直方向力的平衡,考虑单位长基础,有

$$p_{\mathrm{u}}b = 2P_{\mathrm{p}}\cos(\psi - \varphi) + cb\tan\psi - G \tag{8-11a}$$

或

$$p_{\mathrm{u}} = 2\frac{P_{\mathrm{p}}}{b}\cos(\psi - \varphi) + \left(c - \gamma\frac{b}{4}\right)\tan\psi \tag{8-11b}$$

式中　b——基础宽度;

$\quad\quad\gamma$——地基土重度;

$\quad\quad\psi$——弹性楔体与水平面的夹角,$\varphi < \psi < 45° + \varphi/2$;

$\quad\quad c$——地基土的黏聚力;

$\quad\quad\varphi$——地基土的内摩擦角;

$\quad\quad P_{\mathrm{p}}$——作用于弹性核边界面 ab(或 $a_{\mathrm{I}}b$)的被动土压力合力,即 $P_{\mathrm{p}} = P_{\mathrm{pc}} + P_{\mathrm{pq}} +$
$\quad\quad\quad P_{\mathrm{p\gamma}}$,三项分别是 c、q、γ 项的被动土压力系数 K_{pc}、K_{pq}、$K_{\mathrm{p\gamma}}$ 的函数。太沙基
$\quad\quad\quad$建议采用下式简化确定(见图 8-9):

$$P_{\mathrm{p}} = \frac{b}{2\cos^2\varphi}\left(cK_{\mathrm{pc}} + qK_{\mathrm{pq}} + \frac{1}{4}\gamma b\tan\varphi K_{\mathrm{p\gamma}}\right) \tag{8-12}$$

将式(8-12)带入式(8-11),可得

$$p_u = cN_c + qN_q + \frac{1}{2}\gamma b N_\gamma \tag{8-13}$$

式中 N_c、N_q、N_γ——均为粗糙基底的承载力系数，是 φ、ψ 的函数。

(a) 粗糙基底

(b) 完全粗糙基底

(c) 弹性楔体受力状态

(d) 完全光滑基底

图 8-9 太沙基承载力解

式(8-13)即为基底不完全粗糙情况下太沙基承载力理论公式。其中弹性核两侧对称边界面与水平面的夹角 ψ 为未定值。

太沙基给出了基底完全粗糙情况的解答。此时，弹性核两侧面与水平面的夹角 $\psi=\varphi$，承载力系数确定为

$$N_c = (N_q - 1)\cot\varphi \tag{8-14}$$

$$N_q = \frac{\exp\left[\left(\frac{3\pi}{2}-\varphi\right)\tan\varphi\right]}{2\cos^2\left(45°+\frac{\varphi}{2}\right)} \tag{8-15}$$

$$N_\gamma = \frac{\left(\frac{K_{p\gamma}}{2\cos^2\varphi}-1\right)\tan\varphi}{2} \tag{8-16}$$

从式(8-16)可知，承载力系数为土的内摩擦角 φ 的函数，表示土重影响的承载力系数 N_γ 包含相应被动土压力系数 $K_{p\gamma}$，需由试算确定。

对完全粗糙情况，太沙基给出了承载力系数曲线图(见图 8-10)，由内摩擦角 φ 直接从

图中可查出 N_c、N_q、N_γ 值。式(8-13)为在假定条形基础下地基发生整体剪切破坏时得到的,对于实际工程中存在的方形、圆形和矩形基础,或地基发生局部剪切破坏情况,太沙基给出了相应的经验公式。

图 8-10　太沙基公式承载力系数

对于地基发生局部剪切破坏的情况,太沙基建议对土的抗剪强度指标进行折减,即取 $c^* = \dfrac{2c}{3}$,$\tan\varphi^* = \dfrac{2\tan\varphi}{3}$ 或 $\varphi^* = \arctan\left(\dfrac{2\tan\varphi}{3}\right)$。根据调整后的 φ^*,由图 8-10 查得 N_c、N_q、N_γ 值,按式(8-13)计算局部剪切破坏极限承载力。或者,根据 φ 由图 8-10 查得 N'_c、N'_q、N'_γ,再按下式计算极限承载力:

$$p_u = \frac{2}{3}cN'_c + qN'_q + \frac{1}{2}\gamma bN'_\gamma \tag{8-17}$$

对于圆形或方形基础,太沙基建议按下列半经验公式计算地基极限承载力。

对于方形基础(宽度为 b):

整体剪切破坏　　　　　$p_u = 1.2cN_c + qN_q + 0.4\gamma bN_\gamma$ 　　　　(8-18)

局部剪切破坏　　　　　$p_u = 0.8cN'_c + qN'_q + 0.4\gamma bN'_\gamma$ 　　　　(8-19)

对于圆形基础(半径为 b):

整体剪切破坏　　　　　$p_u = 1.2cN_c + qN_q + 0.6\gamma bN_\gamma$ 　　　　(8-20)

局部剪切破坏　　　　　$p_u = 0.8cN'_c + qN'_q + 0.6\gamma bN'_\gamma$ 　　　　(8-21)

对宽度 b、长度 l 的矩形基础,可按 b/l 值在条形基础($b/l=0$)和方形基础($b/l=1$)的计算极限承载力之间用插值法求得。

根据太沙基理论求得的是地基极限承载力,在此一般取它的 $1/3 \sim 1/2$ 作为地基容许承载力,它的取值大小与结构类型、建筑物重要性、荷载的性质等有关,即对太沙基理论的稳定安全系数一般取 $K=2\sim3$。

【例题 8.2】　资料同例题 8.1,要求如下。

(1)按太沙基理论求地基整体剪切破坏和局部剪切破坏时的极限承载力,取稳定安全系数 K 为 2,求相应的地基容许承载力。

(2)直径或边长为 3m 的圆形、方形基础,其他条件不变,地基产生了整体剪切破坏和局部剪切破坏,试按太沙基理论求地基极限承载力。

(3)要求(1)(2)中,若地下水位上升到基底,问承载力各为多少?

【解】 根据题意 $c=15\text{kPa}$，$\varphi=12°$，$\gamma=18\text{kN/m}^3$，$b=3\text{m}$，$d=1\text{m}$，$q=18\text{kPa}$，查得 $N_c=10.90$，$N_q=3.32$，$N_\gamma=1.66$。

当 $c^*=\dfrac{2}{3}c=10\text{kPa}$，$\varphi^*=\dfrac{2}{3}\varphi=8°$ 时，$N_c=8.50$，$N_q=2.20$，$N_\gamma=0.86$。

(1) 对条形基础。

整体剪切破坏，按式(8-13)计算

$$p_u=cN_c+qN_q+\frac{1}{2}\gamma bN_\gamma$$

$$=15.0\times10.90+18.0\times3.32+\frac{1}{2}\times18.0\times3.0\times1.66$$

$$=268.08(\text{kPa})$$

地基容许承载力 $\qquad [\sigma]=\dfrac{p_u}{K}=\dfrac{268.08}{2}=134.04\approx134(\text{kPa})$

局部剪切破坏用 c^*、φ^* 代入式(8-13)计算

$$p_u=c^*N_c+qN_q+\frac{1}{2}\gamma bN_\gamma$$

$$=10\times8.50+18.0\times2.20+\frac{1}{2}\times18.0\times3.0\times0.86$$

$$=147.82(\text{kPa})$$

地基容许承载力 $\qquad [\sigma]=\dfrac{p_u}{K}=\dfrac{147.82}{2}=73.91\approx74(\text{kPa})$

(2) 边长为 3m 的方形基础。

整体剪切破坏，按式(8-18)计算

$$p_u=1.2cN_c+qN_q+0.4\gamma bN_\gamma$$

$$=1.2\times15.0\times10.90+18.0\times3.32+0.4\times18.0\times3.0\times1.66$$

$$=291.82(\text{kPa})$$

地基容许承载力 $\qquad [\sigma]=\dfrac{p_u}{K}=\dfrac{291.82}{2}=145.91\approx146(\text{kPa})$

局部剪切破坏，按式(8-19)计算

$$p_u=0.8cN_c'+qN_q'+0.4\gamma bN_\gamma'$$

$$=0.8\times15.0\times8.50+18.0\times2.20+0.4\times18.0\times3.0\times0.86$$

$$=160.18(\text{kPa})$$

地基容许承载力 $\qquad [\sigma]=\dfrac{p_u}{K}=\dfrac{160.18}{2}=80.09\approx80(\text{kPa})$

(3) 半径为 1.5m 的圆形基础。

整体剪切破坏，按式(8-20)计算

$$p_u=1.2cN_c+qN_q+0.6\gamma bN_\gamma$$

$$=1.2\times15.0\times10.90+18.0\times3.32+0.6\times18.0\times1.5\times1.66$$

$$=282.85(\text{kPa})$$

地基容许承载力 $\quad [\sigma]=\dfrac{p_\mathrm{u}}{K}=\dfrac{282.85}{2}=141.42\approx141(\mathrm{kPa})$

局部剪切破坏,按式(8-21)计算

$$p_\mathrm{u}=0.8cN_\mathrm{c}'+qN_\mathrm{q}'+0.6\gamma bN_\gamma'$$
$$=0.8\times15.0\times8.50+18.0\times2.20+0.6\times18.0\times1.5\times0.86$$
$$=155.53(\mathrm{kPa})$$

地基容许承载力 $\quad [\sigma]=\dfrac{p_\mathrm{u}}{K}=\dfrac{155.53}{2}=77.77\approx78(\mathrm{kPa})$

(4) 地下水位上升到基础底面,则各公式中的 γ 应由 γ' 代替,从例题 8.1 可知,$\gamma'=8.27\mathrm{kN/m^3}$,则有以下计算。

条形基础整体剪切破坏,式(8-13)计算

$$p_\mathrm{u}=cN_\mathrm{c}+qN_\mathrm{q}+\frac{1}{2}\gamma bN_\gamma$$
$$=15.0\times10.90+18.0\times3.32+\frac{1}{2}\times8.27\times3.0\times1.66$$
$$=243.85(\mathrm{kPa})$$

地基容许承载力 $\quad [\sigma]=\dfrac{p_\mathrm{u}}{K}=\dfrac{243.85}{2}=121.93\approx122(\mathrm{kPa})$

方形基础整体剪切破坏,按式(8-18)计算

条形基础局部剪切破坏,用 c^*、φ^* 按式(8-13)计算

$$p_\mathrm{u}=cN_\mathrm{c}+qN_\mathrm{q}+\frac{1}{2}\gamma bN_\gamma$$
$$=10\times8.50+18.0\times2.20+\frac{1}{2}\times8.27\times3.0\times0.86$$
$$=135.27(\mathrm{kPa})$$

地基容许承载力 $\quad [\sigma]=\dfrac{p_\mathrm{u}}{K}=\dfrac{135.27}{2}=67.63\approx68(\mathrm{kPa})$

方形基础整体剪切破坏,按式(8-18)计算

$$p_\mathrm{u}=1.2cN_\mathrm{c}+qN_\mathrm{q}+0.4\gamma bN_\gamma$$
$$=1.2\times15.0\times10.90+18.0\times3.32+0.4\times8.27\times3.0\times1.66$$
$$=272.43(\mathrm{kPa})$$

地基容许承载力 $\quad [\sigma]=\dfrac{p_\mathrm{u}}{K}=\dfrac{272.43}{2}=136.22\approx136(\mathrm{kPa})$

方形基础局部剪切破坏,按式(8-19)计算

$$p_\mathrm{u}=0.8cN_\mathrm{c}'+qN_\mathrm{q}'+0.4\gamma bN_\gamma'$$
$$=0.8\times15.0\times8.50+18.0\times2.20+0.4\times8.27\times3.0\times0.86$$
$$=150.13(\mathrm{kPa})$$

地基容许承载力 $\quad [\sigma]=\dfrac{p_\mathrm{u}}{K}=\dfrac{150.13}{2}=75.07\approx75(\mathrm{kPa})$

圆形基础整体剪切破坏,按式(8-20)计算

$$p_u = 1.2cN_c + qN_q + 0.6\gamma bN_\gamma$$
$$= 1.2 \times 15.0 \times 10.90 + 18.0 \times 3.32 + 0.6 \times 8.27 \times 1.5 \times 1.66$$
$$= 268.32(\text{kPa})$$

地基容许承载力　　$[\sigma] = \dfrac{p_u}{K} = \dfrac{268.32}{2} = 134.16 \approx 134(\text{kPa})$

圆形基础局部剪切破坏,按式(8-21)计算

$$p_u = 0.8cN_c' + qN_q' + 0.6\gamma bN_\gamma'$$
$$= 0.8 \times 15.0 \times 8.50 + 18.0 \times 2.20 + 0.6 \times 8.27 \times 1.5 \times 0.86$$
$$= 148.00(\text{kPa})$$

地基容许承载力　　　　$[\sigma] = \dfrac{p_u}{K} = \dfrac{148.00}{2} = 74(\text{kPa})$

8.3.4 汉森和魏锡克极限承载力公式

在实际工程中,理想中心荷载作用的情况不是很多,在许多时候荷载是偏心的甚至是倾斜的,这时情况相对复杂一些,基础可能会整体剪切破坏,也可能水平滑动破坏。其理想破坏模式如图 8-11 所示。与中心荷载下不同的是,有水平荷载作用时地基的整体剪切破坏沿水平荷载作用方向一侧发生滑动,弹性区的边界面也不对称,滑动方向一侧为平面,另一侧为圆弧,其圆心即为基础转动中心,如图 8-11(a)所示。随着荷载偏心距的增大,滑动面明显缩小,如图 8-11(b)所示。

图 8-11　偏心和倾斜荷载下的理论滑动图式

汉森和魏锡克在太沙基理论基础上假定基底光滑,考虑基础形状、荷载倾斜与偏心、基础埋深、地面倾斜、基础倾斜等的影响,对承载力计算公式进行了修正,修正后的公式为

$$p_u = cN_cS_ci_cd_cg_cb_c + qN_qS_qi_qd_qg_qb_q + \frac{1}{2}\gamma b \cdot N_\gamma S_\gamma i_\gamma d_\gamma g_\gamma b_\gamma \qquad (8\text{-}22)$$

式中　N_c、N_q、N_γ——均为承载力系数;

S_c、S_q、S_γ——均为基础形状修正系数(见表 8-1);

i_c、i_q、i_γ——均为荷载倾斜修正系数(见表 8-2);

d_c、d_q、d_γ——均为基础埋深修正系数(见表8-3);

g_c、g_q、g_γ——均为地面倾斜修正系数(见表8-4);

b_c、b_q、b_γ——均为基底倾斜修正系数(见表8-5)。

式(8-22)是一个普遍表达式,各修正系数可相应查表8-1~表8-5得到。

表 8-1 基础形状修正系数 S_c、S_q、S_γ

公式来源 ＼ 系数	S_c	S_q	S_γ
汉森	$1+0.2i_c(b/l)$	$1+i_q(b/l)\sin\varphi$	$1+0.4i_\gamma, b/l\geqslant 0.6$
魏锡克	$1+(b/l)(N_q/N_c)$	$1+(b/l)\tan\varphi$	$1-0.4(b/l)$

注:1. b、l 分别为基础的宽度和长度。

2. i 为荷载倾斜修正系数(见表8-2)。

表 8-2 荷载倾斜修正系数 i_c、i_q、i_γ

公式来源 ＼ 系数	i_c	i_q	i_γ
汉森	$\varphi=0°,0.5+0.5\sqrt{1-\dfrac{H}{cA}}$ $\varphi>0°,i_q-\dfrac{1-i_q}{N_c\tan\varphi}$	$\left(1-\dfrac{0.5H}{Q+cA\tan\varphi}\right)^5>0$	水平基底: $\left(1-\dfrac{0.7H}{Q+cA\cot\varphi}\right)^5>0$ 倾斜基底: $\left[1-\dfrac{(0.7-\eta/450°)H}{Q+cA\cot\varphi}\right]^5>0$
魏锡克	$\varphi=0°,1-\dfrac{mH}{cAN_c}$ $\varphi>0°,i_q-\dfrac{1-i_q}{N_c\tan\varphi}$	$\left(1-\dfrac{H}{Q+cA\cot\varphi}\right)^m$	$\left(1-\dfrac{H}{Q+cA\cot\varphi}\right)^{m+1}$

注:1. 基底面积 $A=bl$,当荷载偏心时,则有效面积 $A_e=b_el_e$。

2. H 和 Q 分别为倾斜荷载在基底上的水平分力和垂直分力。

3. η 为基底与水平面的倾斜角。

4. 当荷载在短边倾斜时,$m=2+(b/l)/[1+(b/l)]$;当荷载在长边倾斜时,$m=2+(l/b)/[1+(l/b)]$;对于条形基础,$m=2$。

5. 当进行荷载倾斜修正时,必须满足 $H\leqslant c_aA+Q\tan\delta$ 的条件,c_a 为基底与土之间的黏着力,可取用土的不排水剪切强度 c_u,δ 为基底与土之间的摩擦角。

表 8-3 埋深修正系数 d_c、d_q、d_γ

公式来源 ＼ 系数	d_c	d_q	d_γ
汉森	$1+0.4(d/b)$	$1+2\tan\varphi(1-\sin\varphi)^2(d/b)$	1.0
魏锡克	$\varphi=0°,d\leqslant b,1+0.4(d/b)$ $\varphi=0°,d>b,1+0.4\arctan(d/b)$ $\varphi>0°,d_q-\dfrac{1-d_q}{N_c\tan\varphi}$	$d\leqslant b,$ $1+2\tan\varphi(1-\sin\varphi)^2(d/b)$ $d>b,$ $1+2\tan\varphi(1-\sin\varphi)\arctan(d/b)$	1.0

表 8-4 地面倾斜修正系数 g_c、g_q、g_γ

公式来源 \ 系数	g_c	$g_q = g_\gamma$
汉森	$1-\beta/147°$	$(1-0.5\tan\beta)^5$
魏锡克	$\varphi=0°,1-2\beta/(2+\pi)$ $\varphi>0°,g_q-(1-g_q)/N_c\tan\varphi$	$(1-\tan\beta)^2$

注：1. β 为倾斜地面与水平面之间的夹角。

2. 魏锡克公式规定，当基础放在 $\varphi=0°$ 的倾斜地面上时，承载力公式中的 N_γ 项应为负值，其值为 $N_\gamma=-2\sin\beta$，并且应满足 $\beta<45°$ 和 $\beta<\varphi$ 的条件。

表 8-5 基底倾斜修正系数 b_c、b_q、b_γ

公式来源 \ 系数	b_c	b_q	b_γ
汉森	$1-\eta/147°$	$e^{-2\eta\tan\varphi}$	$e^{-2.7\eta\tan\varphi}$
魏锡克	$\varphi=0°,1-2\eta/5.14$ $\varphi>0°,b_q-(1-b_q)/N_c\tan\varphi$	$(1-\eta\tan\varphi)^2$	$(1-\eta\tan\varphi)^2$

注：η 为倾斜基底与水平面之间的夹角，应满足 $\eta<45°$ 的条件。

汉森和魏锡克承载力系数 N_c、N_q、$N_{\gamma(H)}$、$N_{\gamma(V)}$，如表 8-6 所示。

表 8-6 承载力系数 N_c、N_q、N_γ

$\varphi/°$	N_c	N_q	$N_{\gamma(H)}$	$N_{\gamma(V)}$	$\varphi/°$	N_c	N_q	$N_{\gamma(H)}$	$N_{\gamma(V)}$
0	5.14	1.00	0	0	24	19.33	9.61	6.90	9.44
2	5.69	1.20	0.01	0.15	26	22.25	11.83	9.53	12.54
4	6.17	1.43	0.05	0.34	28	25.80	14.71	13.13	16.72
6	6.82	1.72	0.14	0.57	30	30.15	18.40	18.09	22.40
8	7.52	2.06	0.27	0.86	32	35.50	23.18	24.95	30.22
10	8.35	2.47	0.47	1.22	34	42.18	29.45	34.54	41.06
12	9.29	2.97	0.76	1.69	36	50.61	37.77	48.08	56.31
14	10.37	3.58	1.16	2.29	38	61.36	48.92	67.43	78.03
16	11.62	4.33	1.72	3.06	40	75.36	64.23	95.51	109.41
18	13.09	5.25	2.49	4.07	42	93.69	85.36	136.72	155.55
20	14.83	6.40	3.54	5.39	44	118.41	115.35	198.77	224.64
22	16.89	7.82	4.96	7.13	46	133.86	134.86	240.95	271.76

注：$N_{\gamma(H)}$、$N_{\gamma(V)}$ 分别为汉森和魏锡克承载力系数 N_γ。

汉森公式和魏锡克公式适用稳定安全系数如表 8-7 和表 8-8 所示。

表 8-7　汉森公式稳定安全系数表

土或荷载条件	K
无黏性土	2.0
黏土	3.0
瞬时荷载(如风、地震和相当的活荷载)	2.0
静荷载或者长期活荷载	2 或 3(视土样而定)

表 8-8　魏锡克公式稳定安全系数表

种类	典型建筑物	所属的特征	土的查勘	
			完全、彻底的	有限的
A	铁路桥、仓库、高炉、水工建筑、土工建筑	最大设计荷载极可能经常出现,破坏的结果是灾难性的	3.0	4.0
B	公路桥、轻工业和公共建筑	最大设计荷载可能偶然出现,破坏的结果是最严重的	2.5	3.5
C	房屋和办公室建筑	最大设计荷载不可能出现	2.0	3.0

注:1. 对于临时性建筑物,可以将表中数值降低至 75%,但不得使稳定安全系数低于 2.0 来使用。

2. 对于非常高的建筑物,例如烟囱和塔,或者随时可能发展成为承载力破坏危险的建筑物,表中数值将增加 20%~50%。

3. 如果基础设计是由沉降控制,必须采用高的稳定安全系数。

　　太沙基极限承载力不考虑基底以上填土的抗剪强度,把它仅看成作用在基底平面上的超载,由此将引起误差。迈耶霍夫为此开展研究,提出了考虑地基土塑性平衡区随着基础埋深的不同而扩展到最大可能的到达程度及基础两侧土体抗剪强度对承载力影响的地基承载力计算方法。图 8-12 所示为条形基础滑动面形状,图 8-13 所示为条形浅基础承载力确定方法示意图。

(a) 浅基础　　　　　(b) 深基础

图 8-12　迈耶霍夫条形基础滑动面形状

图 8-13 迈耶霍夫条形浅基础承载力确定方法示意图

　　鉴于数学推导上的困难,迈耶霍夫在提出方法时仍然引入了一些假定,尽管如此,其极限承载力的计算仍然相当复杂,在此对过程不做详细介绍。

　　各种承载力理论都是在一定的假设前提下推导出的,它们之间的结果并不一致,各公式承载力系数和特定条件下极限承载力比较如表 8-9 和表 8-10 所示。从表可知,迈耶霍夫考虑到基础两侧超载土抗剪强度的影响其值最大;太沙基考虑基底摩擦,其值相对较大;魏锡克和汉森假定基底光滑,其值相对较小,计算结果偏于安全。

表 8-9 承载力系数比较表

N 值		φ 0°	10°	20°	30°	40°	45°
N_c	迈耶霍夫公式	—	10.00	18.0	39.0	100.00	185.00
	太沙基公式	5.70	9.10	17.30	36.40	91.20	169.00
	魏锡克公式	5.14	8.35	14.83	30.14	75.32	133.87
	汉森公式	5.14	8.35	14.83	30.14	75.32	133.87
N_q	迈耶霍夫公式	—	3.00	8.00	27.00	85.00	190.00
	太沙基公式	1.00	2.60	7.30	22.00	77.50	170.00
	魏锡克公式	1.00	2.47	6.40	18.40	64.20	134.87
	汉森公式	1.00	2.47	6.40	18.40	64.20	134.87
N_γ	迈耶霍夫公式	—	0.75	5.50	25.50	135.00	330.00
	太沙基公式	0	1.20	4.70	21.00	130.00	330.00
	魏锡克公式	0	1.22	5.39	22.40	109.41	271.76
	汉森公式	0	0.47	3.54	18.08	95.45	241.00

注：太沙基公式是指基底完全粗糙的情况。

表 8-10 极限承载力 q_u 比较表

计算公式	d/b 0	0.25	0.50	0.75	1.00
迈耶霍夫	712.0	908.0	1126.5	1360.0	1612.0
太沙基	673.0	868.0	1063.0	1258.0	1453.0
魏锡克	616.0	811.0	1029.0	1273.0	1541.0
汉森	532.0	731.0	844.0	1185.0	1389.0

注：1. 表中计算值所用资料：$\gamma = 19.5\text{kN/m}^3$，$c = 20\text{kPa}$，$\varphi = 22°$，$b = 4\text{m}$。

2. 极限承载力单位为 kPa。

3. 表中公式的情况同表 8-9。

8.4 地基承载力问题的讨论

8.4.1 计算方法对比

所有建筑物和土工建筑物的地基基础设计时，均应满足地基承载力和变形的要求，对经常受水平荷载作用的高层建筑、高耸结构、高路堤和挡土墙以及建造在斜坡上或边坡附近的建筑物，应验算地基稳定性。通常地基计算时，首先应限制基底压力小于或等于基础深宽修正后的地基容许承载力或地基承载力特征值，以便确定基础或路基的埋深和底面尺寸，然后验算地基变形，必要时验算地基稳定性。

地基容许承载力是指地基稳定有足够安全度的承载力，它相当于地基极限承载力除以一个稳定安全系数 K，此即定值法确定的地基承载力；同时必须验算地基变形不超过容许变形值。因此，地基容许承载力也可定义为在保证地基稳定的条件下，建筑物基础或土工建筑物路基的沉降量不超过容许值的地基承载能力。地基承载力特征值是指地基稳定有保证可靠度的承载能力,它作为随机变量是以概率理论为基础的,以分项系数表达的实用极限状态设计法确定的地基承载力;同时也要验算地基变形不超过容许变形值。按《建筑地基基础设计规范》(GB 50007—2011),地基承载力特征值定义为由载荷试验测定的地基土的压力—变形曲线线性变形段内规定的变形所对应的压力值,其最大值为比例界限值。

地基临塑荷载 p_{cr} 和临界荷载 $p_{1/4}$、$p_{1/3}$ 和地基极限荷载 p_u 的理论公式,都属于地基承载力的表达方式,均为基底接触面的地基抗力。地基承载力是土的黏聚力 c、内摩擦角 φ、重度 γ、基础埋深 d 和宽度 b 的函数。其中土的抗剪强度指标 c、φ 值可根据现场条件采用不同仪器和方法测定,试验数据剔除异常值后,承载力定值法应取平均值或最小平均值(其中一个最大值舍去后的平均值);承载力概率极限状态法应取特征值。

按照承载力定值法计算时,基底压力 p 不得超过修正后的地基容许承载力 $[\sigma]$;按照承载力概率极限状态法计算时,基底荷载效应 p_k 不得超过修正后的地基承载力特征值 f_a。所谓修正后的地基容许承载力和承载力特征值均指所确定的承载力包含了基础埋深和宽度两个因素。如理论公式法直接得出修正后的地基容许承载力 $[\sigma]$ 或修正后的地基承载力特征值 f_a;而原位试验法和规范表格法确定的地基承载力均未包含基础埋深和宽度两个因素,先求得地基容许承载力基本值 $[\sigma_0]$,再经过深宽修正,得出修正后的地基容许承载力 $[\sigma]$;或先求得地基承载力特征值 f_{ak},再经过深宽修正,得出修正后的地基承载力特征值 f_a。

理论公式法确定地基容许承载力,将选取 $[\sigma]=p_{cr}$、$p_{1/4}$、$p_{1/3}$ 或 (p_u/K),当地基塑性区发展速度较慢时(如 $p_u/p_{cr}>3$),宜取 $[\sigma]\geqslant p_{1/4}$ 或 $p_{1/3}$;相反,地基塑性区发展速度较快时(如 $p_u/p_{cr}<2$),则应取 $[\sigma]\leqslant p_u/2$ 或 $p_u/3$。理论公式法确定地基承载力特征值,在《建筑地基基础设计规范》(GB 50007—2011)中采用地基临界荷载 $p_{1/4}$ 的修正公式为

$$f_a = c_k M_c + q M_d + \gamma b M_b$$

式中　　f_a——由土的抗剪强度指标确定的修正后的地基承载力特征值;

　　　　γ——地基土的重度,地下水位以下取浮重度;

　　　　b——基底宽度,大于 6m 时,按 6m 考虑,对于小于 3m 的砂土按 3m 考虑;

　　　　q——基础两侧超载 $q=\gamma_m d$(γ_m 为基础埋深 d 范围内土层的加权平均重度,地下水位以下取浮重度);

　　M_b、M_d、M_c——承载力系数,按土的内摩擦角标准值由表 8-11 查取,表中 M_c、M_d 值与 $p_{1/4}$ 公式中相应的 N_c、N_q 值完全相等,而 M_b 值与相应的 $N_{1/4}$ 值不同,根据在卵石层上现场载荷试验所得实测值 M_b 对理论值 $N_{1/4}$ 做了部分修正;

　　　　c——基底下 1 倍基宽的深度内土的黏聚力标准值。

浅层平板载荷试验确定地基容许承载力,通常 $[\sigma]$ 取 p-s 曲线上的比例界限荷载值或极限荷载值的一半。浅层平板载荷试验确定地基承载力特征值,《建筑地基基础设计规范》(GB 50007—2011)规定如下。

(1) 当 p-s 曲线上有明显的比例界限时,取该比例界限所对应的荷载值。

(2) 当满足《建筑地基基础设计规范》(GB 50007—2011)条款 D.0.5 条中的前三条之一时,其对应的前一级荷载定为极限荷载,当该值小于对应比例界限的荷载值的 2 倍时,取极限荷载值的一半。

表 8-11 承载力系数 M_c、M_d、M_b

土的内摩擦角标准值 φ_k/(°)	M_c	M_d	M_b
0	3.14	1.00	0
2	3.32	1.12	0.03
4	3.51	1.25	0.06
6	3.71	1.39	0.10
8	3.93	1.55	0.14
10	4.17	1.73	0.18
12	4.42	1.94	0.23
14	4.69	2.17	0.29
16	5.00	2.43	0.36
18	5.31	2.72	0.43
20	5.66	3.06	0.51
22	6.04	3.44	0.61
24	6.45	3.87	0.80
26	6.90	4.37	1.10
28	7.40	4.93	1.40
30	7.95	5.59	1.90
32	8.55	6.35	2.60
34	9.22	7.21	3.40
36	9.97	8.25	4.20
38	10.80	9.44	5.00
40	11.73	10.84	5.80

（3）不能按以上两点要求确定时，当压板面积为 $0.25\sim0.50\text{mm}^2$ 时，可取 $s/b=0.010\sim0.015$ 所对应的荷载，但其值不应大于最大加荷量的一半。

（4）同一土层参加统计的试验点不应少于三点，各试验实测值的极差不得超过其平均值的 30%，取此平均值作为土层的地基承载力特征值 f_{ak}。再经过深宽修正，得出修正后的地基承载力特征值 f_a。

深层平板载荷试验结果确定地基承载力特征值 f_{ak}，同浅层平板载荷试验。仅做宽度修正，得出修正后的地基承载力特征值 f_a。

旁压试验确定地基承载力特征值，可参见《高层建筑岩土工程勘察规程》(JGJ/T 72—2017)。

8.4.2 地基承载力的确定

1. 关于用载荷试验承压板确定地基承载力基本容许值

首先,从载荷试验曲线中用三种方法确定的地基容许承载力,从理论上讲,均未包括基础埋深对地基承载力的影响。而基础的形式,尤其是基础的埋深对地基承载力影响是很显著的。因此,用载荷试验曲线确定的地基容许承载力在设计或作为承载力基本容许值时,应进行深度修正。

其次,大多数情况下,载荷试验的承压板宽度总是小于实际基础的宽度,这种尺寸效应是不能忽略的。这里,一方面要考虑基础宽度较承压板宽度大而导致实际承载力比试验承载力高(宽度修正);另一方面要考虑基础宽度大,必然导致附加应力影响深度增加而使基础的变形要远大于载荷试验结果。因此,即使用相对变形方法确定的承载力基本容许值也不能确切反映基础的变形控制要求,有必要时应进行地基和基础的变形验算。

2. 关于临塑荷载和临界荷载

从临塑荷载与临界荷载计算公式推导中,可以得出以下几条经验。

(1) 计算公式适用于条形基础。这些计算公式是从平面问题的条形均布荷载情况下推导出的,若将它近似地用于矩形基础,其结果是偏于安全的。

(2) 计算土中由自重产生的主应力时,假定土的侧压力系数 $K_0=1$,这与土的实际情况不符合。但这样可使计算公式简化。一般来说,这样假定的结果会导致计算的塑性区范围比实际偏小一些。

(3) 在计算临界荷载 $p_{1/4}$ 时,土中已出现塑性区,但这时仍按弹性理论计算土中应力,这在理论上是相互矛盾的,其所引起的误差随着塑性区范围的扩大而加大。

3. 关于极限承载力计算公式

1) 极限承载力公式的含义

对于平面问题,若不考虑基础形状和荷载的作用方式,则地基极限承载力的一般计算公式为

$$p_u = \gamma b N_\gamma + q N_q + c N_c$$

上式表明,地基极限承载力由换算成单位基础宽度的三部分土体抗力组成。

(1) 滑裂土体自重所产生的摩擦抗力。

(2) 基础两侧均布荷载 $q=\gamma D$ 所产生的抗力。

(3) 滑裂面上黏聚力 c 所产生的抗力。

上述三部分抗力中,第一种抗力的大小,除了决定于土的重度 γ 和内摩擦角 φ 以外,还决定于滑裂土体的体积。由于滑裂土体的体积与基础的宽度大体上是平方的关系,因此,极限承载力将随基础宽度 b 的增加而线性增加。

第二、三种抗力的大小,首先决定于超载 q 和土的黏聚力 c,其次决定于滑裂面的形状和长度。由于滑裂面的尺度大体上与基础宽度按相同的比例增加,因此,由黏聚力 c 所引起的极限承载力,不受基础宽度的影响。

另外,承载力系数 N_γ、N_q 和 N_c 的大小取决于滑裂面形状,而滑裂面的大小首先取决于 φ 值,因此系数 N_γ、N_q 和 N_c 都是 φ 的函数。但不同承载力公式对滑裂面形状有不同的假定,使得不同承载力公式的承载力系数不尽相同,但它们都有相同的趋势,分析它们的趋

势,可得到如下结论。

N_γ、N_q 和 N_c 随 φ 值的增加变化较大,特别是 N_γ 值。当 $\varphi=0$ 时,N_γ 这时可不计土体自重对承载力的贡献。随着 φ 值的增加,N_γ 增加较快,这时土体自重对承载力的贡献增加。

对于无黏性土($c=0$),基础埋深对承载力起着重要作用,这时,基础埋深太浅,地基承载力会显著下降。

2) 用极限承载力公式确定承载力基本容许值时稳定安全系数的选用

不同极限承载力公式是在不同假定情况下推导出来的,因此在确定承载力基本容许值时,其选用的稳定安全系数不尽相同。一般用太沙基极限承载力公式,稳定安全系数采用3,用汉森公式,对于无黏性土取 2,对于黏土取 3。

4. 关于确定地基容许承载力

在现行规范《建筑地基基础设计规范》(GB 50007—2011)、《公路桥涵地基与基础设计规范》(JTG 3363—2019)等所给出的各类土的地基承载力基本容许值表及有关计算公式,是根据大量的地基载荷试验资料及已建成桥梁的使用经验,经过统计分析后得到的。由于按规范确定地基承载力基本容许值比较简便,因此在一般的桥涵基础设计中得到广泛应用。但也应指出,由于我国地域广阔,土质情况比较复杂,制定规范时所收集的资料其代表性有很大局限性。因此,有些地区的土类、特殊土类或性质比较复杂的土类,在规范中未列入,或所给的数值与实际情况差异较大,这时就应采用多种方法综合分析确定。

在现行规范《建筑地基基础设计规范》(GB 50007—2011)、《公路桥涵地基与基础设计规范》(JTG 3363—2019)等明确地基承载力容许值时,要用修正公式进行基础宽度和埋深修正,但应该指出,确定地基承载力容许值时,不仅要考虑地基强度,还要考虑基础沉降的影响。因此,在规范中黏土的宽度修正系数 K 均等于 0,这是因为黏土在外荷载作用下,后期沉降量较大,基础越宽,沉降量也越大,这对桥涵的正常运营很不利,因此除在制定承载力基本容许值时已考虑基础平均宽度的影响外,一般不再做宽度修正;而砂土等粗颗粒土,其后期沉降量较小,对运营影响不大,故可做宽度修正提高。此外,在进行宽度修正时,行业标准《公路桥涵地基与基础设计规范》(JTG 3363—2019)规定,若基础宽度 $b>10\text{m}$ 时,只能按 $b=10\text{m}$ 计算修正,这是因为 b 越大,基础沉降也越大,因此须对宽度修正做一定的经验性限制。

在进行深度修正时,规定只有在基础埋深 $h\leqslant 4b$ 时才能修正。这是因为上述的修正规范公式是按照浅基础概念制定的,$h>4b$ 时,已经属于深基础范畴,因此不能按该规范公式修正,须另行考虑。

习 题

1. 简答题

(1) 地基破坏模式有几种?发生整体剪切破坏时 $p\text{-}s$ 曲线的特征如何?

(2) 什么是地基塑性变形区(简称地基塑性区)?如何按地基塑性区开展深度确定 p_{cr}、$p_{1/4}$?

(3) 什么是地基极限承载力(也称地基极限荷载)?比较各种 p_u 公式的异同点。

(4) 若某建筑物地基承载力不足,通常可以采用哪些措施?

2. 单项选择题

（1）设基础底面宽度为 b，则临塑荷载 p_{cr} 是指基底下塑性变形区的深度 z_{max} 等于（　　）时的基底压力。

  A. $b/3$　　　　　B. 大于 $b/3$　　　　C. $b/4$　　　　　D. 0，但塑性区即将出现

（2）浅基础的地基极限承载力是指（　　）。

  A. 地基中将要出现但尚未出现塑性区时的荷载

  B. 地基中的塑性区发展到一定范围时的荷载

  C. 使地基土体达到整体剪切破坏时的荷载

  D. 使地基中局部土体处于极限平衡状态时的荷载

（3）对于（　　），较易发生整体剪切破坏。

  A. 高压缩性土　　B. 中压缩性土　　C. 低压缩性土　　D. 软土

（4）地基临界荷载（　　）。

  A. 与基础埋深无关　　　　　　　　B. 与基础宽度无关

  C. 与地下水位无关　　　　　　　　D. 与地基土排水条件有关

（5）在 $\varphi = 0$ 的黏性土地基上，有两个埋深相同、宽度不同的条形基础，试问哪个基础的极限荷载大？（　　）

  A. 宽度大的极限荷载大　　　　　　B. 宽度小的极限荷载大

  C. 两个基础的极限荷载一样大　　　D. 无法确定

3. 计算题

（1）某一条形基础，宽 1.5m，埋深 1.0m。地基土层分布：第一层为素填土，厚 0.8m，密度 1.80g/cm³，含水量 35%；第二层为黏土，厚 6m，密度 1.8g/cm³，含水量 38%，土粒相对密度 2.72，土的黏聚力 10kPa，内摩擦角 13°。试求该基础的临塑荷载 p_{cr}，临界荷载 $p_{1/3}$ 和 $p_{1/4}$？若地下水位上升到基底，假定土的抗剪强度指标不变，其 p_{cr}、$p_{1/3}$、$p_{1/4}$ 相应为多少？据此可得到哪种规律？

（2）例题 8.2 中，若基础为长边 6m，短边 3m 的矩形时，按太沙基理论计算相应整体剪切破坏、局部剪切破坏及地下水位上升到基底时的极限承载力和承载力特征值。列表表示例题 8.2 及上述计算结果，分析表示的结果及其规律。

（3）某条形基础宽 1.5m，埋深 1.2m，地基为黏土，密度 1.84g/cm³，饱和密度 1.88g/cm³，土的黏聚力 8kPa，内摩擦角 15°，试按太沙基理论计算，问：

① 整体破坏时地基极限承载力为多少？取稳定安全系数为 2.5，地基容许承载力为多少？

② 若分别加大基础埋深至 1.6m、2.0m，承载力有何变化？

③ 若分别加大基础宽度至 1.8m、2.1m，承载力有何变化？

④ 若地基土内摩擦角为 20°，黏聚力为 12kPa，承载力有哪些变化？

⑤ 根据以上的计算比较，可得出哪些规律？

（4）一方形基础受垂直中心荷载作用，基础宽度 3m，埋深 2.5m，土的重度 18.5kN/m³，$c = 30$kPa，$\varphi = 0$，试按魏锡克承载力公式计算地基的极限承载力。若取稳定安全系数为 2.5，求出相应的地基容许承载力。

本章习题答案

参考文献

[1] 华南理工大学,东南大学,浙江大学,等. 土力学[M]. 3 版. 北京:中国建筑工业出版社,2008.

[2] 高大钊. 土力学与基础工程[M]. 北京:中国建筑工业出版社,1999.

[3] 赵明华. 土力学与基础工程[M]. 3 版. 武汉:武汉理工大学出版社,2009.

[4] 陈希哲. 土力学与地基基础[M]. 3 版. 北京:清华大学出版社,2004.

[5] 钱家欢. 土力学[M]. 2 版. 南京:河海大学出版社,1995.

[6] 李广信. 高等土力学[M]. 北京:清华大学出版社,2004.

[7] 张孟喜. 土力学原理[M]. 武汉:华中科技大学出版社,2006.

[8] 袁聚云,等. 土质学与土力学[M]. 4 版. 北京:人民交通出版社,2009.

[9] 龚晓南. 土力学[M]. 北京:中国建筑工业出版社,2002.

[10] 中华人民共和国住房和城乡建设部. 建筑地基基础设计规范(GB 50007—2011)[S]. 北京:中国建筑工业出版社,2011.

[11] 中华人民共和国住房和城乡建设部. 建筑抗震设计规范(GB 50011—2010)[S]. 北京:中国建筑工业出版社,2010.

[12] 中国建筑科学研究院. 建筑基坑支护技术规程(JGJ 120—2012)[S]. 北京:中国建筑工业出版社,2012.

[13] 中华人民共和国水利部. 土工试验方法标准(GB/T 50123—2019)[S]. 北京:中国计划出版社,2019.

[14] 中国建筑科学研究院. 建筑地基处理技术规范(JGJ 79—2012)[S]. 北京:中国建筑工业出版社,2012.

[15] 中交公路规划设计院有限公司. 公路桥涵地基与基础设计规范(JTG 3363—2019)[S]. 北京:人民交通出版社,2019.

[16] 中华人民共和国建设部. 岩土工程勘察规范(GB 50021—2001)(2009 年版)[S]. 北京:中国建筑工业出版社,2009.

[17] 中交第二公路勘察设计研究院. 公路路基设计规范(JTG D30—2015)[S]. 北京:人民交通出版社,2015.

[18] 中华人民共和国水利部. 土的工程分类标准(GB/T 50145—2007)[S]. 北京:中国计划出版社,2008.

[19] 交通部公路科学研究院. 公路土工试验规程(JTG E40—2019)[S]. 北京:人民交通出版社,2019.

[20] 重庆市城乡建设委员会. 建筑边坡工程技术规范(GB 50330—2013)[S]. 北京:中国建筑工业出版社,2013.

[21] 杨进良,严驰. 土力学[M]. 5 版. 北京:中国水利水电出版社,2018.

[22] 河海大学土力学教材编写组. 土力学[M]. 3 版. 北京:高等教育出版社,2019.

[23] 中交公路规划设计院有限公司. 公路桥涵设计通用规范(JTG D60—2015)[S]. 北京:人民交通出版社,2015.

[24] 中交第一公路勘察设计研究院. 公路软土地基路堤设计与施工技术细则(JTG/T D31-02—2013)[S]. 北京:人民交通出版社,2013.